DÉFORMATION DES CORPS SOLIDES

LIMITE D'ÉLASTICITÉ

RÉSISTANCE A LA RUPTURE,

PAR CH. DUGUET,
Capitaine d'Artillerie.

PREMIÈRE PARTIE.

STATIQUE SPÉCIALE.

PARIS,

GAUTHIER-VILLARS, IMPRIMEUR-LIBRAIRE
DU BUREAU DES LONGITUDES, DE L'ÉCOLE POLYTECHNIQUE,
SUCCESSEUR DE MALLET-BACHELIER,
Quai des Augustins, 55.

1882

DÉFORMATION DES CORPS SOLIDES.

LIMITE D'ÉLASTICITÉ

ET

RÉSISTANCE A LA RUPTURE.

ΑΕΙ Ο ΘΕΟΣ ΓΕΩΜΕΤΡΕΙ

DÉFORMATION DES CORPS SOLIDES.

LIMITE D'ÉLASTICITÉ

ET

RÉSISTANCE A LA RUPTURE,

Par Ch. DUGUET,

Capitaine d'Artillerie.

PREMIÈRE PARTIE.

STATIQUE SPÉCIALE.

PARIS,

GAUTHIER-VILLARS, IMPRIMEUR-LIBRAIRE

DU BUREAU DES LONGITUDES, DE L'ÉCOLE POLYTECHNIQUE,

SUCCESSEUR DE MALLET-BACHELIER,

Quai des Augustins, 55.

1882

A LA MÉMOIRE

DU

GOLONEL DE LAHITOLLE,

DIRECTEUR

DE LA FONDERIE DE CANONS DE BOURGES.

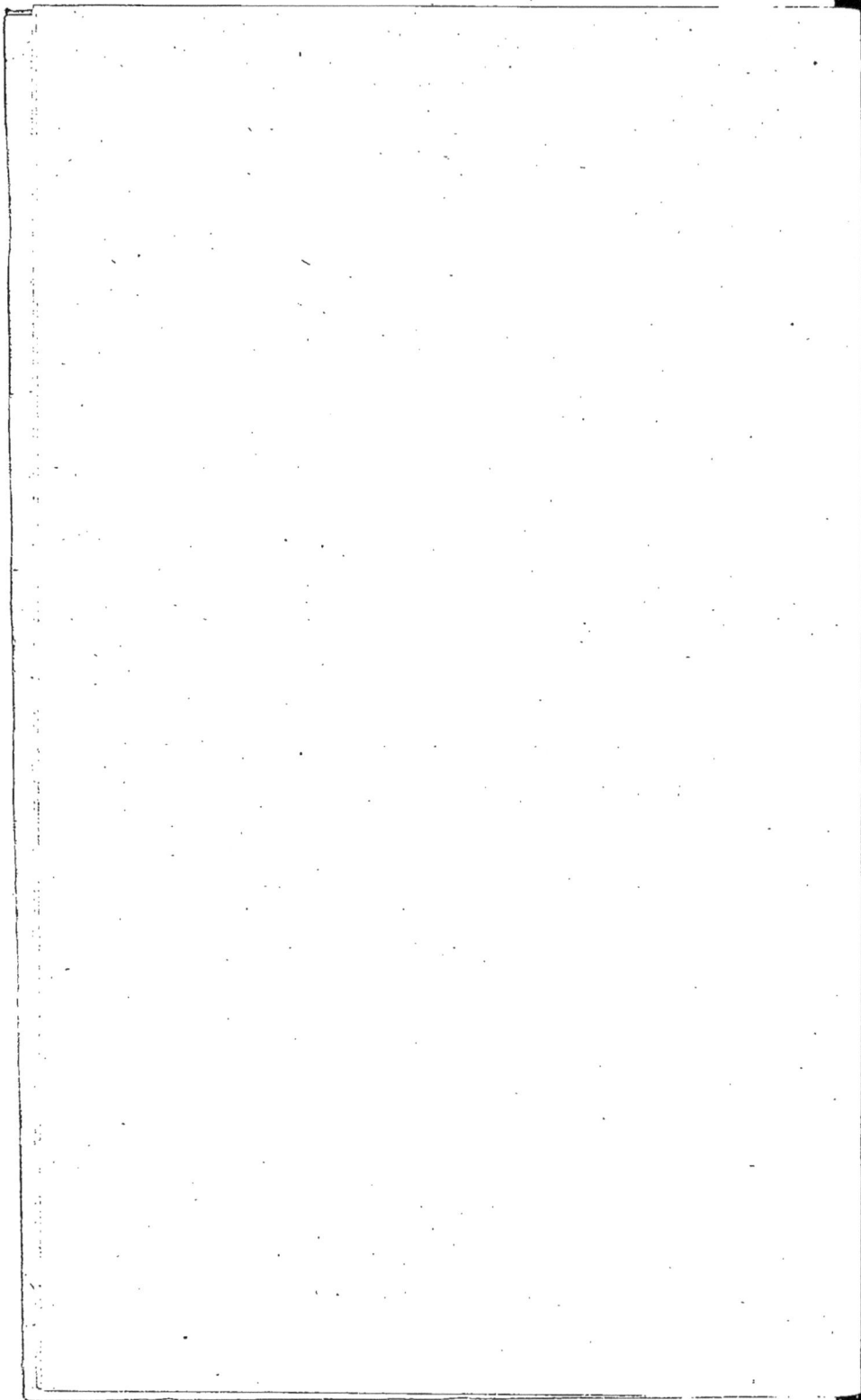

INTRODUCTION.

I. Les déformations, variations de forme et de dimensions des corps solides dépendent non seulement de la grandeur et de la direction des efforts, mais encore de la durée de leur action et de la température. Ainsi :

Un fil étant fixé à l'une de ses extrémités et tiré à l'autre, toutes les parties ne s'allongent pas à la fois ; les déformations se produisent successivement, avec une certaine *vitesse de propagation ;* mais cette vitesse est très grande.

Un poids suspendu à l'extrémité d'une barre verticale l'allonge tout différemment suivant qu'il est animé de telle ou telle vitesse, ou encore suivant qu'on le laisse libre ou qu'on l'empêche d'acquérir de la vitesse pendant que la barre s'allonge.

Un corps chauffé se dilate. Un corps comprimé s'échauffe.

Lorsque les efforts agissent assez lentement pour que les diverses parties du corps déformé n'acquièrent pas de vitesse sensible, pour que les vitesses des molécules ne varient pas sensiblement, lorsque de plus la température du milieu reste à peu près constante, l'équilibre s'établit toujours de la même manière, et les variations secondaires qui proviennent des petites variations de durée ou de température peuvent être considérées comme des *perturbations* négligeables.

L'étude des déformations sans vitesse ou sans changement de vitesses, indépendamment du temps et de la chaleur, se nomme *Statique*. La *Dynamique* et la *Thermodynamique* ont au contraire pour objet l'étude des déformations avec vitesse ou variations de température et des phénomènes mécaniques, acoustiques ou calorifiques qui les accompagnent.

II. « L'art de l'indication », dit Bacon, « peut se diviser en deux parties, car l'esprit, profitant des indications, marche ou de certaines expériences à d'autres expériences, ou des expériences aux *axiomes*, qui eux-mêmes indiquent ensuite d'autres expériences. Quant à la première de ces deux parties, nous la qualifions d'*expérience guidée*, et nous donnons à la seconde le nom d'*interprétation de la nature* ou de *novum organum*. »

III. Tout cela explique suffisamment la division que nous avons adoptée, division en quatre parties, dénommées en langage moderne :

1° *Statique spéciale* (*expérience guidée*), catalogue de faits particuliers dont quelques-uns sont reliés par des *théories spéciales;*

2° *Statique générale* (*interprétation* ou explication), ayant pour objet la recherche des *lois effectives* (et non des axiomes) qui relient entre eux les faits particuliers ;

3° *Dynamique;*

4° *Thermodynamique.*

IV. Les phénomènes qui accompagnent les déformations des solides ont été étudiés à des points de vue très différents; les nombreux travaux exécutés sur cette matière n'ont, le plus souvent, aucune liaison les uns avec les autres. Ils peuvent se diviser en trois catégories :

1° Les *théories mathématiques de l'élasticité*, théories

générales mais entièrement abstraites, basées sur certaines propriétés supposées de la matière, et aussi, quelquefois, sur certaines hypothèses cachées dans l'ampleur du calcul;

2° Les *études purement expérimentales*, comprenant les résultats bruts d'expériences faites sur des matériaux particuliers, dans des conditions particulières, et les *formules empiriques* déduites de ces résultats;

3° Les *théories spéciales*, ayant pour objet l'étude de certaines déformations particulières, la flexion, la torsion, etc.; elles sont basées sur des hypothèses dont quelques-unes sont le résultat généralisé de l'expérience.

Toutes ces théories ne s'occupent, d'ailleurs, que des déformations très petites et entièrement élastiques.

Les deux dernières catégories forment la science pratique, créée par Poncelet et Morin, et devenue classique sous le nom de *théorie de la résistance des matériaux*, science beaucoup trop négligée par les ingénieurs qui, passant de l'école à l'usine, rabaissent singulièrement leur rôle par l'emploi abusif des *aide-mémoire*, recueils de *coefficients* et de *formules empiriques* dont la source est à peine indiquée, et qui sont par suite appliqués trop souvent en dehors des limites de l'expérience, tant au point de vue de la grandeur des efforts qu'à celui des dimensions et de la qualité des matériaux.

V. Les théories, spéciales ou générales, sont impuissantes à déterminer les déformations qui se produisent dans une circonstance donnée; au contraire, elles n'ont d'application que dans le cas particulier où la déformation est connue par expérience ou supposée telle. Ainsi, toutes les théories de la torsion des cylindres sont fondées sur cette hypothèse que les sections droites n'éprouvent qu'un simple mouvement de rotation autour de l'axe, ou que leurs rayons restent droits. La théorie de la flexion des prismes repose sur les résultats des expériences de Dupin et de Duleau, qui ont montré que les sections droites restaient planes et normales à la surface extérieure ; la théorie de la flexion des solides d'égale résistance et, en général, des *pièces* de diverses formes, est basée sur le même fait, qui n'a été vérifié que dans la flexion des prismes.

On trouvera dans la première Partie les théories spéciales de la flexion et de la torsion, non pas dans le cas particulier d'une déformation très-petite, mais dans le cas général d'une déformation quelconque, grande ou petite, élastique ou permanente, ainsi que la vérification expérimentale des faits sur lesquels elles reposent.

VI. Dans certaines circonstances, cependant, la raison seule peut indiquer le genre de déformations : nous voulons parler de la *raison de symétrie*. Une barre prismatique horizontale, par exemple, étant placée sur deux appuis et pressée en son milieu par un effort vertical, il est bien évident que la section droite, située sur le plan de symétrie, perpendiculaire au milieu de la barre, restera plane et normale aux arêtes courbées. Il en sera de même toutes les fois que le solide déformé aura un plan de symétrie et que les appuis et les efforts seront disposés symétriquement par rapport à ce plan.

Un tube circulaire étant soumis à l'action de pressions extérieures ou intérieures, normales et uniformément réparties sur la surface, tout élément situé dans un plan diamétral, qui est un plan de symétrie, sera évidemment sollicité par une force élastique normale.

Lorsqu'une pièce, de forme quelconque, est sollicitée à ses extrémités par deux couples égaux et de sens con-

traires, les forces élastiques qui agissent sur une section
quelconque se réduisent à un même couple. Si la pièce a
une section droite constante, est primitivement droite ou
courbée en arc de cercle, si de plus les couples extérieurs sont normaux aux sections droites, il sera rationnel
d'admettre que, dans ce genre de flexion, les sections
droites restent planes, et que la barre conserve la forme
circulaire, car tout élément compris entre deux sections
droites a la même courbure et est sollicité, normalement à
ses bases, par des couples de même valeur.

Dans le même genre, on admettra que les sections droites
d'un ressort à boudin, pressé ou tiré suivant son axe,
restent planes et normales à la surface extérieure, chacune d'elles se trouvant dans la même position relativement
aux efforts exercés.

Il ne faudrait pourtant pas attacher une confiance trop
grande à ces raisonnements, qui ne sont pas absolument
rigoureux, et négliger la vérification expérimentàle. Dans
les deux cas que nous venons de citer, l'expérience con-
firme pleinement les conséquences du raisonnement *a
priori;* le ressort à boudin déformé reste hélicoïdal, la
barre fléchie par des couples conserve la forme circulaire.

VII. La théorie de la flexion des prismes est fondée,
avons-nous dit, sur les résultats des expériences de Duleau
et de Dupin. Voici le détail de ces expériences et les re-
proches qu'on peut adresser à chacune d'elles.

Dupin fléchit une poutre de bois sur les faces de laquelle
avaient été tracées des droites normales aux arêtes, et
constata que ces lignes restaient droites et perpendiculaires aux arêtes courbées. Dans cette flexion élastique,
la déformation générale est nécessairement très faible; la

flèche peut être grande, mais la courbure varie peu, si la barre est épaisse; en tous cas, les allongements ou raccourcissements longitudinaux sont toujours extrêmement petits; si donc les sections droites se gauchissent dans la flexion, le gauchissement sera très faible dans le cas actuel, et une grande précision sera nécessaire pour le constater.

Dans l'expérience de Duleau, on a constaté que les droites tracées sur une barre de fer restaient droites et dirigées suivant les rayons, lorsque la barre était courbée en cercle. La courbure permanente donnée à la barre était très grande, mais elle était circulaire; on peut encore reprocher à Duleau d'avoir, pour la facilité de la vérification, empêché la déformation des faces latérales.

La vérification complète ne présente pourtant aucune difficulté; nous l'avons faite sur un prisme d'acier doux, portant à sa surface les traces de nombreuses sections droites; ce prisme étant fléchi, non pas circulairement et entre deux plaques d'appui, mais librement et de telle sorte que la courbure varie d'un point à l'autre, nous avons pu vérifier que les sections droites n'étaient pas gauchies par le procédé ordinaire des ajusteurs, c'est-à-dire au moyen d'un marbre et d'un troussequin.

Nous avons aussi vérifié que dans la torsion d'un cylindre de révolution les rayons des sections droites restaient droits, en tordant un cylindre de fer très doux, percé de petits trous traversés par des aiguilles.

Tout grossiers que puissent paraître ces procédés, nous les tenons pour très bons, à la condition que les expériences soient faites sur des éprouvettes assez grosses et avec des matières très douces, de façon que, la déformation étant très grande, la courbure des rayons ou le gauchissement des sections soit très facile à constater, car, comme le dit le fondateur de la *Méthode expérimentale* :

« La subtilité des expériences appropriées au but qu'on se propose est infiniment plus grande que celle du sens, fût-il aidé des instruments les plus parfaits. »

VIII. Ce qu'il y a peut-être de plus remarquable dans les expériences de Dupin et de Duleau, c'est l'emploi de lignes tracées à la surface, emploi qui constitue un véritable procédé d'expérimentation, dont nous avons fait grand usage dans l'étude de la compression et de la traction.

L'expérience si connue de Duhamel du Monceaux, flexion d'une barre traversée par une languette destinée à montrer l'existence de la couche neutre, est aussi le type d'un procédé très recommandable, qui a été surtout employé par M. Tresca, dans ses recherches sur l'*écoulement des corps solides;* il consiste en la division du corps soumis à l'expérience en couches dont on observe les déformations, comme on observe celles des lignes tracées à la surface. Notre expérience sur la torsion est du même genre.

IX. « Les principaux procédés de la *Méthode expérimentale* sont les suivants :

» Variation de l'expérience par rapport à la matière, à la cause efficiente, à la quantité de matière, ce qui exige bien des précautions et de petites attentions, ce sujet étant environné d'erreurs, car on croit communément qu'il suffit d'augmenter la quantité de matière pour augmenter proportionnellement la vertu au prorata, et ce préjugé est souvent regardé comme une certitude mathématique, ce qui est absolument faux.... »

Ce préjugé, combattu par Bacon, n'est pas complètement détruit. Ainsi l'on regarde les allongements produits

par la traction d'une barre comme proportionnels à la longueur; deux barres ayant même résistance et même allongement pour 100 sont considérées comme de même qualité, et cependant leurs propriétés sont souvent très
différentes lorsqu'on les soumet à la flexion, à la torsion.
On regarde encore les efforts capables de produire certains
effets comme proportionnels à la section du corps sur lequel ils agissent; c'est ainsi qu'on rapporte à l'unité de
surface les efforts de traction, les efforts tranchants, ce
qui revient à admettre l'uniforme répartition de ces
efforts.

Il est donc de la plus haute importance de faire varier,
dans les expériences, et le genre d'efforts (*cause efficiente*)
et les dimensions des éprouvettes (*quantité de matière*),
tandis qu'au contraire, dans les essais de comparaison ou de
réception de matériaux, on devra toujours employer des
éprouvettes de formes et de dimensions identiques, en les
soumettant au même genre d'épreuve.

En ce qui concerne la variété de matière, nous pensons
que les premières expériences doivent être faites sur les
matières les plus homogènes qu'on puisse se procurer,
qu'ainsi on arrivera plus facilement à l'interprétation
cherchée, sauf à expérimenter ensuite, l'interprétation
trouvée, les matières moins homogènes et à examiner les
particularités qui peuvent être attribuées à tel ou tel genre
d'hétérogénéité. Les expériences anciennes n'ont pu être
faites que sur les pierres, le bois, le fer non fondu, la
fonte, matériaux qui sont complètement dépourvus d'homogénéité.

Il n'est pas inutile d'établir un choix parmi les matières
homogènes; les matières douces se recommandent à plus
d'un titre, et d'abord, comme nous l'avons déjà dit, leurs
déformations, étant grandes, sont faciles à observer et très

propres à dévoiler des faits qui passeraient inaperçus dans la déformation nécessairement petite d'une matière roide. Ensuite, l'expérience le prouve, l'étude des déformations des matières douces est seule complète; les phénomènes que présentent les corps déformés, comme tous les phénomènes physiques, ne diffèrent que par degrés, et ceux qui sont relatifs aux matières roides ne correspondent qu'à une phase particulière de la déformation des corps doux.

C'est ainsi que le *plomb* se recommande en première ligne, et M. Tresca l'a heureusement employé dans ses premières expériences; mais on peut adresser à ce métal le reproche inverse de celui que nous avons fait aux corps raides : les phénomènes qu'il présente ne correspondent guère qu'à la dernière période de déformation des corps doux en général; la période élastique, par exemple, apparaît à peine. Aussi le plomb doit-il être employé principalement dans l'étude cinématique des déformations produites par un genre particulier d'efforts, indépendamment de la grandeur de ces efforts.

L'*acier doux*, type des matériaux homogènes modernes, est à la fois susceptible de grandes déformations et capable d'exercer une grande résistance. Nous avons fait un très grand nombre d'expériences sur cette matière; on peut dire qu'actuellement elle s'impose à l'expérimentateur, tant par ses qualités exceptionnelles que par sa haute utilité pratique. L'ensemble des phénomènes que présente l'acier doux est complet : il est très élastique; ses déformations sont grandes et faciles à observer, et les efforts nécessaires à les produire ont une valeur assez élevée pour être mesurés avec précision, malgré les résistances passives des machines d'épreuve.

Le *cuivre* est intermédiaire entre l'acier très doux et le plomb.

Nous citerons enfin le *caoutchouc*, susceptible de déformations élastiques si étendues, et qui, contrairement à ce qui a lieu pour la plupart des matériaux, ne conserve que des déformations permanentes relativement très petites. Cette substance se prête à un genre particulier d'expérimentation, dont nous donnons un exemple dans l'étude de la compression : il consiste à sectionner le corps maintenu en déformation et à observer la déformation des surfaces de sectionnement après la détente ; c'est exactement l'inverse du procédé qui consiste à déformer d'une façon permanente un corps primitivement sectionné.

X. Il est très difficile, mais non pas impossible, de faire varier le genre d'efforts et la forme des éprouvettes, sans faire varier en même temps la matière elle-même ; cette condition, absolument indispensable, d'opérer sur des éprouvettes de même qualité, est une des plus grandes difficultés que présentent les expériences de comparaison. En effet, un lingot ou une pièce de forge est loin d'offrir une homogénéité parfaite ; les résultats de l'analyse chimique, aussi bien que ceux des essais mécaniques, sont tout différents suivant qu'on fait la *prise d'essai* à tel ou tel endroit de la pièce ; la résistance et l'allongement des éprouvettes prises en un même point varient avec l'orientation de l'éprouvette. Heureusement il existe des pièces métalliques convenablement travaillées tant au point de vue calorifique qu'au point de vue mécanique, dans lesquelles les qualités ne sont fonctions que de la position et de l'orientation relatives ; ainsi, dans de gros cylindres d'acier, nous avons pu constater que toutes les éprouvettes, de même forme et de mêmes dimensions, prises à égale distance de la surface extérieure et sous la même orienta-

tion relativement à l'axe, fournissaient des résultats identiques lorsqu'on les soumettait à un même genre d'efforts.
Les éprouvettes parallèles à l'axe doivent être employées
de préférence aux éprouvettes en travers, dont les différentes parties sont nécessairement à des distances variables de l'axe ou de la surface; mais les inconvénients
provenant de cette circonstance sont de peu d'importance
lorsque le cylindre est assez gros relativement à la longueur des éprouvettes. C'est avec des cylindres de $0^m,5o$
de diamètre sur 1^m de hauteur que nous avons pu faire
de nombreuses expériences de comparaison; la Métallurgie moderne est seule capable de fournir de semblables
pièces, possédant à un degré si remarquable le genre
d'homogénéité dont nous avons parlé.

XI. Les résultats d'expérience, avant d'être comparés
et interprétés, doivent être catalogués, classés. La plupart
des phénomènes que nous étudions présentent une continuité qui permet de les représenter par des lignes dont
chaque point, rapporté à des axes de coordonnées, figure
un fait particulier : l'une des coordonnées représente l'effet
produit, l'autre la cause efficiente, par exemple la
flèche et l'effort de flexion, et, dans ce cas, la courbe entière représente l'ensemble du phénomène de flexion.
Ce *procédé graphique,* si employé aujourd'hui dans
toutes les études expérimentales, est bien supérieur aux
Tables ou Catalogues ordinaires; il n'exclut pas la
théorie et n'est pas, par conséquent, absolument *empirique.* En effet, la forme de la courbe, l'inclinaison des
tangentes sur les axes, les points singuliers, la surface
comprise entre la courbe et les axes de coordonnées, son
centre de gravité, son moment d'inertie, en un mot tous
les éléments de la courbe ont leur signification particu-

lière ; certaines courbes se déduisent les unes des autres par un procédé géométrique. Le procédé graphique n'est pas seulement un moyen de représenter les phénomènes, c'est un véritable *procédé d'investigation* dont on ne peut se passer pour la détermination de certains coefficients numériques. Mais, en général, les courbes ne représentent que des phénomènes particuliers et nullement des propriétés spécifiques de la matière soumise à l'épreuve. Ainsi, la courbe des allongements d'une éprouvette de matière douce étirée est tout à fait spéciale à l'éprouvette essayée ; elle ne représente nullement les allongements d'une autre éprouvette de même matière, mais de dimensions différentes.

Les courbes de torsion, cependant, représentent, à échelles convenables, les torsions de tous les cylindres de révolution de même matière, quelles que soient leurs dimensions, et c'est ce qui donne aux *courbes de glissement* que nous en avons déduites un caractère de généralité exceptionnel, caractère que possèdent les *courbes de traction* des matières roides et seulement la première partie des courbes de traction des matières douces.

MACHINE A TRACTION DU COLONEL MAILLARD. (Dessin explicatif.)

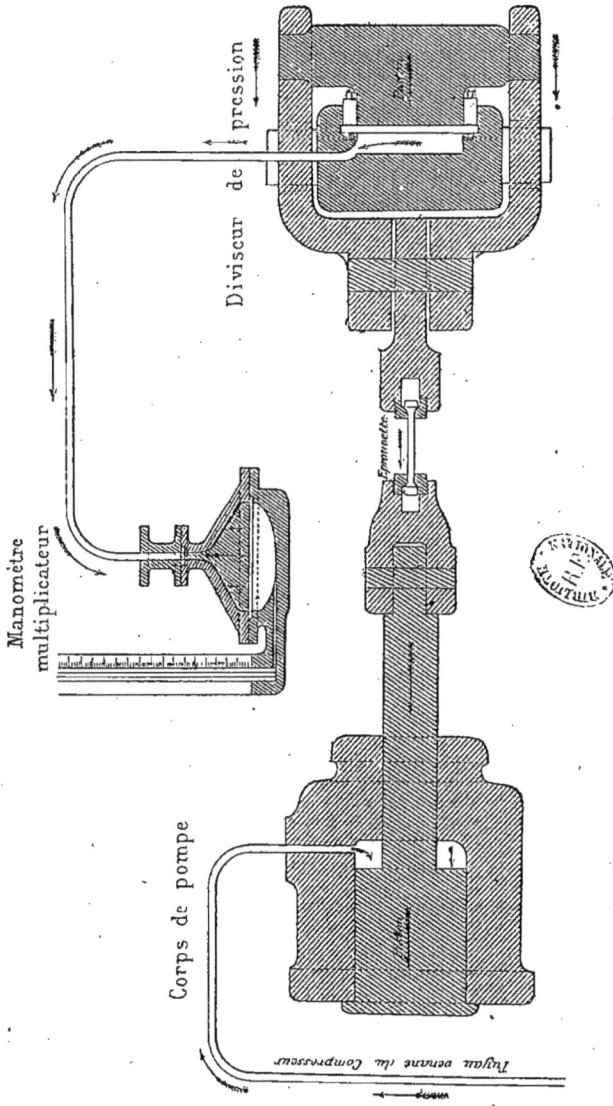

Diviseur de pression

Manomètre multiplicateur

Corps de pompe

Tuyau venant du Compresseur

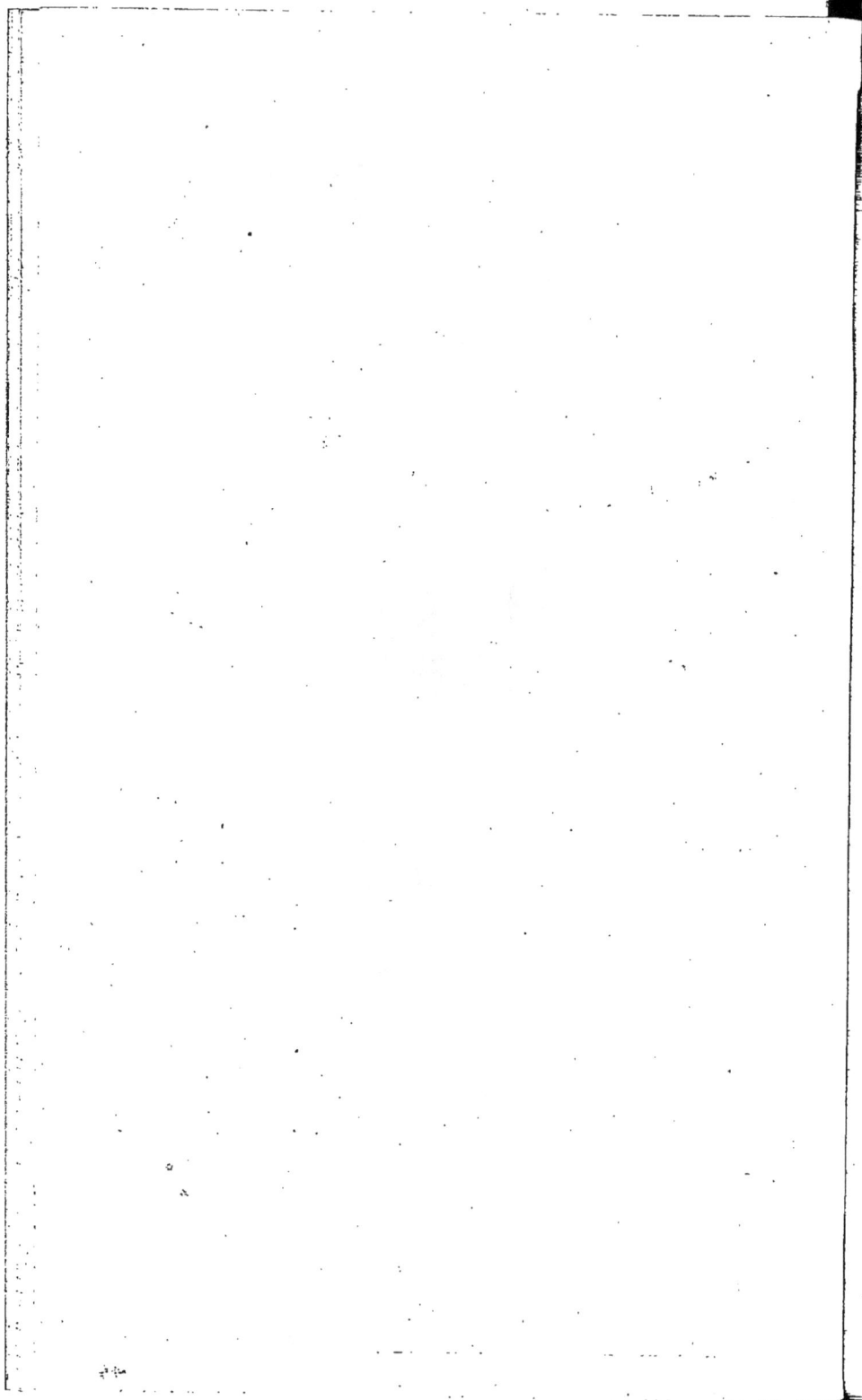

DÉFORMATION DES CORPS SOLIDES.

LIMITE D'ÉLASTICITÉ

ET

RÉSISTANCE A LA RUPTURE.

PREMIÈRE PARTIE.

STATIQUE SPÉCIALE.

CHAPITRE PREMIER.

PRINCIPES GÉNÉRAUX ET DÉFINITIONS.

1. *Déformations.* — Tous les corps se déforment sous l'action d'efforts extérieurs.

Ces efforts peuvent se classer en deux grandes catégories :

1° Les efforts agissant sur la masse, comme la pesanteur ;

2° Les efforts agissant sur la surface, les pressions, tractions, etc.

La pression atmosphérique appartient à cette classe ; mais les déformations qu'elle produit sur les corps solides sont très faibles et généralement négligeables.

Les déformations sont presque toujours accompagnées d'une variation de température. Inversement, quand un corps est échauffé ou refroidi, il se déforme.

Sous l'action de corps étrangers ou d'agents tels que la chaleur, la lumière, l'électricité, les corps solides ou fluides peuvent changer d'état physique ou chimique ; ils peuvent être dissous, liquéfiés, solidifiés, vaporisés, dissociés ou décomposés.

2. *Élasticité.* — L'*élasticité* est la propriété qu'ont les corps de changer de forme lorsqu'ils cessent d'être soumis à l'action des efforts qui les avaient primitivement déformés.

Si le corps reprend intégralement sa forme et ses dimensions primitives, s'il ne conserve pas de *déformations permanentes,* on dit que la *limite d'élasticité* n'a pas été dépassée ; on dit encore que le corps n'a subi qu'une *déformation élastique.*

En général, les différents organes des constructions ne doivent subir aucune déformation permanente sous l'action des efforts qu'ils sont appelés à supporter. La recherche des limites d'élasticité est donc de la plus haute utilité.

Lorsque la limite élastique a été dépassée, le corps déformé est incapable de reprendre sa forme primitive ; il se *détend* en partie, mais conserve une *déformation permanente.* Il arrive alors que ce corps déformé peut supporter de nouveau, et *sans nouvelles déformations permanentes,* l'action des efforts qui l'avaient primitivement déformé, pourvu que ces efforts aient agi une première fois pendant un temps assez long, et que les actions successives se produisent toujours dans des conditions identiques. Ce nouveau corps a ainsi une limite d'élasticité plus élevée que celle du corps dans son état primitif.

L'étude des déformations au delà de la limite élastique et des efforts capables de les produire est donc très utile à deux points de vue :

1° Pour se rendre compte des phénomènes qui peuvent

se produire dans le cas où la limite d'élasticité serait dépassée accidentellement;

2° Pour rechercher les moyens d'élever la limite d'élasticité des matériaux.

Cette étude permet, en outre, de classer les corps en différentes catégories :

Les corps *raides, secs, aigres* ou *cassants,* qui se brisent sans prendre de grandes déformations;

Les corps *doux, malléables,* qui sont susceptibles de très grandes déformations permanentes;

Les corps *très élastiques,* susceptibles de très grandes déformations élastiques, qui peuvent être employés comme *ressorts;*

Les corps *faibles,* qui se brisent sous de petits efforts;

Les corps *forts* ou *tenaces,* capables de supporter de grandes charges.

(C'est à l'*outil* ou à l'*empreinte d'un couteau* qu'on reconnaîtra si le corps est *dur* ou *mou.*)

3. *Conditions d'équilibre. Différents genres d'efforts.* — L'équilibre d'un corps déformé étant établi, les forces extérieures, y compris les réactions des appuis, doivent satisfaire aux conditions suivantes :

La somme des projections de ces forces sur une droite quelconque doit être nulle.

La somme de leurs moments autour d'un axe quelconque doit être nulle.

Pour que l'équilibre soit possible, il suffit que ces conditions soient remplies relativement à trois droites non situées dans un même plan.

Pour que l'équilibre existe réellement, il faut, de plus, qu'il soit *stable* et qu'il n'y ait pas *rupture.*

Dans l'étude des déformations, on ne pourra remplacer

le système de forces réellement appliquées par un système *mécaniquement* équivalent qu'à la condition expresse de ne pas changer les *points d'application;* on pourra donc seulement composer ou décomposer les forces appliquées en un même point.

En général, les matériaux sont employés, soit dans les essais ou épreuves, soit dans les constructions elles-mêmes, sous forme de prismes et soumis aux systèmes d'efforts suivants :

1° Système de forces égales deux à deux, de même direction, de sens opposés et appliquées aux extrémités du corps prismatique ; les déformations principales sont alors des *allongements* ou des *raccourcissements,* et les efforts prennent le nom de *traction* ou *compression;*

2° Système de forces situées dans un même plan et produisant des *flexions;*

3° Système de deux couples égaux, de sens contraires, situés dans deux plans parallèles, appliqués aux extrémités du corps et produisant des *torsions.*

Nous étudierons séparément ces différents genres de déformations.

4. *Forces élastiques.* — Considérons un corps quel-

Fig. 1.

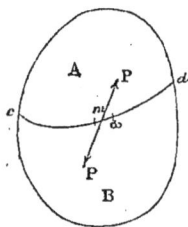

conque AB (*fig.* 1) sollicité par un système de forces (F). Soit *cd* une surface quelconque divisant le corps en deux parties A et B; soient encore (F′) les forces extérieures qui sollicitent la partie A, (F″) celles qui agissent sur B. La partie B étant supposée supprimée, l'équilibre actuel de A est rompu; mais il peut être rétabli par l'application de forces convenables aux différents points de la surface *cd*. Soient, par exemple, ω un élément de *cd* et P une force appliquée à cet élément; ω étant infiniment petit, P sera lui-même infiniment petit et pourra être supposé uniformément réparti sur la surface ω. On appelle *force élastique* le rapport $p = \dfrac{P}{\omega}$ ou l'effort P rapporté à l'unité de superficie. La force élastique *p* est ainsi exprimée par un nombre fini de kilogrammes; on la suppose appliquée au centre de gravité *m* de l'élément ω, et on la nomme *force élastique développée au point m et agissant sur l'élément plan* ω.

L'effort réellement appliqué à ω est $P = p \cdot \omega$; il est généralement oblique et peut être décomposé en deux forces :

1° L'une, normale à l'élément sollicité ω, est une *traction* ou une *compression*.

2° L'autre, située dans le plan même de l'élément sur lequel elle agit, est une *force tangentielle* ou *force de glissement*.

Dans certains cas particuliers, l'une de ces composantes pourra être nulle, la force élastique sera alors une force de glissement ou bien une traction ou une compression normale; dans ce dernier cas, elle prend le nom de *force principale*.

En général, la force élastique est une traction ou compression oblique, variant, en grandeur et en direction, d'un point à l'autre ou au même point, suivant l'orientation de l'élément sollicité ω, et le rapport $\dfrac{\Sigma(P)}{\operatorname{surf}(cd)}$ de la

somme des efforts P à la superficie totale de la surface *cd*
n'a aucune signification.

Les conditions d'équilibre de la partie A, sollicitée par
les forces extérieures (F′) et les forces élastiques (*p*),
fourniront six équations ou relations entre (*p*) et (F′),
qui seront complètement insuffisantes à déterminer la
valeur et la direction des forces élastiques (*p*) si l'on ne
connaît pas leur mode de répartition sur la surface *cd*.

Dans l'état actuel de la Science, le problème général de
la répartition des forces élastiques sur une section quelconque n'est pas résolu.

La théorie mathématique de l'élasticité ne s'occupe que
du cas où les déformations sont très petites et ne peut se
passer de certaines hypothèses sur les déformations extérieures ou intérieures pour arriver à la solution des questions qu'elle se propose de résoudre.

Les phénomènes qui accompagnent les déformations
sont d'ordre purement physique; c'est donc par la méthode
expérimentale qu'on arrivera, sinon à la solution complète
du problème, au moins à la résolution d'un grand nombre
de questions qui intéressent, à différents points de vue, le
physicien, l'architecte ou l'ingénieur.

S'il faut renoncer le plus souvent à une analyse quantitative exacte, il n'en est pas moins très intéressant, par
une analyse qualitative, de se rendre compte de la répartition des efforts, car on expliquera ainsi certaines ruptures
accidentelles et l'on pourra trouver les moyens de les
éviter ou de les prévenir.

Dans l'équilibre général du corps AB, l'équilibre particulier de A existe; la partie B exerçait donc, aux différents points de *cd*, des forces (P); inversement, la partie A
exerçait sur la surface *cd* de B des forces (—P) égales et
directement opposées. Ainsi, dans l'intérieur d'un corps,

chaque élément ω peut être considéré comme sollicité par deux forces égales et de sens contraires.

Les forces élastiques, considérées en couples de deux égales et opposées, prennent le nom de *forces intérieures*, par opposition aux forces appliquées à la surface ou à la masse et émanant de l'extérieur. Lorsque l'on considère l'équilibre d'une partie du corps, certaines forces élastiques sont, au contraire, considérées comme des forces extérieures.

CHAPITRE II.

TRACTION EXPÉRIMENTALE.

5. *Éprouvettes et attaches.* — On appelle *éprouvette* la partie de l'objet à essayer qui doit être directement soumise à l'*épreuve mécanique.*

Les éprouvettes de traction ont généralement la forme

Fig. 2.

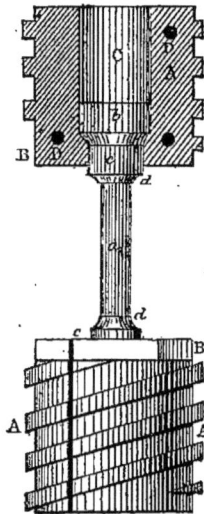

a, corps de l'éprouvette.

b, b, têtes de l'éprouvette.

c, c, portées destinées à centrer l'éprouvette (ces portées sont souvent supprimées).

d, d, traits de repère, tracés sur le corps de l'éprouvette.

A, A, mâchoires ou mordaches, formées de quatre demi-cylindres filetés; elles se vissent sur la machine d'épreuve.

B, B, prismes de serrage.

CC, vide intérieur, à la demande des têtes.

D, D, goujons et trous d'assemblage des demi-cylindres.

d'un boulon à deux têtes. La *fig.* 2 représente un des types les plus employés, ainsi que le système d'attaches.

Les têtes *b, b* sont quelquefois formées par des écrous vissés sur les extrémités filetées de l'éprouvette.

Les têtes et le corps sont généralement ronds, quelquefois carrés, rectangulaires.

La *fig*. 3 représente une éprouvette ou *lanière de tôle;*

Fig. 3.

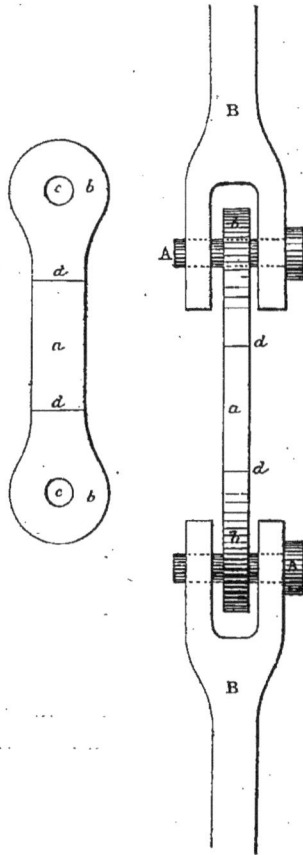

elle se compose d'un prisme rectangle ou corps *a*, terminé
par deux têtes ou renflements circulaires *b*, *b* percés d'un

trou *c*. La lanière est fixée à la machine d'épreuve au moyen
de deux fourchettes B, B. Deux boulons A, A traversent à
la fois l'éprouvette et les fourchettes.

Il est assez difficile d'étirer les fils, les courroies ou lanières

Fig. 4.

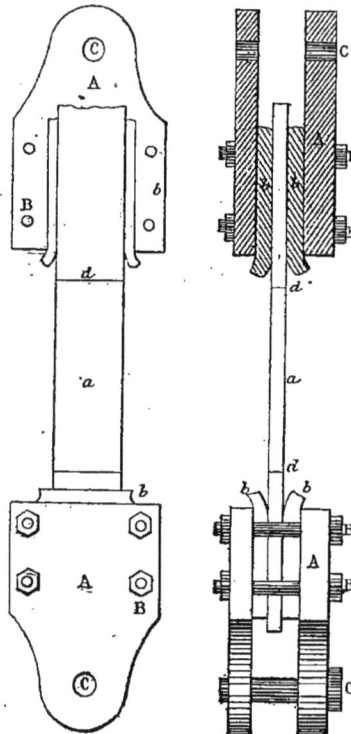

a, lanière-éprouvette.
b, *b*, morceaux de lanières.
d, *d*, traits de repères tracés à l'encre.

A, A, mordaches composées de quatre feuilles de tôle ou planchettes.
B, B, trous et boulons de serrage.
C, C, trous et boulons d'attache.

de cuir, caoutchouc, toile, papier, etc., sans occasionner
une diminution de résistance dans le voisinage des attaches.

Les *fig*. 4 représentent des dispositions recommandables.

La partie en prise de la lanière doit être aussi longue que possible ; le serrage des boulons, faible au début de l'épreuve, doit être augmenté progressivement lorsqu'on observe un glissement de la lanière dans les mordaches.

Le même procédé peut être employé pour l'étirage des fils, les planchettes étant remplacées par des secteurs de cylindres creux réunis par des boulons. Le serrage peut être produit automatiquement au moyen de *pinces articulées*, du genre de celles qui sont représentées par les *fig*. 5 et 6.

Fig. 5.   Fig. 6.

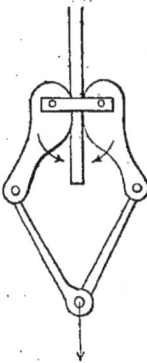 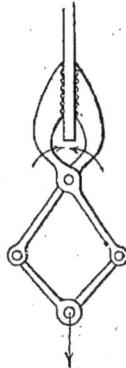

Les éprouvettes en général, et tout particulièrement les éprouvettes cylindriques, doivent être soigneusement repérées et marquées au poinçon, de telle façon qu'on puisse toujours retrouver leur provenance et leur *position* dans la pièce qui les a fournies.

6. *Machines d'épreuve*. — *Essayer une éprouvette*, c'est la soumettre à des efforts variables et mesurer à la fois ces efforts et les déformations qu'ils produisent. On peut faire l'essai direct en fixant l'éprouvette par une de ses

extrémités et suspendant à l'autre différents poids. On supprimera tout levier ou poulie intermédiaire en plaçant l'éprouvette verticalement. Dans ce genre d'essais, il est absolument nécessaire d'empêcher les poids d'acquérir de la vitesse; à cette condition seulement les charges représenteront les tensions de l'éprouvette. C'est par ce procédé que Wertheim a fait ses nombreuses expériences sur les fils métalliques.

L'essai direct des barres, plus grosses et plus résistantes que les fils, exige un maniement de poids très lourds et cesse d'être pratique.

On produit généralement les efforts de traction au moyen d'une *presse hydraulique*, l'une des extrémités de l'éprouvette étant fixée au piston, l'autre au bâti. Le diamètre du piston étant connu, on calculera les tensions d'après les indications du *manomètre* de la presse. Ce procédé est très pratique et suffisant pour les essais industriels courants.

On emploie actuellement, dans un grand nombre d'usines, des machines bien plus compliquées; elles se composent de :

1° Une pompe ou compresseur, mis en mouvement mécaniquement ou à bras d'homme;

2° Une presse hydraulique, au piston de laquelle est fixée l'une des mordaches;

3° Un appareil dynamométrique spécial, portant la deuxième mordache de l'éprouvette;

4° Un volant-manivelle et une vis, grosse et longue, pour la manœuvre de détail (rentrée du piston, tension initiale, etc.);

5° Des appareils spéciaux pour la mesure des déformations;

6° Un bâti général et des fondations.

Dans les machines faibles, la presse et le compresseur sont remplacés par une manivelle et un système de vis et d'engrenages. (*Voir* la Planche ci-contre : *Machine de M. le colonel Maillard.*)

7. *Appareils dynamométriques.* — Dans ces machines d'épreuve, l'éprouvette est tirée d'un côté par le piston de la presse, et sa tension est à chaque instant équilibrée par un *poids invariable* ou par le *poids variable d'une colonne liquide*, grâce à un système intermédiaire de *leviers* ou de *multiplicateurs hydrauliques*.

Dans le premier cas, la machine est dite à *poids;* la tension est mesurée par la longueur variable du bras de levier sur lequel se meut le poids; dans le second cas, la machine est à *manomètre*, et la tension est mesurée par la hauteur variable de la colonne liquide.

L'appareil dynamométrique des machines à poids est une *balance romaine*, simple ou double; l'un des leviers est coudé à angle droit si l'éprouvette est horizontale.

Fig. 7.

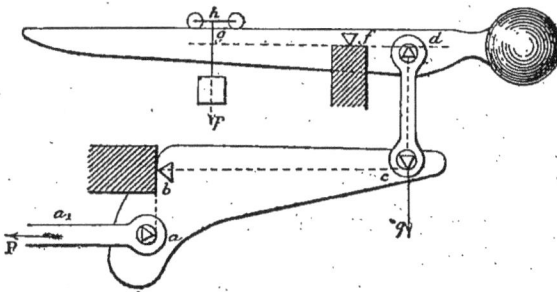

aa_1, organe auquel est attachée l'éprouvette.
abc, levier coudé.
dfg, romaine simple.
dc, bielle réunissant les deux leviers.
p, poids.
h, chariot mobile.
b, f, couteaux prenant appui sur le bâti de la machine.

La *fig.* 7 représente la disposition de la machine de l'ingénieur anglais Kirkaldy.

P étant la tension de l'éprouvette, q celle de la bielle, p le poids mobile, les conditions d'équilibre sont les suivantes, le levier dfg étant horizontal :

$$P \times ab = q \times bc,$$
$$q \times df = p \times fg$$

ou

$$P = p \times \frac{bc}{ab} \times \frac{fg}{df}.$$

Chacune des divisions du grand bras fg étant égale au petit bras fd, le nombre de divisions représentera le rapport $n = \frac{fg}{df}$; en désignant par k le rapport constant $\frac{bc}{ab}$, on aura

$$P = n(kp).$$

Fig. 8.

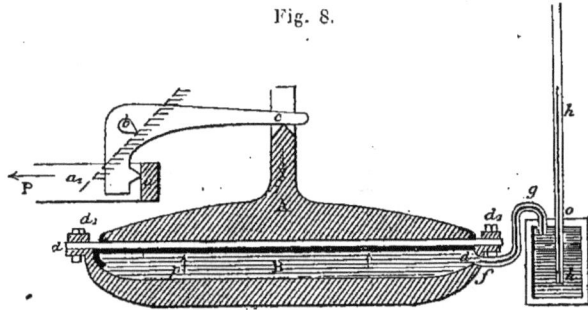

aa_1, organe auquel est attachée l'éprouvette.
abc, levier coudé à angle droit.
a, couteau agissant sur aa_1.
b, axe-couteau prenant appui sur le bâti.
c, extrémité du levier agissant sur le plateau A du multiplicateur.
B, multiplicateur composé d'une cuvette pleine d'eau et d'une feuille obturatrice de caoutchouc dd.
d, d_1, grand anneau métallique

boulonné sur la cuvette, maintenant la feuille de caoutchouc.
fg, tuyau mettant en communication la cuvette avec la partie supérieure du réservoir du manomètre.
k, réservoir du manomètre rempli de mercure et d'eau.
koh, tube manométrique gradué; le zéro de la graduation doit être au niveau de l'obturateur de caoutchouc dd.

La *fig.* 8 représente le dispositif de l'appareil dynamométrique des machines de M. Thomasset, constructeur à Paris.

Les conditions d'équilibre sont les suivantes,

$$P = \frac{bc}{ab} q = kq = kpS,$$

P étant la tension de l'éprouvette, k le rapport des deux bras de levier, q la pression exercée sur le plateau du multiplicateur, p la pression par unité de surface dans la cuvette, S la surface du multiplicateur.

La pression p est déterminée par la hauteur $n = oh$ de la colonne de mercure au-dessus du zéro; n étant exprimé en décimètres, $p = n \times 13^{kg},6$ par décimètre carré, et la tension de l'éprouvette est, en kilogrammes,

$$P = n(kS.13,6),$$

S étant exprimé en décimètres carrés.

Les déplacements du plateau multiplicateur ou de l'extrémité c du levier seront égaux aux déplacements du niveau du mercure dans le tube, divisés par le rapport de la surface S à la section du tube, et par conséquent très petits, à la condition que la cuvette, le manomètre et le tube de communication soient bien remplis de liquide purgé d'air.

Le levier coudé a été supprimé par M. le colonel Maillard ([1]) dans la machine qu'il a construite à la fonderie

---

([1]) Le colonel Maillard, Directeur de la fonderie de canons de la marine de Nevers, n'a pas seulement apporté de nombreuses modifications aux machines d'épreuve, il a surtout rendu à la Métallurgie un service considérable en mettant en honneur les essais mécaniques, qui n'occupaient qu'un rang très subalterne dans les usines françaises, et en montrant toute l'étendue de leur usage, soit comme contrôle, soit comme procédé de recherche.

de Nevers, et qui est actuellement très employée dans les usines métallurgiques du centre de la France.

Fig. 9.

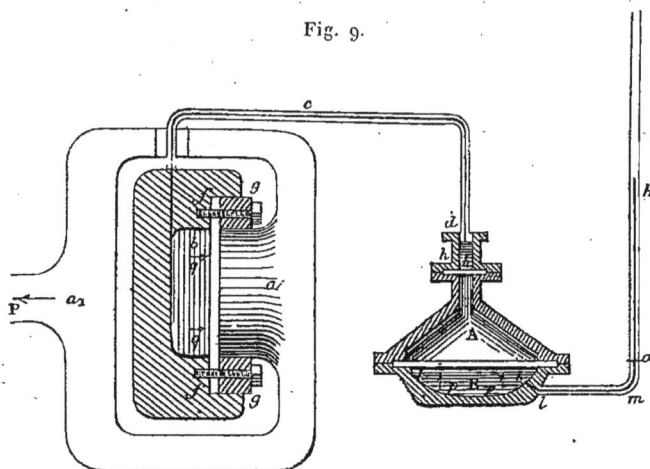

aa_1, organe auquel est attachée l'éprouvette.

a, piston.

b, corps de pompe.

ff, feuille obturatrice de caoutchouc.

gg, anneau métallique boulonné sur le corps de pompe, maintenant la feuille de caoutchouc et servant de guide au piston a.

bcd, tuyau de communication du corps de pompe b avec le *manomètre multiplicateur Galy-Cazallat*.

A, piston métallique formé de deux cylindres raccordés par un tronc de cône; le petit cylindre de A s'appuie sur l'obturateur hh, le grand cylindre sur l'obturateur kk.

B, cuvette remplie de mercure en communication par le tuyau lm avec le tube manométrique oh.

o, zéro de la graduation, au niveau de la feuille obturatrice kk.

La *fig.* 9 représente le dispositif dynamométrique de cette machine.

La pression exercée sur kk est

$$pS = n.13^{kg},6.S.$$

La pression exercée sur la petite base hh est la même, soit

$$qs = pS = n.13^{kg},6.S$$

ou, par unité de surface,

$$q = p\frac{S}{s} = n\,13^{kg},6\frac{S}{s}.$$

La pression q est transmise au liquide du corps de pompe b, et l'équation générale d'équilibre est

$$P = qS_1 = p\frac{SS_1}{s} = n.\left(13^{kg},6\frac{SS_1}{s}\right),$$

P étant la tension de l'éprouvette.

La section S de la cuvette B étant beaucoup plus grande que celle du tube oh, les déplacements du piston A seront très petits; ceux du piston a seront encore plus faibles, car S_1 est plus grand que s. Ces conditions remplies, les feuilles obturatrices de caoutchouc fonctionneront très bien.

Les machines à manomètre ont l'avantage d'être à *indications continues;* l'éprouvette étant étirée, l'équilibre s'établit *automatiquement,* la hauteur de la colonne de mercure indiquant à chaque instant la valeur de la tension. Nous verrons plus loin qu'on peut mesurer la *limite d'élasticité* en observant simplement la marche ascensionnelle de la colonne manométrique. Dans les machines à poids, il faut constamment déplacer le poids à la main pour maintenir l'équilibre avec l'horizontalité du levier. Dans la machine de Kirkaldy, le déplacement continu s'obtient au moyen du chariot et d'une ficelle sans fin, tendue sur deux poulies fixées aux extrémités du levier.

Les machines à levier se dérèglent plus facilement que les autres; le déréglage provient de la variation des points d'application des efforts lorsque les couteaux se déplacent ou lorsque leur tranchant s'émousse.

8. *Tarage de la machine*. — Dans toute machine horizontale, il y a au moins une résistance passive, le frottement sur les appuis-guides de l'organe qui relie l'éprouvette à l'appareil dynamométrique. La résistance qu'opposent les feuilles obturatrices de caoutchouc est toujours très faible, les déformations de ces obturateurs étant très petites.

Les conditions d'équilibre établies dans le numéro précédent ne sont pas tout à fait exactes et ne peuvent servir qu'à l'établissement du projet de la machine. La graduation théorique doit être remplacée par une graduation pratique; la machine construite doit être *tarée*. Les machines verticales ont le grand avantage de pouvoir être tarées directement, au moyen de poids suspendus à la place de l'éprouvette; le tarage direct ne peut se faire dans les machines horizontales. Le tarage indirect se fait par les procédés suivants :

1° En brisant un certain nombre d'éprouvettes identiques, soit avec la machine à tarer, soit directement avec des poids. Ce procédé est peu recommandable, pour plusieurs raisons : d'abord, il est difficile de se procurer des éprouvettes identiques; ensuite, si l'on n'agit pas avec de grandes précautions, les éprouvettes seront brisées par des poids très différents de la charge statique qui produira la rupture sur la machine.

2° En produisant une même déformation permanente sur des éprouvettes identiques, soit avec des poids, soit sur la machine. Ce procédé a les mêmes inconvénients que le précédent.

3° En produisant, soit avec des poids, soit à la machine,

et sur un *même* appareil spécial, une série de déformations *élastiques*. Ce procédé sera à l'abri de tout reproche
si les déformations élastiques sont assez grandes pour être
mesurées avec exactitude, si l'appareil employé comme
tare est un ressort puissant susceptible de grandes déformations. Le *ressort Belleville* remplit bien ces conditions
et constitue une excellente tare; il se compose de disques
d'acier, en forme d'assiettes opposées alternativement par
leurs grandes et leurs petites bases. Ces disques sont
percés d'un trou central traversé par deux arbres glissant
l'un dans l'autre. On comprime le ressort en tirant sur les
extrémités des arbres, qui sont munies d'attaches.

On peut encore comparer deux machines en mesurant
successivement sur chacune d'elles la limite d'élasticité,
naturelle ou artificielle, d'une même éprouvette.

Nous ne parlons pas du tarage indirect par poids, au
moyen de leviers ou de poulies; ce procédé ne doit jamais
être employé.

9. *Mesure des déformations.* — Les instruments employés pour la mesure des déformations ou des dimensions
longitudinales et transversales sont :

1° Les règles graduées en millimètres et les compas.

2° Les règles ou *pieds à coulisse*, à *verniers*, donnant
le dixième ou le vingtième de millimètre, munies ou non
de vis de rappel et de serrage.

3° Les instruments à *vis micrométriques*, tels que les
Palmers des ateliers de précision. La vis porte un tambour gradué; chaque division équivaut à un déplacement
longitudinal égal à une fraction du pas de la vis.

4° Les instruments à vis micrométriques et à *pression
constante*, du genre des *compas Warral*, employés à la
mesure des canons frettés. La *fig.* 10 représente un in-

strument de cette espèce, construit pour la fonderie de canons de Bourges par M. Duboscq, constructeur à Paris; il est destiné à mesurer les diamètres des éprouvettes déformées. On fait tourner la vis A au moyen d'un bouton molleté B; la vis n'est entraînée que par le frottement de deux plaques maintenues en pression constante par un petit ressort taré C. Lorsque la pression des couteaux H, H

Fig. 10.

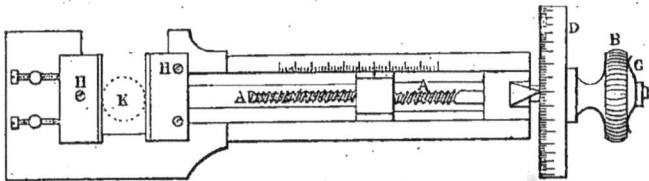

sur l'objet à mesurer K est égale à la pression de réglage, le bouton molleté devient fou et cesse d'entraîner la vis et son tambour D.

5° Les appareils à vis micrométriques et à coulisses munies de *lunettes*. Les machines d'épreuve de la fonderie de Bourges sont pourvues d'appareils de ce genre, construits par MM. Froment-Dumoulin, constructeurs à Paris, et destinés à la mesure des allongements. Ils se composent d'un chariot général qui peut glisser dans un socle parallèle à l'éprouvette; le chariot porte une règle à coulisse graduée et deux lunettes. L'éprouvette étant en place, les opérateurs visent les traits de repère avec les lunettes; la graduation donne la distance des repères. Pendant l'étirage, l'un des opérateurs suit un trait en déplaçant le chariot tout entier au moyen d'une vis et d'une manivelle; l'autre suit le second trait en déplaçant seulement sa lunette au moyen d'une vis micrométrique de rappel; la graduation du tambour indique, à chaque instant, la variation de distance des deux lunettes ou l'allongement de la partie de l'éprouvette comprise entre les repères. Les lunettes sont munies de réticules; l'éclairage des traits de repère et des réticules se fait avec des flammes en papillon, à travers lesquelles on observe, ou au moyen d'un bec quelconque et de petits miroirs. Les deux lunettes étant souvent très rapprochées, l'une d'elles porte un prisme qui permet à l'un des observateurs de se placer de côté. Un expérimentateur exercé peut d'ailleurs remplacer les deux observateurs des lunettes. Le personnel ainsi réduit se compose d'un ou deux manœuvres à la pompe, d'un observateur d'allongements, d'un scribe qui observe l'appareil dynamométrique et inscrit sur un registre les résultats *bruts*.

10.- *Résultats généraux des épreuves de traction*. — L'étirage d'une éprouvette en matière douce peut se diviser en quatre périodes (nous supposerons qu'on produise l'étirage sur une machine à manomètre).

Première période. — Le mercure du manomètre monte très rapidement; les allongements sont très petits et sensiblement proportionnels aux efforts qui les produisent; ils sont entièrement *élastiques,* c'est-à-dire qu'ils s'évanouissent quand l'effort cesse d'agir.

Deuxième période. — Le mercure change brusquement de vitesse; il continue de monter, mais lentement, et sa vitesse ascensionnelle décroît de plus en plus. Les allongements sont bien plus grands que ceux de la première période et sont en grande partie *permanents;* ils croissent plus rapidement que les efforts. Lorsque l'effort cesse d'agir, une faible partie de l'allongement disparaît; l'*allongement total* se compose ainsi d'un *allongement élastique* et d'un *allongement permanent*. L'effort correspondant à l'arrêt ou au changement brusque de vitesse du mercure est le plus grand effort, ne produisant pas de déformations permanentes; il représente la *limite d'élasticité de traction* de l'éprouvette. Les allongements élastiques produits par les efforts supérieurs à la limite d'élasticité sont sensiblement proportionnels à ces efforts, au moins dans la plus grande partie de la deuxième période.

Troisième période. — Le mercure reste stationnaire; l'éprouvette s'allonge sous un effort constant.

Quatrième période. — Le mercure descend, puis tombe tout à coup. L'éprouvette s'allonge de plus en plus sous des efforts décroissants; elle *file* et enfin se brise. Cette dernière période ne s'obtient évidemment qu'avec une machine à indications continues.

Les dimensions transversales varient en même temps que les dimensions longitudinales et en sens inverse. Pendant les deux premières périodes, l'éprouvette reste sensiblement cylindrique ou prismatique; mais, dans la troisième et surtout dans la quatrième période, les variations de dimension se produisent surtout dans une certaine zone, à laquelle on donne le nom de *fuseau,* à cause de la forme que prend l'éprouvette (*fig.* 11).

L'étirage des corps raides se compose seulement des deux

Fig. 11.

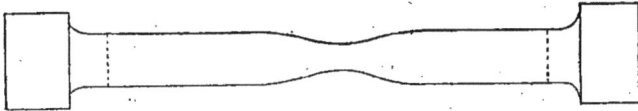

premières périodes, la rupture se produisant pendant la seconde; dans ce cas, il ne se forme pas de fuseau.

Certains corps extrêmement raides, comme le verre, l'acier à outil trempé, se brisent pendant la première période élastique; il n'y a aucune déformation permanente, et la limite d'élasticité se confond avec la charge de rupture.

D'autres corps très doux et très élastiques, comme le caoutchouc, sont susceptibles d'acquérir des déformations élastiques très considérables. Dans ce cas, les allongements ne sont pas proportionnels aux efforts, et, contrairement à ce qui arrive pour les métaux, les allongements permanents sont bien plus petits que les allongements élastiques; . il est alors très difficile d'apprécier la limite d'élasticité.

11. *Représentation graphique.* — Un point ayant pour abscisse un effort de traction et pour ordonnée l'allongement correspondant d'une éprouvette, relativement à deux axes de coordonnées, représentera à la fois l'effort et l'allongement. La courbe qui réunira tous les points ainsi obtenus représentera les allongements en fonction des efforts de traction.

On a l'habitude de prendre pour abscisses les *efforts rapportés à la section primitive,* c'est-à-dire le quotient obtenu en divisant le nombre de kilogrammes qui représente l'effort total par le nombre d'unités de surface contenues dans la section primitive. Ces quantités ne représentent pas généralement les *tensions par unité de surface,* car la section varie en même temps que les efforts. Il arrive même souvent que la section varie inégalement dans les différentes parties de l'éprouvette; dans ce cas, les efforts ne sont pas uniformément répartis sur la surface des sections droites, et l'effort rapporté soit à la section primitive, soit à la *section actuelle,* ne représente pas du tout la tension par unité de superficie.

Les allongements sont aussi, d'ordinaire, rapportés à l'unité de longueur ou à une longueur de cent unités;

mais l'expression d'*allongement pour* 100 n'a de signification qu'à la condition que l'allongement soit uniforme
dans toute la longueur de l'éprouvette, ce qui n'arrive pas
quand le fuseau s'est formé.

Pour les corps raides, ou seulement pour les deux premières périodes de l'étirage des corps doux, on pourra
considérer les *allongements pour* 100 et les *tensions
par unité de surface*, celles-ci étant égales à l'effort
total divisé par la section actuelle de l'éprouvette, qui
est constante dans toute son étendue. Dans tout autre
cas, on ne devra considérer et représenter que l'allongement brut de l'éprouvette et les efforts totaux de traction ou ces efforts divisés par une quantité constante,
la section primitive de l'éprouvette, ces efforts ainsi rapportés à la section primitive n'ayant d'autre signification
que celle de quantités proportionnelles aux efforts totaux.

Fig. 12.

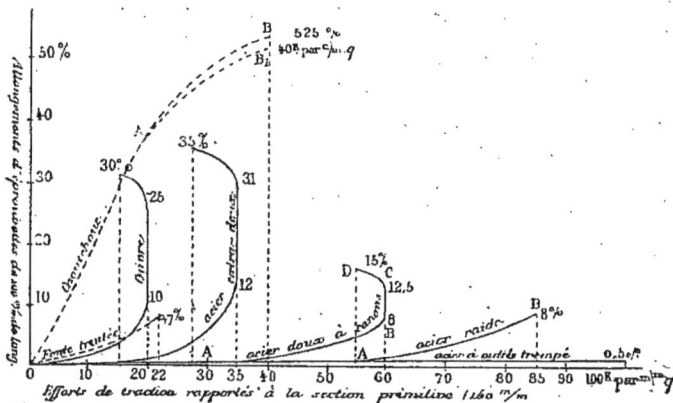

La *fig.* 12 représente, en fonction des efforts, les allongements d'éprouvettes métalliques de 0^m,014 de diamètre.

et de $0^m,100$ de longueur entre les repères, ainsi que les allongements d'une lanière de caoutchouc de $0^m,005$ d'épaisseur sur $0^m,050$ de large et $0^m,100$ de longueur entre les repères. Les échelles sont représentées sur les axes de coordonnées, pour l'éprouvette de fonte, on a pris une échelle d'allongement dix fois plus grande; pour la lanière de caoutchouc, l'échelle des efforts est cent fois plus grande, celle des allongements dix fois plus petite.

La charge de rupture du caoutchouc est donc de 40^{kg} par centimètre carré ou $0^{kg},4$ par millimètre carré, l'allongement total, de 525 pour 100, se composant d'un allongement élastique de 505 pour 100 et d'un petit allongement permanent de 20 pour 100. L'éprouvette de fonte à canons de Ruelle a une résistance de 22^{kg} par millimètre carré et un allongement total de $0,7$ pour 100.

Les courbes de traction des métaux ont toutes des formes analogues; elles tournent toujours leur concavité vers l'axe des allongements. Ces courbes seront très suffisamment déterminées par quatre points pour les métaux doux et par deux points seulement pour les corps raides.

$1°$ Le point A (*fig.* 12), qui correspond à la limite d'élasticité; il est déterminé par la limite d'élasticité $\mathcal{L}$ et l'allongement élastique correspondant i, ou par $\mathcal{L}$ et le rapport $E = \dfrac{\mathcal{L}}{i}$. Les allongements élastiques étant proportionnels aux efforts, la partie OA de la courbe est une droite passant par l'origine et inclinée sur l'axe des allongements d'un angle dont la tangente trigonométrique est $E = \dfrac{\mathcal{L}}{i}$.

Ce coefficient E, qu'on nomme *coefficient d'élasticité,* est une quantité de même espèce que $\mathcal{L}$, c'est-à-dire est exprimé en kilogrammes par unité de surface, car i est un simple rapport numérique. Par exemple, pour tous les fers et aciers, un effort de 20^{kg} par millimètre carré de la section primitive (qui diffère extrêmement peu de la section actuelle) produit sensiblement le même allongement relatif de $0,1$ pour 100 ou $0,001$; le coefficient d'élasticité de tous les fers et aciers sera donc à peu près égal à $\dfrac{20^{kg}}{0,001} = 20000^{kg}$ par millimètre carré ou à $2\,000\,000^{kg}$ par centimètre carré.

2° Le point B, qui correspond à la rupture pour les corps raides; il est déterminé par la charge de rupture et l'allongement correspondant.

Pour les corps doux, le point B est déterminé par la *charge maxima* et le plus petit allongement produit par cet effort.

La partie AB de la courbe est convexe du côté de l'axe des efforts; de A en B, son inclinaison sur cet axe augmente.

3° Le point C, qui correspond au plus grand allongement produit par la charge maxima. La partie BC est une droite parallèle à l'axe des allongements.

4° Le point D, qui correspond à la rupture des corps doux; il est déterminé par la charge de rupture et l'allongement correspondant. La partie CD de la courbe tourne sa concavité vers l'origine des coordonnées.

En résumé, les quatre points singuliers de la courbe de traction des corps doux, qui correspondent à la fin des quatre périodes du n° 10, sont déterminés par les sept quantités suivantes :

Le coefficient E et la limite d'élasticité $\mathcal{L}$, la charge maxima Q et les allongements minimum et maximum a et a' produits par cette charge, la charge de rupture P et l'allongement correspondant b.

La connaissance de ces sept quantités, qui se réduiront à quatre pour les corps raides, donnera une idée parfaitement nette des phénomènes qui se produisent pendant l'étirage d'une éprouvette, et qui sont représentés par la courbe complète.

Exemples :

	E.	$\mathcal{L}$.	Q.	Pour 100	P.	b. Pour 100
Cuivre..........	12000kg	7kg	20kg	$\begin{cases} a = 10 \\ a' = 25 \end{cases}$	16	30
Acier extra-doux.	20000	18	35	$\begin{cases} a = 12 \\ a' = 31 \end{cases}$	30	35
Acier doux à canons..........	20000	30	60	$\begin{cases} a = 8 \\ a' = 13 \end{cases}$	56	15
Acier raide......	20000.	55	Q = P = 85	$a = b = 8$		
Fonte truitée de Ruelle.	10000	10	Q = P = 22	$a = b = 0,7$		
Acier à outil trempé à l'eau......	20000		Q = P = 100	$i = a = b = 0,5$		

(Ces coefficients $\mathcal{L}$, Q, a, ... se rapportent uniquement aux métaux particuliers essayés.)

Les courbes de la *fig.* 12 représentent les allongements totaux. Nous avons dit, au n° 10, que les allongements étaient en partie élastiques et en partie permanents ; l'allongement total MM', correspondant à l'effort OM' (*fig.* 13), se composera donc d'un allongement élastique

Fig. 13.

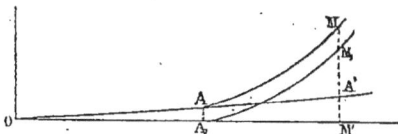

A'M' et d'un allongement permanent MA'. En prenant des ordonnées A'M' et M'M₁ = A'M, on obtiendra des courbes OAA' et A₁M₁ qui représenteront les allongements élastiques et les allongements permanents correspondant aux

différents efforts de traction, inférieurs ou supérieurs à la
limite d'élasticité. Si l'effort OM' n'est pas trop éloigné de
la limite élastique, la partie élastique A'M' de l'allongement M'M est proportionnel à cet effort OM'; la courbe
AA' se confond sensiblement avec le prolongement de la
droite OA.

Pour le caoutchouc, la courbe des allongements totaux
étant OAB (*fig.* 12), celle des allongements élastiques
sera OAB₁.

Contrairement à ce qui arrive pour les métaux, les
allongements permanents, qui disparaissent du reste en
grande partie avec le temps, sont très petits relativement
aux allongements élastiques ; les deux courbes OAB, OAB₁
diffèrent très peu l'une de l'autre, et il est très difficile
de déterminer la position du point A ou d'évaluer la limite
d'élasticité.

12. *Allongements des différentes parties d'une éprouvette.* — Lorsque, pendant l'étirage, l'éprouvette conserve
la forme d'un prisme ou d'un cylindre, la section est constante et les allongements relatifs des différentes parties
de la barre sont les mêmes ; les allongements absolus sont
proportionnels à la longueur : tels sont, par exemple, les
allongements élastiques, et, en général, tous les petits
allongements des métaux. Mais il n'en est plus de même
quand l'éprouvette s'allonge beaucoup et prend la forme
d'un fuseau.

Pour mesurer les allongements des différentes parties
d'une éprouvette, nous avons tracé sur sa surface des traits
fins distants de 0^m,001 ; le tracé a été fait sur une machine
à diviser ; la distance des traits a été mesurée, avant et
après l'étirage, avec un appareil micrométrique à lunettes.

La *fig.* 14 représente les résultats obtenus après l'étirage de quatre éprouvettes d'acier doux de diverses provenances, ayant toutes un diamètre de 0^m,014 et une longueur d'environ 0^m,060 entre les têtes. Les abscisses sont les longueurs primitives; les ordonnées, les allongements pour 100 des différentes parties comprises entre les traits.

Fig. 14.

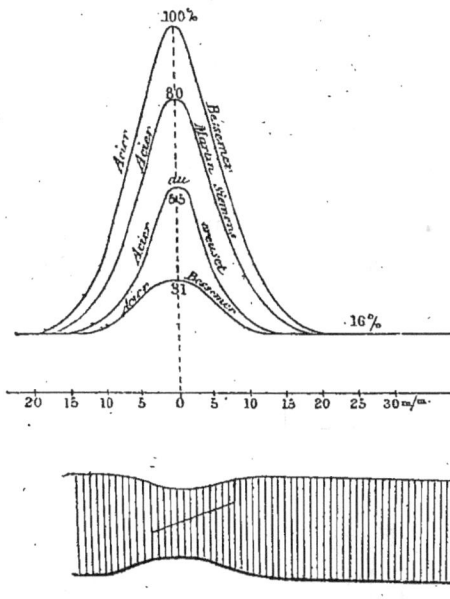

Les ordonnées de la courbe continue peuvent ainsi être considérées comme représentant les allongements relatifs de longueurs infiniment petites, ou la limite du rapport de l'allongement à la longueur primitive, lorsque cette longueur décroît indéfiniment; nous les appellerons *allongements élémentaires* aux différents points. La figure montre que, dans la partie de l'éprouvette qui reste cylindrique, l'allongement est constant; de plus, il est le même pour les quatre éprouvettes particulières essayées : 0,16, ou 16 pour 100. L'allongement élémentaire est, au contraire, très variable dans le fuseau; il est maximum dans le voisinage de la cassure et à peu près constant dans une étendue de quelques millimètres; dans les quatre éprouvettes représentées, il a pour valeurs : 1, 0,8, 0,55, 0,31 ou 100, 80, 55, 31 pour 100.

Après l'étirage, les éprouvettes sont brisées en deux morceaux; chacun de ces morceaux peut être de nouveau étiré et brisé en deux parties. Pour effectuer pratiquement ces étirages successifs, il faut tourner l'un des morceaux et fileter une de ses extrémités; un écrou pourra alors servir de seconde tête d'attache. Il sera préférable d'étirer d'abord une éprouvette à trois têtes (*fig.* 15); l'un des

Fig. 15.

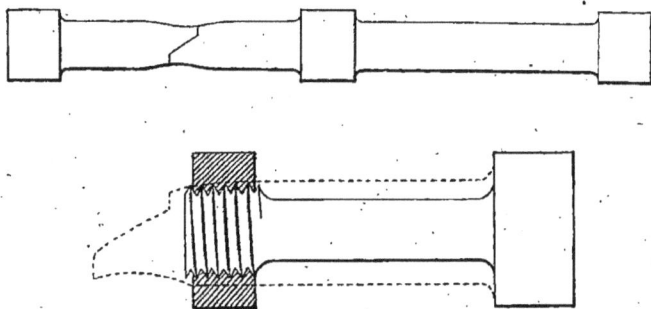

morceaux aura deux têtes et pourra de nouveau être brisé par traction longitudinale.

On trouve ainsi que toutes les fois que le fuseau s'est formé dans le premier étirage, il se forme aussi dans le deuxième, dans le troisième étirage, et que les allongements élémentaires maxima sont sensiblement les mêmes, à la condition que les différentes éprouvettes essayées ainsi successivement soient assez longues relativement à leur diamètre.

La charge de rupture est aussi à peu près la même dans tous les cas; quant à la charge maxima, elle est évidemment un peu plus faible dans le premier étirage que dans le deuxième, et ainsi de suite.

L'allongement total que prend l'éprouvette dans un étirage ne donne donc qu'une idée très incomplète de la valeur de l'allongement *disponible* ou *potentiel;* la connaissance de l'allongement élémentaire maximum est un renseignement beaucoup plus précieux sur la qualité de la matière essayée.

Dans les corps raides, les allongements élémentaires sont égaux à l'allongement total relatif; il ne se forme jamais de fuseau.

Si l'on étire un tronçon d'éprouvette cassée, la rupture se produira sous une charge un peu plus élevée que dans le premier étirage, mais sans nouvel allongement permanent sensible.

13. *Allongements d'éprouvettes de même matière, de même diamètre et de longueurs différentes.* — En prenant pour abscisses les longueurs primitives $x = Om$, comptées à partir de la gorge du fuseau, et pour ordonnées $y_1 = mM_1$ les allongements relatifs de ces longueurs, on obtiendra une courbe $AM_1P_1N_1$ (*fig.* 16). Cette courbe peut être construite directement à la suite d'expériences ou déduite des courbes de la *fig.* 14.

Soit, en effet, AMPN la courbe des allongements élémentaires aux différents points de l'éprouvette; $y = mM$

représente l'allongement relatif de l'élément dx situé au point m.

L'allongement absolu de l'élément est $y\,dx$; il est repré-

Fig. 16.

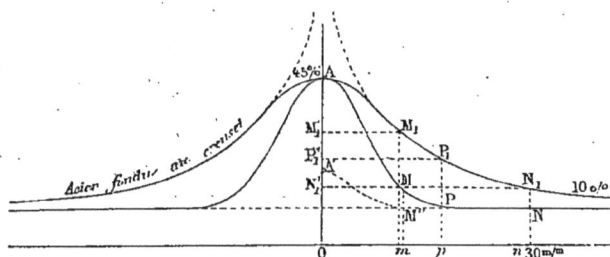

senté par la surface du rectangle $m\mathrm{M}$ qui a pour base dx et pour hauteur $y = m\mathrm{M}$; l'allongement total de la partie Om est la somme des allongements absolus de tous les éléments

$$\int_0^x y\,dx = \mathrm{surf}\,(\mathrm{OMA}),$$

et il est représenté par la superficie comprise entre les axes de coordonnées, la courbe AM et l'ordonnée extrême $m\mathrm{M}$. L'allongement relatif de la longueur $x = Om$ que représente l'ordonnée $y_1 = m\mathrm{M}_1$ aura pour valeur

$$y_1 = m\mathrm{M}_1 = \frac{\mathrm{S}(\mathrm{OMA})}{Om}$$

ou

$$m\mathrm{M}_1 \times Om = \mathrm{S}(\mathrm{OMA}) = \mathrm{S}(Om\mathrm{M}_1\mathrm{M}_1').$$

Ainsi les rectangles construits sur les coordonnées de la courbe $\mathrm{AM}_1\,\mathrm{P}_1\,\mathrm{N}_1$ sont équivalents aux surfaces correspondantes limitées par la courbe AMPN : de là un moyen de déduire la première courbe de la seconde.

Considérons une longueur $x = On > p$, le point p correspondant à l'extrémité du fuseau; l'allongement relatif et l'allongement absolu de cette longueur auront pour valeur

$$y_1 = nN_1 = \frac{S(OnNPA)}{On}$$

$$= \frac{S(OpPA) + S(pnNP)}{On} = \frac{a + bx - bc}{x}$$

et

$$y_1 x = a + bx - bc,$$

en désignant par a la surface $OpPA$, par b l'allongement relatif pP de la partie restée cylindrique et par c la demi-longueur Op du fuseau.

Soit maintenant une éprouvette de longueur l brisée en deux morceaux dont les longueurs primitives étaient x et x'; si chacun des morceaux est plus long que le demi-fuseau, on aura

$$y_1 x = a + bx - bc,$$
$$y'_1 x' = a + bx' - bc;$$

l'allongement total de l'éprouvette sera

$$y_1 x + y'_1 x' = 2(a - bc) + b(x + x') = 2(a - bc) + bl$$

et l'allongement relatif

$$Y = \frac{2(a - bc)}{l} + b \quad \text{ou} \quad (Y - b)l = 2(a - bc),$$

qui est indépendant des dimensions x et x' des deux morceaux. Ainsi, l'allongement relatif d'une éprouvette est indépendant de la position du fuseau, pourvu que celui-ci ne se forme pas trop près des têtes d'attache; les allongements relatifs d'éprouvettes de même matière, de même diamètre et de longueurs différentes sont les ordonnées d'une hyperbole équilatère $(P_1 N_1)$, asymptote à la ligne

3

PN et à l'axe OA, ayant pour équation

$$(Y - b)l = 2(a - bc),$$

à la condition que l'éprouvette ait une longueur assez grande pour que le fuseau puisse se former toujours de la même manière.

Si l'éprouvette est extrêmement courte, ou si, le fuseau s'étant formé très près d'une tête, l'un des morceaux de l'éprouvette n'a qu'une longueur O m, plus petite que O p, l'allongement en m ne sera pas mM, mais seulement mM″, à peu près égal à nN $= b$, et l'allongement élémentaire maximum serait seulement OA′ $<$ OA; la surface a ainsi que l'allongement total seraient, dans ce cas, considérablement diminués.

14. *Contraction transversale; striction; fuseau.* — Les dimensions transversales des éprouvettes diminuent pendant l'étirage; soit r une de ces dimensions, devenue r' sous l'action d'un certain effort de traction : on nomme *contraction transversale relative* le rapport

$$g = \frac{r - r'}{r},$$

qui varie en même temps que l'allongement et dans le même sens. Si la contraction est la même dans une certaine étendue, l'allongement élémentaire est constant, aux différents points de cette partie de l'éprouvette restée cylindrique ou prismatique. Wertheim, dans ses expériences sur les fils métalliques, a déterminé le rapport de la contraction à l'allongement élastique et a trouvé ce coefficient sensiblement constant et égal à $\frac{1}{3}g = \frac{i}{3}$.

Lorsque le fuseau se forme, les allongements et les contractions varient d'un point à l'autre; pour les compa--

rer, il est donc nécessaire de mesurer les allongements élémentaires et les contractions aux différents points. Nous
avons effectué ces mesures au moyen de l'appareil à lunettes et de l'appareil micrométrique à pression constante
représenté par la *fig.* 10. La *fig.* 17 indique les résultats

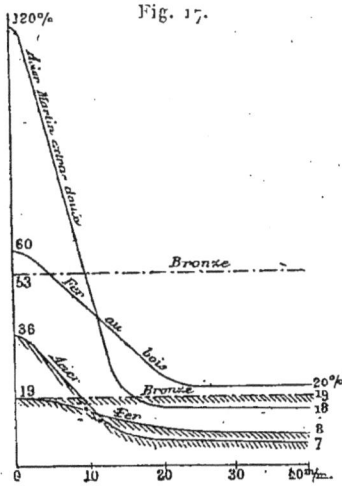

Fig. 17.

| | MINIMUM | | | | MAXIMUM | | | |
| | pour 100. | | | $\dfrac{g}{i}$. | pour 100. | | | $\dfrac{g}{i}$. |
	i.	*g.*	*u.*		*i.*	*g.*	*u.*	
Acier Martin, extra-doux.	18	7	14	0,39	120	36	59	0,30
Fer au bois..............	20	8	16	0,40	60	19	34	0,32
Bronze.................	53	19	34	0,36	53	19	34	0,36

de nos expériences sur trois éprouvettes de 0^m,014 de
diamètre, l'une en bronze, restée cylindrique, les deux

autres en fer et en acier; au-dessous de la figure, un
Tableau contient les valeurs extrêmes des allongements
élémentaires i, les contractions g, les rapports $\frac{g}{i}$, ainsi
que les *strictions* u, ou diminutions relatives des sections droites.

15. *Déformations des sections droites.* — Lorsqu'on
étire une éprouvette cylindrique, on observe bien la déformation des génératrices, mais il est impossible de con-
cevoir la déformation des sections droites. En effet, que
ces sections restent planes ou non, elles auront toujours
la forme de surfaces de révolution autour de l'axe de
l'éprouvette, et leur trace sur la surface extérieure, seule
visible, sera toujours une circonférence située dans un
plan normal à l'axe.

On se fera, au contraire, une idée très nette de ces déformations en étirant des éprouvettes prismatiques sur les
faces desquelles on aura tracé primitivement des droites
parallèles et perpendiculaires à l'axe. Ces droites, déformées par l'étirage, sont représentées par la *fig*. 18, et

Fig. 18.

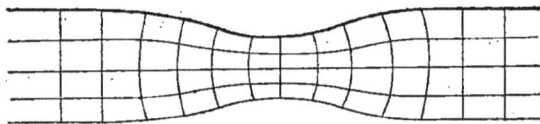

montrent que les sections droites restent planes et normales aux génératrices en dehors du fuseau et dans la
section de gorge qui est située dans le plan de symétrie
du fuseau, que dans le fuseau les génératrices et les sections droites se courbent, tout en restant sensiblement

normales entre elles. Les sections droites déformées tournent leur concavité vers la gorge ou leur convexité vers les extrémités. Les déformations des génératrices sont d'autant plus grandes que celles-ci sont plus éloignées de l'axe.

16. *Variations de volume et de densité.* — Le volume d'un élément prismatique ou cylindrique compris entre la surface extérieure et deux plans normaux aux génératrices distants de x est $v = s x$. Après l'étirage, la section droite s devient $s' = s(1 - u) = s(1 - g)^2$, et la distance x, $x' = x(1 + i)$. Si l'élément solide considéré conserve la forme prismatique, si les sections droites restent planes et normales à l'axe, ce qui arrive lorsque l'élément est situé en dehors du fuseau ou dans le voisinage de la gorge, son volume v devient

$$v' = s'x' = v(1 + i)(1 - u) = v(1 + i)(1 - g)^2;$$

la variation de l'unité de volume et la densité ont pour valeurs

$$(1 + i)(1 - u) - 1 = (1 + i)(1 - g)^2 - 1$$

et

$$\delta' = \frac{\delta}{(1 + i)(1 - u)} = \frac{\delta}{(1 + i)(1 - g)^2}.$$

On constate directement, par expérience, que la densité varie très peu, quelque grand que soit l'étirage.

Nous allons chercher les valeurs du rapport $k = \dfrac{i}{g}$ correspondant aux différentes valeurs de i, dans l'hypothèse d'une densité absolument constante. Ces valeurs seront fournies par l'équation

$$(1 + i)(1 - g)^2 = 1,$$

ou

$$(1 + i)\left(1 - \frac{i}{k}\right)^2 = (1 + i)\left(1 - \frac{2i}{k} + \frac{i^2}{k^2}\right)$$

$$= 1 - \frac{2i}{k} + \frac{i^2}{k^2} + i - \frac{2i^2}{k} + \frac{i^3}{k^2} = 1,$$

ou

$$i^2 - i(2k - 1) + k^2 - 2k = 0,$$

ou

$$i = \frac{2k - 1}{2} \pm \frac{\sqrt{4k + 1}}{2}.$$

Pour $k = 2$, $i = 3$ en prenant la plus grande racine; mais alors $g = \frac{i}{k} = \frac{3}{2} > 1$, ce qui est impossible; la plus petite racine seule fournit la relation cherchée entre k et i :

$$i = \frac{2k - 1 - \sqrt{4k + 1}}{2}.$$

On peut construire par points différentes courbes (*fig.* 19) représentant en fonction de i les valeurs de k et de g.

Fig. 19.

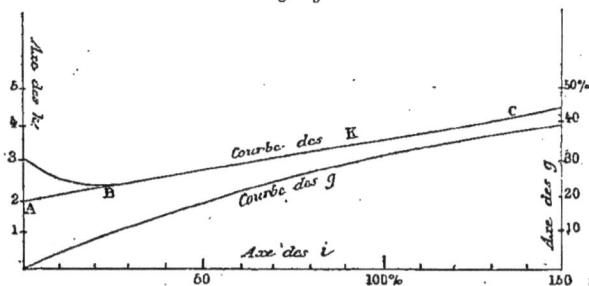

Les ordonnées de ces courbes ne représentent pas les véritables valeurs de k et de g, car la densité ne reste pas absolument constante; le volume varie un peu pendant l'étirage. La variation de l'unité de volume a pour valeur

$$z = (1 + i)(1 - g)^2 - 1 = i\left(1 - \frac{2}{k} - \frac{k}{2i} + \frac{i}{k^2} + \frac{i^2}{k^3}\right).$$

Lorsque i sera très grand, $\left(1 - \frac{2}{k} - \frac{2i}{k} + \frac{i}{k^2} + \frac{i^2}{k^2}\right) = \frac{z}{i}$ sera très petit, puisque z est lui-même très petit; dans ce cas, les valeurs de k seront représentées avec une grande approximation par la courbe ABC (*fig.* 19); mais il en sera tout autrement dans le cas des petits allongements, car alors les véritables valeurs de k pourront différer beaucoup de celles qui sont fournies par l'équation

$$\left(1 - \frac{2}{k} - \frac{2i}{k} + \frac{i}{k^2} + \frac{i^2}{k^2}\right) = 0.$$

Par exemple, pour les valeurs de i suffisamment petites, on aura

$$z = i\left(1 - \frac{2}{k}\right).$$

Dans l'hypothèse d'une densité absolument constante, on a $k = 2$ pour $z = 0$; mais, z étant seulement très petit, de l'ordre de grandeur de i, $\left(1 - \frac{2}{k}\right)$ peut avoir une valeur très différente de zéro. C'est ce qui arrive en réalité: nous avons vu en effet que, d'après les expériences de Wertheim, $k = 3$ pour les très petits allongements.

L'expression z s'annule, en général, pour les valeurs $i = i_1$, $k = k_1$, abscisses et ordonnées correspondantes de la courbe ABC; pour une valeur donnée de i, k varie avec z. Or nous avons constaté par expérience que les variations de volume des métaux, fer, acier, cuivre, ayant subi un travail mécanique, étaient inférieures à $\frac{1}{100}$; nous pouvons calculer les variations correspondantes de k et de g pour les différentes valeurs de i. On a en effet, pour les petites variations,

$$\Delta z = \frac{2\,i_1}{k_1^2}\left(1 + i_1 - \frac{i_1 + i_1^2}{k_1^2}\right)\Delta k.$$

Pour

$k_1 = 2,1\ldots\;\; i_1 = 0,07\;\; \Delta k < 30\,\Delta z < 0,3\;\; k_1 > 2,1\;\; k_1 < 2,4$

$k_1 = 3\ldots\;\; i_1 = 0,7\;\; \Delta k < 4\,\Delta z < 0,04\;\; k_1 > 3\;\; k_1 < 3,04$

Les véritables valeurs de k seront données, non par la courbe ABC, mais par la courbe aBC, qui se confond avec la première dès que les allongements deviennent considérables.

Remarque sur la mesure des densités. — Pour mesurer une densité, on prend un tronçon d'éprouvette, on apprécie son poids et son volume : le quotient des deux nombres trouvés, divisés l'un par l'autre, donne la densité. Soient p, ϱ, $\delta = \dfrac{p}{\varrho}$ les valeurs véritables du poids, du volume et de la densité, $p - \varepsilon$, $\varrho - \varepsilon$ les valeurs approchées, que nous supposons mesurées avec la même erreur absolue ε. La densité obtenue sera

$$\delta' = \frac{p - \varepsilon}{\varrho - \varepsilon}$$

et l'erreur commise

$$\varepsilon' = \delta' - \delta = \frac{p - \varepsilon}{\varrho - \varepsilon} - \frac{p}{\varrho} = \frac{p - \varrho}{\varrho(\varrho - \varepsilon)}\,\varepsilon$$

ou à peu près

$$\varepsilon' = \varepsilon\,\frac{p - \varrho}{\varrho^2}.$$

Les métaux usuels, fer, cuivre, ont une densité voisine de $\delta = 8$; dans ce cas,

$$\frac{p - \wp}{\wp} = \frac{p}{\wp} - 1 = 8 - 1 = 7$$

et

$$\varepsilon' = \varepsilon \frac{7}{\wp};$$

p et $\wp$ étant exprimés en grammes ou en centimètres cubes, on aura $\varepsilon = 0,001$, si les pesées sont faites au milligramme près.

Si l'on veut obtenir avec exactitude le chiffre des centièmes dans le nombre qui représentera la densité, il faudra que ε' soit plus petit que $0,01$, d'où la relation suivante :

$$0,001 \frac{7}{\wp} < 0,01 \quad \text{ou} \quad \wp > 0^{cc},7$$

ou

$$p > 0,7\,\delta = 5^{gr},6.$$

Ainsi, avec une balance hydrostatique accusant le milligramme, il faudra, pour obtenir la densité avec trois chiffres exacts, opérer sur un tronçon pesant au moins $5^{gr},6$.

17. *Cassure.* — L'ensemble de la cassure d'une éprouvette de matière raide est généralement une section droite tapissée de *grains brillants* plus ou moins fins. Lorsque la matière est douce, la cassure est du même genre si les éprouvettes brisées sont très courtes; mais elle est toute différente dans le cas où les éprouvettes sont assez longues pour que le fuseau se forme avant la rupture. Les *fig.* 20 représentent une cassure d'acier doux et homogène, étiré en éprouvette de $0^m,015$ de diamètre. Elle se compose de deux segments de troncs de cônes à génératrices légère-

ment courbes, à surface lisse et brillante; sur chacun des
tronçons de l'éprouvette, l'un des cônes est en plein, l'autre
en creux, formant la *lèvre* de la cassure. Les deux troncs
de cônes ont leur petite base commune située dans le *plan
de gorge* du fuseau; les grandes bases sont dans le plan
qui contient les points d'*inflexion* de toutes les génératrices. Les lèvres sont limitées par deux petites surfaces
hélicoïdales lisses et brillantes. La petite base commune
aux deux troncs est formée de grains gris terne, d'appa-
rence spongieuse.

Fig. 20.

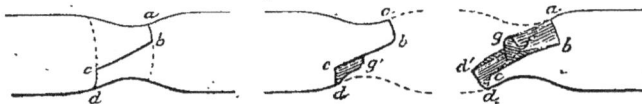

abcdd', trace de la cassure sur la surface.
ab, cdd', circonférences d'inflexion, grandes bases des troncs de cône.
fg, petite base spongieuse située dans le plan de gorge.
fgdd', cône creux, lèvre de la cassure.
fgab, cône plein.
fbc, gd', surfaces lisses hélicoïdales, bords de la lèvre.

La forme de la cassure est intimement liée à celle du
fuseau; si les circonférences d'inflexion sont très éloignées
et la gorge très accentuée, la cassure est longue et les
troncs de cônes ont leur petite base très peu étendue; quelquefois cette petite base disparaît complètement, et les
troncs sont remplacés par des cônes, comme cela arrive
dans les cassures de cuivre très pur. Si, au contraire, les
circonférences d'inflexion sont très rapprochées, la cassure
est courte; les lèvres très peu développées disparaissent
souvent tout à fait, et la cassure, normale à l'axe, dans le
plan de gorge, est formée d'un noyau d'aspect gris terne,
spongieux, entouré de grains brillants.

Les cassures d'éprouvettes prismatiques sont analogues, les troncs de cônes étant remplacés par des troncs de pyramides.

On trouve souvent des *défauts* dans les cassures; les plus communs sont :

Les *crasses*, les *gouttes froides*, corps étrangers introduits accidentellement dans la matière;

Les *soufflures*, petites cavités remplies de gaz emprisonnés pendant la coulée;

Les *retraits*, les *tapures*, déchirures produites soit à l'intérieur, soit à l'extérieur, pendant le refroidissement ou le chauffage.

Il existe un grand nombre d'autres défauts dont on ignore généralement l'origine ou la cause, et qui, en tout cas, sont fort mal définis; ils portent les noms de *lignes, veines, pailles, criques, travers, cassures en biseau,* etc.

On donne, en général, le nom de *défaut* à toute cassure irrégulière; mais, en réalité, une cassure irrégulière n'est qu'une forme particulière de cassure, qui ne rentre pas dans les trois ou quatre types décrits plus haut. Nous avons de nombreuses raisons de penser que les défauts les plus nombreux qu'on rencontre dans les métaux coulés et travaillés ne sont pas causés par des solutions de continuité préexistantes, mais sont simplement des formes particulières de cassure provenant du travail mécanique ou calorifique spécial subi par la matière première, travail à la suite duquel la résistance est devenue très variable avec la direction de l'effort appliqué. Il suffit, pour s'en convaincre, d'observer les cassures d'éprouvettes prises en long ou en travers dans une pièce de forge : les éprouvettes en long auront presque toujours une cassure régulière, tandis que les autres présenteront constamment des défauts.

18. *Influence de la forme et des dimensions de l'éprouvette sur les résultats de l'épreuve.* — On appelle *ténacité* d'une éprouvette la charge maxima qu'elle peut supporter sans se rompre; elle diffère de la charge qui produit la rupture pour les corps doux. La ténacité, rapportée à la section primitive, est indépendante de la forme et des dimensions de l'éprouvette pour les corps raides et aussi pour les corps doux étirés en éprouvettes assez longues pour que le fuseau se forme entre les têtes. Au contraire, quand les éprouvettes sont très courtes, la ténacité des corps doux est très variable.

La *fig.* 21 représente une éprouvette à trois têtes inégalement distantes, A, B, C, au moyen de laquelle on peut montrer cette variation de résistance.

Fig. 21.

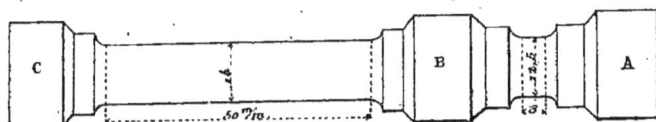

Nous avons fait l'expérience avec une barre d'acier doux; les têtes A et B contenaient entre elles une éprouvette dont la partie cylindrique, de $12^{mm},5$ de diamètre ou 120^{mmq} de section, n'avait que $0^m,003$ de longueur, tandis que le corps cylindrique compris entre B et C avait $0^m,050$ de long sur $0^m,014$ de diamètre ou 154^{mmq} de section. Les efforts de traction étant exercés sur les têtes extrêmes A et C, le fuseau et enfin la rupture se sont produits entre B et C.

Dans les mêmes conditions, mais avec une matière raide, la rupture se produirait certainement entre A et B, dans la partie la plus faible comme diamètre.

Voici, du reste, quelques résultats d'étirage qui montrent

bien que la ténacité augmente beaucoup, et qu'en même temps la contraction maxima diminue à mesure que la longueur de l'éprouvette, toujours très courte, devient plus petite. Le premier Tableau donne les résultats de l'étirage d'éprouvettes de 0^m,014 de diamètre, les unes longues de 0^m,100, les autres très courtes, n'ayant que 0^m,003 de partie cylindrique. Toutes ces éprouvettes ont été prises dans un gros canon d'acier Martin-Siemens, forgé, foré, trempé à l'huile et recuit, les unes en long, les autres en travers et à différentes distances de l'axe. La ténacité est rapportée à la section primitive et exprimée en kilogrammes par millimètre carré.

ACIER MARTIN.		ÉPROUVETTES LONGUES.		ÉPROUVETTES COURTES.	
		Ténacité.	Contraction maxima pour 100.	Ténacité.	Contraction maxima pour 100.
Éprouvettes prises en travers	à l'intérieur.	56. ^{kg}	22	80 ^{kg}	9
	au milieu...	55	17	70	10
	à l'extérieur.	61	17	71	10
Éprouvettes prises en long.	à l'intérieur.	58	26	78	11
	au milieu...	57	23	70	14
	à l'extérieur.	63	26	71	14

Le second Tableau montre les variations de ténacité et de contraction obtenues avec des éprouvettes de plus en plus courtes, prises dans une même barre de cuivre :

CUIVRE.	Ténacité............	21^{kg},4	22^{kg},8	23^{kg},1	27^{kg},6
	Contraction maxima.	0,50	0,44	0,39	0,34

La forme des raccordements du corps de l'éprouvette
avec les têtes n'a aucune influence sur les résultats de la
traction, pourvu que ces raccordements existent et que le
corps soit assez long relativement aux dimensions transversales. On comprend facilement que ces raccordements
puissent avoir une certaine influence dans le cas où les
éprouvettes ont un corps cylindrique très court ou même
nul; on en jugera par le Tableau suivant, qui indique les
résultats d'étirage des éprouvettes de différentes formes,
représentées par les *fig.* 22.

ACIER DOUX.			
CHARGE maxima.	CHARGE de rupture.	CONTRACTION maxima pour 100.	CASSURE.
kg 80	kg 80	14	A gros grains brillants.
79	79	7	A gros grains brillants.
79	76	18	A grains plus fins.
68	63	25	En forme de coupe, à lèvres brillantes; grains gris spongieux au fond.
58	52	26	Ordinaire (*fig.* 20).

Fig. 22.

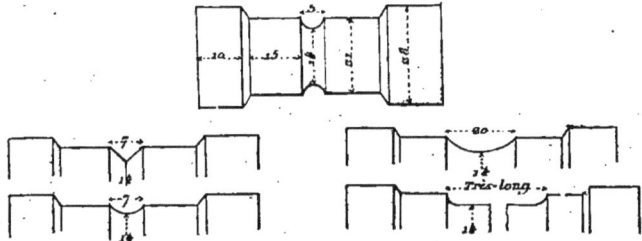

Les dimensions absolues des éprouvettes influent-
elles sur les résultats des épreuves de traction? — La

comparaison d'éprouvettes de même forme, mais non
de mêmes dimensions, par exemple d'éprouvettes cylindriques semblables ayant des diamètres très différents,
présente de grandes difficultés, difficultés qui proviennent
de la non-homogénéité de la pièce, barre ou bloc, dans
laquelle on fait les prises d'essai. Ainsi, avec un cylindre d'acier, martelé ou laminé, ayant ou non subi un
recuit après le travail mécanique, on obtient des résultats
très variables suivant que les éprouvettes sont prises en
long ou en travers, à telle ou telle distance de la surface
extérieure. Mais les pièces qui ont été convenablement
fabriquées jouissent, sinon d'une homogénéité absolue, du
moins d'une homogénéité relative souvent très remarquable, et nous entendons par là que les résultats des
épreuves sont identiques, à tout point de vue, pourvu
que les éprouvettes soient prises dans la même direction
et à la même distance de la surface. Nous avons constaté
bien des fois ce genre d'homogénéité, et particulièrement
dans des essais très nombreux faits sur six gros cylindres
d'acier Martin ou Bessemer, dans lesquels nous avons
pris plus de deux cents éprouvettes de traction, torsion
ou flexion. Avec des éprouvettes de même position et
même orientation, la striction et l'allongement étaient
toujours les mêmes, à 1 pour 100 près; la limite d'élasticité et la ténacité ne variaient pas de 1^{kg} par millimètre
carré.

Nous avons pris dans ces blocs des éprouvettes de
$0^m,014$ et $0^m,025$ de diamètre, ou de 150^{mmq} et 490^{mmq} de
section; nous avons choisi pour la comparaison des éprouvettes en long (dans le sens de l'étirage produit par le forgeage), qui sont évidemment plus homogènes que les éprouvettes en travers, dont les différentes parties sont à des
distances variables de la surface extérieure. Le Tableau

suivant et la *fig.* 23 indiquent la position des éprouvettes et les résultats de l'épreuve.

Fig. 23.

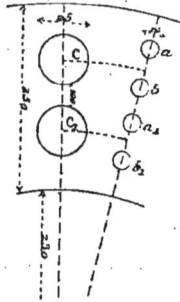

ÉPROUVETTES DE 0^m,100 DE LONG, PRISES EN LONG DANS UN CANON DE 14 TONNES, en acier Martin, forgé, foré, trempé et recuit.

		DIAMÈTRES		RÉDUCTION du diamètre pour 100.	ALLONGE-MENT pour 100.	LIMITE d'élasticité	TÉNACITÉ.
		primitif.	final.				
		mm	mm			kg	kg
À L'EXTÉRIEUR (fig. 23).	a ...	14	10,3	26	22	33	58
	b ...	14	10,9	21	23	29	56
	c ...	25	20	20	17	32,5	57,5
À L'INTÉRIEUR (fig. 23).	a_1 ...	14	11	21	23	30	58
	b_1 ...	14	10,3	26	19	36	62
	c_1 ...	25	19,4	22	17	33	62

Ces résultats montrent que la limite élastique, la ténacité et la réduction maxima de diamètre sont indépendantes des dimensions absolues [1]: l'allongement des éprouvettes de

$0^m,025$ est sensiblement plus faible que celui des éprouvettes de même longueur et de $0^m,014$ de diamètre. La variation d'allongement serait plus sensible encore si l'on comparait des éprouvettes semblables, car les éprouvettes de $0^m,025$ auraient, dans ce cas, une longueur de $0^m,100 \times \dfrac{25}{14}$ et un allongement réduit à 14 ou 15 pour 100. Mais la variation la plus remarquable est celle de la forme de la cassure. Ainsi, tandis que toutes les petites éprouvettes ont une cassure en demi-coupe, à fond gris terne, à lèvres lisses et brillantes, forme indiquée par les *fig.* 20 et 24, les éprouvettes de $0^m,025$ ont une cassure à peu près plane, normale à l'axe, située dans le plan de gorge, et formée d'un noyau gris spongieux entouré d'une couronne de grains fins et brillants, cassure que présentent d'ailleurs certains aciers étirés en éprouvettes de $0^m,014$ (*fig.* 25). Nous retrouvons des variations analogues dans l'essai de

Fig. 24. Fig. 25.

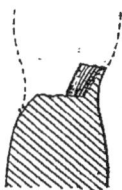 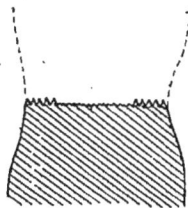

barres de cuivre de différentes grosseurs. Ainsi, des éprouvettes de $0^m,025$ présentent une cassure entièrement semblable à celle de l'acier (*fig.* 20 et 24), tandis que le même cuivre en éprouvettes de $0^m,016$ a une cassure bien plus allongée, dans laquelle les troncs de cône sont remplacés par des cônes et qui est entière-

4

ment lisse, le grain spongieux du centre ayant disparu (*fig.* 26).

Fig. 26.

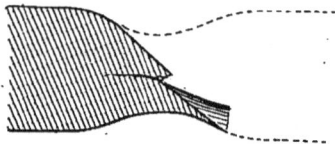

La forme de la cassure est donc très variable ; et, avec un même acier doux on peut obtenir les formes de cassure de presque tous les aciers : cassure en coupe ou demi-coupe, cassure normale à l'axe, entièrement à grains plus ou moins fins, ou composée partie de grains brillants, partie de grains gris terne spongieux.

19. *Accroissement de la limite d'élasticité de traction.* — La courbe OAPMBCD (*fig.* 27) est celle des

Fig. 27.

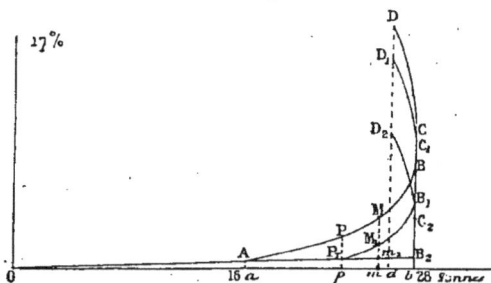

allongements d'une éprouvette d'acier de $0^m,025$ de diamètre, en fonction des efforts de traction.

Nous savons qu'un effort Op, supérieur à la limite d'élasticité Oa, produit un allongement pP, qui se compose d'un allongement permanent P_1P et d'un allongement élastique $pP_1 = aA \times \dfrac{Op}{Oa}$.

L'éprouvette, en équilibre sous l'effort de traction Op, a une longueur $l + pP$. Si l'action de l'effort cesse, l'éprouvette prend une nouvelle position d'équilibre, se détend et conserve une longueur $l + PP_1$, la partie élastique pP_1 de l'allongement disparaissant avec l'effort. Si l'on soumet de nouveau l'éprouvette à l'action du même effort Op, l'équilibre s'établira dans les conditions primitives, la longueur de l'éprouvette étant $l + pP$, comme si le premier effort n'avait pas cessé d'agir, et l'éprouvette n'a ainsi subi, sous la nouvelle action de l'effort Op, qu'un allongement pP_1, justement égal à l'allongement disparu : allongement qui, du reste, est entièrement élastique, car il s'évanouit complètement lorsque l'effort Op cesse de nouveau d'agir.

Si l'on considère actuellement l'éprouvette ayant une longueur $l_1 = l + PP_1$, et qu'on la soumette à un étirage continu, on verra que tout effort inférieur à Op ne produira que des allongements élastiques. Tout effort Om supérieur à Op, qui aurait produit sur l'éprouvette primitive de longueur l un allongement mM, produira actuellement un allongement $mM_1 = mM - MM_1 = mM - PP_1$, qui se compose d'une partie élastique mm_1 et d'une partie permanente $m_1M_1 = m_1M - MM_1 = m_1M - PP_1$.

D'où il résulte que la limite d'élasticité actuelle de l'éprouvette est égale à l'effort Op qui l'avait primitivement déformée, et que la courbe $P_1M_1B_1C_1D_1$ des allongements actuels est parallèle à celle des allongements primitifs $PMBCD$.

La limite d'élasticité peut ainsi être augmentée jusqu'à devenir égale à la charge maxima Ob : la courbe des allongements est alors $OB_2C_2D_2$, la limite élastique Ob est supérieure à la charge de rupture Od, mais la partie OB_2 n'est pas tout à fait rectiligne dans le voisinage de B_2.

Tout ce que nous venons de dire suffit amplement à montrer que la limite d'élasticité n'a aucun rapport avec la ténacité.

20. *Courbes des allongements élémentaires en fonction des charges rapportées aux sections actuelles.* — L'étirage continu d'une éprouvette en matière douce est produit, avons-nous dit, par des efforts croissants d'abord, constants ensuite et enfin décroissants, en sorte que la courbe des allongements en fonction des charges, rapportée à deux axes Ox et Oy, a une partie rectiligne parallèle à Oy et une autre qui s'éloigne de Ox en se rapprochant de Oy.

La section diminue à mesure que l'allongement augmente, et si, au lieu de prendre pour abscisses les charges totales ou, ce qui revient au même, ces charges divisées par la *section primitive*, on prend les efforts de traction divisés par la *section actuelle*, on obtiendra une courbe qui s'éloignera constamment des deux axes de coordonnées. Ces efforts rapportés à la section actuelle ne sont que les quotients des charges totales par la superficie des sections considérées; ils ne représentent pas généralement les *tensions par unité de surface*, la charge totale ne pouvant être considérée comme uniformément répartie sur la superficie de la section que dans le cas où l'éprouvette reste cylindrique.

Dans la période des grands allongements, il y a généralement formation de fuseau; la section varie dès lors d'un point à l'autre, et l'effort rapporté à la section actuelle n'a de signification que si l'on considère un point particulier de l'éprouvette. Les efforts rapportés à la section de gorge du fuseau, qui est la section minima, sont les plus inté-ressants à considérer, et il est alors rationnel de comparer à ces efforts, non plus les allongements totaux ou les allon-gements pour 100, mais les allongements élémentaires au même point.

La *fig.* 28 représente les courbes des allongements to-

Fig. 28.

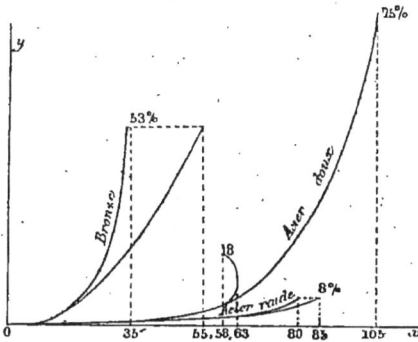

taux en fonction des efforts rapportés à la section primitive et celles des allongements élémentaires maxima en fonc-tion des efforts rapportés à la section minima actuelle. Ces courbes sont relatives à différents métaux; l'une d'elles se rapporte à un acier doux ayant 63^{kg} de charge maxima, 58^{kg} de charge de rupture, un allongement total de 18 pour 100 et une diminution de diamètre de 26 pour 100. La striction ou diminution de section est donc

$$(1 - 0,26)^2 = \overline{0,74}^2 = 55 \text{ pour } 100,$$

et la charge de rupture rapportée à la section actuelle cor-respondante

$$\frac{58}{0,55} = 105^{kg}$$

et non $\dfrac{63}{0,55}$. L'allongement élémentaire maximum est de 75 pour 100.

La seconde courbe est relative à un acier raide de 80^{kg} de résistance et 8 pour 100 d'allongement, sans fuseau. Le diamètre ne diminue que de 3 pour 100; la charge de rupture rapportée à la section correspondante est donc

$$\frac{80}{(1-0,03)^2} = \frac{80}{0,94} = 85^{kg}.$$

Enfin, nous avons représenté dans la même figure la courbe des allongements d'une éprouvette d'un bronze considéré à juste titre comme étant d'une excellente qualité, ayant sous une charge de 35^{kg} pris, sans fuseau, un allongement de 53 pour 100. La charge de rupture, le diamètre s'étant réduit de 19 pour 100, est égale à

$$\frac{35}{(1-0,19)^2} = \frac{35}{0,66} = 53^{kg}$$

si on la rapporte à la section correspondante; les allongements élémentaires sont les mêmes que les allongements totaux, l'éprouvette restant constamment cylindrique.

21. *Qualité. Classification.* — La *qualité* est la propriété que possède un corps d'être tel qu'un autre, considéré comme *type*, à un point de vue particulier.

Ainsi, on nomme *acier de première qualité* un métal possédant les mêmes propriétés qu'un *acier type,* au point de vue particulier de son emploi industriel; mais un acier de construction sera très différent d'un acier à outil ou à ressort, tous trois pouvant être de première qualité.

Les matériaux d'un même *genre* sont classés en différentes *espèces*, représentées par des *types* définis par certaines propriétés et dénommés par leur *marque* ou *numéro de série* dans la *classification* adoptée.

La composition chimique, considérée seulement au point de vue des éléments les plus importants, détermine le genre; ainsi les matériaux de construction se divisent en pierres, briques, fontes, fers, aciers, cuivre, etc. Ils sont aussi souvent dénommés d'après leur mode particulier de fabrication; ainsi les aciers se divisent en acier fondu au creuset ou acier fondu proprement dit, acier Bessemer, acier Martin-Siemens, acier coulé, acier forgé, acier laminé, acier en barres, en tôle, en fil; les fontes, en fontes au bois ou au coke, à l'air froid ou à l'air chaud, etc. Nous ne nous occupons ici que de la qualité relativement à la résistance et à la grandeur des déformations, de la qualité de l'objet fini, indépendamment de sa provenance.

Dans les *Aide-mémoire*, les matériaux sont classés d'après leur résistance. Voici, par exemple, le genre de renseignements qu'on trouve dans ces Recueils :

Acier en barres : Résistance à la traction, de 70^{kg} à 90^{kg}; coefficient d'élasticité, de 20^{kg} à 29 000^{kg} par millimètre carré.

Fontes de diverses qualités : Résistance à la traction, de 9^{kg} à 20^{kg}; coefficient d'élasticité, de 9^{kg} à 16 000^{kg} par millimètre carré.

Le rapport entre les charges qui entraînent la rupture et les charges auxquelles on les fait travailler dans les constructions, ou *coefficient de sécurité,* doit être supérieur à 6 dans le cas des métaux.

Les grandes usines ont leurs classifications particulières ; nous indiquons ici la classification des aciers du Creusot, basée sur la ténacité et l'allongement d'éprouvettes de dimensions déterminées. Ces éprouvettes proviennent de *prises d'essai* pendant la coulée, petits lingots de dimensions constantes, forgés à $0^m,016$ de diamètre. Dans certaines usines, les éprouvettes de classification sont des prises d'essai laminées à une épaisseur déterminée et découpées en lanières.

NUMÉROS.	1	2	3	4	5	6	7	8	9	10	11
TÉNACITÉ en kilogrammes par millimètre-carré.	90	85	80	75	70	65	60	55	50	45	40	35
ALLONGEMENT pour 100.	7	9,5	12	14,5	17	19,5	22	24,5	27	29,5	32	35
EMPLOI.	Coutellerie, ressorts, glissières.				Fourreaux de sabre, Canons. Frottes.			Pièces de forge. Tôles.		Plaques de blindage.	
					Bandages.						
			Rails.								

On voit, d'après ce Tableau, combien les qualités requises pour les rails et bandages de roue varient avec les Compagnies de chemins de fer.

Les cahiers des charges imposées aux industriels par les Ministres de la Guerre et de la Marine, pour les fournitures de canons, blindages, etc., spécifient la forme, les dimensions et la position des éprouvettes dans les pièces soumises à l'essai et exigent une *limite d'élasticité*, une *résistance* et un *allongement* pour 100 déterminés, en accordant certaines *tolérances*.

L'ingénieur anglais Kirkaldy, essayeur d'une grande compétence, fournit toujours les renseignements suivants aux industriels qui le chargent d'épreuves mécaniques : limite élastique, résistance, allongement pour 100, réduction de la surface de rupture. Dans l'un de ses Ouvrages, il dit que la *résistance* et la *réduction de la section* suffisent à déterminer la qualité d'un métal.

Le coefficient d'élasticité ne peut être déterminé avec les machines d'épreuve industrielles ; il faut s'en rapporter aux résultats d'expériences plus précises et admettre la constance de ce coefficient pour un même genre de matériaux.

La limite d'élasticité, charge qu'on ne peut dépasser sans produire de déformations permanentes, n'a aucun rapport avec la charge de rupture ; la connaissance de la limite élastique est donc de la plus haute importance, et c'est à cette limite, et non à la ténacité, qu'on doit appliquer les *coefficients de sécurité,* suivant la mobilité des constructions et aussi suivant les diverses circonstances qui peuvent engager le constructeur à une prudence plus ou moins grande.

Au reste, il ne suffit pas que la limite d'élasticité soit dépassée pour que la rupture se produise, et l'on peut considérer comme indice véritable de la *sécurité* la grandeur des déformations permanentes et de la résistance à la rupture. Or cette résistance et ces déformations dépendent, en général, de la forme et des dimensions des éprouvettes, et aussi de leur position dans la pièce à essayer. La comparaison ou l'essai de réception devra donc se faire au moyen d'éprouvettes identiques comme forme, dimensions, position et orientation, cette orientation étant déterminée d'après l'emploi auquel la pièce est destinée. On sait, par exemple, que, dans les pièces de forge, les résultats des *essais en long* sont très différents des résultats des *essais en travers,* qui sont presque toujours inférieurs aux premiers. Dans les tôles, il y a lieu de distinguer aussi le sens du laminage de la direction perpendiculaire.

Les déformations longitudinales aussi bien que les déformations transversales varient d'un point à l'autre d'une même éprouvette ; ce qu'il importe de considérer, c'est la *déformation maxima*, l'allongement élémentaire maximum ou la plus grande réduction de section. La densité variant très peu, les déformations longitudinales peuvent être déterminées en fonction des déformations transversales ; aussi suffira-t-il, pour qualifier la matière au point de vue de la *douceur*, de mesurer la *striction*.

L'allongement pour 100 et la *résistance* sont les propriétés les plus *apparentes*, mais elles sont très *variables*; la *classification* basée sur ces caractères est essentiellement *artificielle*. L'allongement pour 100 et la résistance varient avec les dimensions de l'éprouvette, à moins que la matière essayée ne soit très raide ; dans ce cas seulement, l'allongement est proportionnel à la longueur et la résistance à la section ; mais la connaissance de la striction pourra toujours remplacer celle de l'allongement. La ténacité, rapportée à la section primitive, n'a qu'une signification toute spéciale au genre d'éprouvette employé. D'autre part, on ne peut rapporter la résistance à la section finale que dans le cas où l'éprouvette reste cylindrique. Pour établir une véritable classification, il conviendra donc d'employer des éprouvettes telles que le fuseau ne se forme pas, c'est-à-dire des éprouvettes très courtes. Par cette méthode, on donnera aux métaux doux, et particulièrement aux aciers doux, la place qu'ils doivent occuper, la première, dans l'échelle de classification des matériaux de construction, car, comme nous le verrons par la suite, ces métaux sont aussi les plus résistants au point de vue de la torsion, de la flexion, de la compression.

On obtiendra donc une *classification naturelle* au moyen de deux épreuves : la première avec une *éprouvette longue* servant à déterminer :

la limite d'élasticité,
la striction;

la seconde avec une *éprouvette très courte*, déterminant

la résistance.

On aura généralement une idée très nette de la résistance absolue en divisant la résistance d'une éprouvette longue par la section minima; aussi pourra-t-on se contenter, dans la pratique, d'un seul essai avec une éprouvette longue.

Comparaison des résultats de l'analyse chimique des fers et aciers avec ceux des épreuves mécaniques. — On a beaucoup cherché et l'on cherche encore, mais en vain, à établir une comparaison entre les résultats de l'analyse chimique et ceux des épreuves mécaniques.

L'analyse des aciers est purement *quantitative;* elle ne détermine que les poids des divers éléments simples et ne fournit aucun renseignement sur la *qualité* chimique, c'est-à-dire sur la nature des composés à proportions définies. Ces éléments sont nombreux, mais n'entrent qu'en faible proportion dans la composition générale. Voici, par exemple, la composition d'un acier doux :

	Pour 100.
Fer....................	98,8
Carbone...............	0,5
Manganèse.............	0,5
Silicium..............	0,1
Soufre................	0,03
Phosphore.............	0,03

Pour faire une analyse on enlève, au moyen d'un outil, de la limaille ou de la tournure : c'est ce qu'on appelle *faire une prise d'essai*.

« Dans les dosages de carbone, on peut répondre de 0,05 pour 100 dans le poids du carbone obtenu d'une même prise d'essai ; mais, lorsque les dosages sont faits sur des prises d'essai différentes, prélevées cependant sur le même lingot, sur la même pièce soudée ou forgée, le poids du carbone peut varier de 0,1 à 0,2 pour 100 et plus. Cela prouve que la pièce d'acier sur laquelle on opère n'a pas une constitution absolument homogène. L'expérience prouve que la teneur en carbone, dans l'acier cémenté, change pendant la fusion en lingot, pendant le travail sous le marteau-pilon.... » Mais on admettra bien que le poids des éléments simples ne varie pas pendant le *travail à froid*. Or les propriétés mécaniques varient considérablement pendant ce travail. Prenons, par exemple, une éprouvette de traction ayant une limite élastique de 30^{kg} par millimètre carré ; étirons-la sous une charge de 45^{kg} : sa nouvelle limite d'élasticité sera égale à 45^{kg}, et pourtant la composition chimique n'a pas varié. Que signifient donc la comparaison de la limite d'élasticité aux résultats de l'analyse chimique, et la comparaison avec l'allongement, la ténacité, qui dépendent et du travail mécanique et de la dimension des éprouvettes? Si une barre est allongée à froid sur une machine d'épreuve ou mieux à la filière jusqu'à la limite extrême, elle ne s'allongera plus, sa section n'éprouvera plus de réduction lorsqu'on l'étirera de nouveau ; l'allongement et la striction, qui pouvaient être primitivement très grands, sont nuls actuellement, et cependant la composition chimique est restée invariable.

Tout ce que nous venons de dire s'applique aux essais mécaniques et chimiques d'une pièce fabriquée, prête à être employée. La comparaison des résultats pourrait peut-être se faire au moyen d'éprouvettes ayant subi un recuit assez énergique pour faire disparaître toute trace du travail mécanique; mais alors on ne ferait plus l'essai de l'objet dans l'état où il doit être employé. Concluons donc par cette remarque qui termine une lettre de l'éminent chimiste Boussingault, écrite au sujet de la fabrication des canons et à laquelle nous avons fait déjà quelques emprunts, que, « dans la question touchant à la constitution de l'acier destiné à la fabrication des armes, la Chimie est souvent intervenue très inopportunément ».

Il existe un grand nombre de classifications d'aciers, basées sur la teneur en carbone, la classification de Türner, par exemple, d'après laquelle l'acier très doux contient 0,11 pour 100 de carbone, et l'acier très raide 1,5 pour 100. Nous citerons encore la classification des aciers de l'usine belge de Seraing :

ACIERS.	TENEUR en carbone pour 100.	RÉSISTANCE à la traction par millimètre carré.	ALLONGEMENT pour 100.	EMPLOI.
Très doux.	De 0,25 à 0,35	48 à 56 kg	20 à 25	Courroies, fils, rivets.
Doux.....	De 0,35 à 0,45			Essieux, bandages, rails.
Moyen....	De 0,45 à 0,55	56 à 69	10 à 20	Bandages, rails, tiges de piston, guides.
Dur......	De 0,55 à 0,65			Ressorts, limes, outils.
Très dur..	De 0,65 et plus	69 à 105	5 à 10	Ressorts et outils fins.

Ces classifications sont essentiellement particulières à

chaque usine, car, indépendamment de ce que nous avons
dit précédemment, à égalité de qualité mécanique, la teneur en carbone dépend de la quantité des autres éléments,
et par suite des matières premières et du mode de fabrication particuliers à l'usine. Ainsi, des aciers doux, très
sensiblement équivalents au point de vue mécanique, mais
provenant d'usines diverses, peuvent avoir une composition
très différente, par exemple, comme teneur en carbone et
en manganèse :

	Pour 100.		Pour 100.
Carbone	0,6	Manganèse.......	0,07
Carbone	0,3	Manganèse.......	0,6

Ces *échelles de fabrication* sont très utiles aux industriels, mais ne présentent aucun caractère de généralité.

Nous en dirons autant des classifications de fontes, qui
à l'aspect du *grain*, c'est-à-dire d'après la quantité de
graphite ou carbone libre apparaissant au milieu de fa-
cettes brillantes, sont classées en fontes grises, plus ou
moins foncées, fonte truitée, etc.

La forme et l'aspect des cassures des métaux homogènes
dépendent de la forme des éprouvettes et du genre des
efforts qui ont produit la rupture. Dans la deuxième Partie, nous reviendrons longuement sur la question des cassures et des défauts.

Quant à l'appréciation de ceux qui qualifient un fer ou
un acier au simple aspect de la cassure, elle n'a de valeur
que dans le cas où ces matériaux proviennent d'une fabrication régulière, n'ayant subi depuis longtemps aucune
variation, et à la condition que la rupture soit produite
toujours de la même manière.

Le rôle de ces experts d'atelier a singulièrement diminué
d'importance depuis l'apparition du convertisseur Bessemer

et des procédés si variés de la sidérurgie moderne, et aussi depuis que leur appréciation est contrôlée par les machines d'épreuve, machines dont l'emploi constitue pour l'industrie un véritable progrès. Par elles, la qualité est mesurée et les divers procédés de fabrication justement appréciés; par elles encore a été dévoilée toute l'étendue du procédé de la *trempe*, dont on ne jugeait autrefois les effets qu'à la lime.

L'appréciation de la qualité n'est plus du domaine de l'ouvrier; elle appartient à l'ingénieur.

CHAPITRE III.

COMPRESSION EXPÉRIMENTALE.

22. *Éprouvettes. Machines d'épreuve. Résultats généraux.* — Les éprouvettes de compression ont la forme de cylindres ou de prismes droits. Les efforts sont exercés sur les deux bases.

Certaines machines d'épreuve ont des dispositions particulières qui permettent d'étirer ou de comprimer à volonté; mais toutes les machines à traction peuvent être employées à la compression, grâce à un appareil spécial qui porte généralement le nom de *mâchoires* ou *mordaches croisées* (*fig.* 29).

Fig. 29.

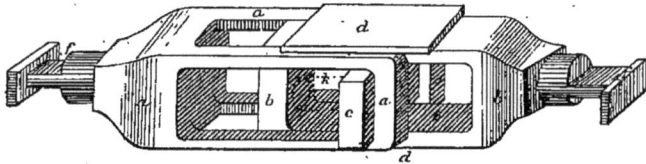

aa, grande fourchette.   *d, d*, guides,
bbb, petite fourchette.   *f, f*, attaches.
c, clef d'assemblage.   *k*, éprouvette de compression.

Les éprouvettes longues se courbent sous l'action des efforts de compression; les éprouvettes plus courtes que deux fois la plus petite dimension transversale se déforment *symétriquement*, sans se courber, si les bases n'éprouvent pas de déplacement pendant la compression.

Tout *raccourcissement* produit par un effort suffisamment grand se compose d'un *raccourcissement perma-*

nent et d'un *raccourcissement élastique* qui disparaît quand l'effort cesse d'agir.

Le plus grand effort ne produisant pas de raccourcissement permanent se nomme *limite d'élasticité de compression* de l'éprouvette. Cet effort, rapporté à la section primitive, exprimé en kilogrammes par unité de surface, est très variable, pour une même matière, suivant les dimensions de l'éprouvette.

La limite élastique d'une éprouvette comprimée et déformée d'une façon permanente est égale à l'effort qui a produit la compression primitive.

23. *Compression symétrique. Représentation graphique.* — En prenant pour abscisses les efforts totaux de compression ou ces efforts rapportés à la section primitive, et pour ordonnées les raccourcissements, on obtient

Fig. 3o.

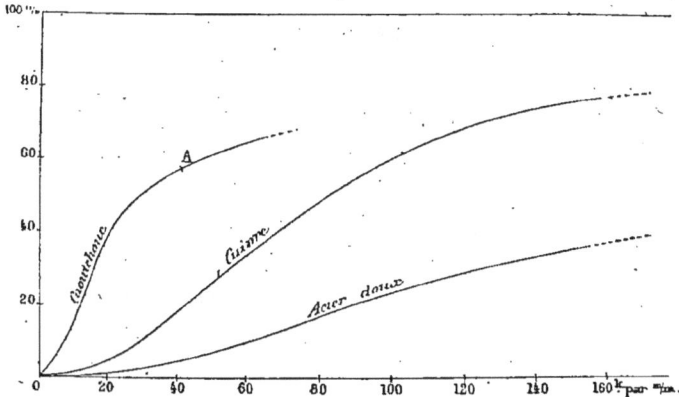

des courbes de compression qui, lorsque les éprouvettes sont courtes, ont toutes la même forme générale représentée par la *fig.* 3o.

5

l étant la longueur primitive de l'éprouvette, l_1 la longueur actuelle, le raccourcissement relatif est $\dfrac{l - l_1}{l}$; l_1 ayant toujours une certaine valeur positive, $\dfrac{l - l_1}{l}$ est toujours plus petit que l'unité ou que 100 pour 100. Il résulte de là que la courbe des raccourcissements est située tout entière au-dessous de la ligne $y = 100$ pour 100 et serait asymptote à cette ligne si l'éprouvette pouvait se raccourcir indéfiniment.

Les petits raccourcissements élastiques sont sensiblement proportionnels aux efforts. De la limite d'élasticité à un autre effort beaucoup plus grand, les raccourcissements croissent plus vite que les efforts; c'est l'inverse qui a lieu ensuite.

La courbe des raccourcissements se composera donc d'une partie droite peu inclinée sur l'axe des efforts, puis d'une partie courbe de plus en plus inclinée sur cet axe et tournant sa concavité vers celui des allongements; elle s'infléchit alors et tourne sa concavité vers l'axe des efforts.

La courbe OA, qui représente, à une échelle cent fois plus grande, les raccourcissements élastiques d'une rondelle de caoutchouc vulcanisé, ressemble en tous points à celles des raccourcissements permanents des éprouvettes de cuivre et d'acier de $0^m,014$ de diamètre sur $0^m,025$ de hauteur, qui sont représentées par la *fig.* 30.

Le point A, qui correspond à une pression de 40^{kg} par centimètre carré et à un raccourcissement élastique de 56 pour 100, peut être considéré comme représentant la limite élastique.

24. *Déformations transversales. Plissement.* — Pendant la compression, l'éprouvette se gonfle transversalement en même temps qu'elle se raccourcit. Le volume et la densité, comme dans le cas de la traction, varient très peu.

Si la matière est très raide, l'éprouvette se raccourcit peu avant de se briser, et la dilatation transversale, faible, est la même dans toutes les parties de l'éprouvette. Il en est tout autrement dans le cas où la matière est un peu douce; les raccourcissements et les dilatations transversales sont considérables et très variables d'une section à l'autre. Le gonflement, minimum aux extrémités, est maximum dans le plan de symétrie situé à égale distance des bases, en sorte que, par la compression, une éprouvette cylindrique prend la forme d'un petit tonneau. De plus, à partir d'un certain effort, qui semble correspondre à l'inflexion de la courbe des raccourcissements, il se produit un *plissement,* c'est-à-dire qu'une partie de la surface latérale, voisine des extrémités, s'étale sur les appuis, dans le prolongement des bases.

Pour vérifier ce fait, il faut marquer à la surface de l'éprouvette des repères, traits ou colorations, qu'on retrouvera, après la compression, dans le plan très élargi des bases.

Fig. 31.   Fig. 32.

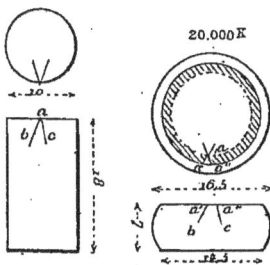 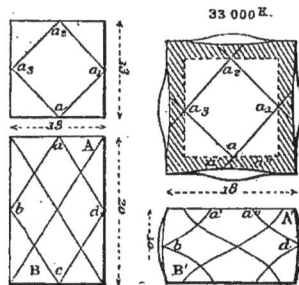

Les *fig.* 31 et 32 représentent deux éprouvettes d'acier doux avant et après la compression.

La première était cylindrique et avait primitivement un diamètre de $0^m,010$ et une hauteur de $0^m,018$; deux traits ab, ac avaient été tracés sur sa surface latérale, se coupant sur l'arête de la base. Un effort de $20\,000^{kg}$, 256^{kg} par millimètre carré, a réduit la hauteur à $0^m,007$, produisant ainsi un raccourcissement de 61 pour 100, les bases ayant un diamètre de $14^{mm},5$ et la plus grande section droite un diamètre de $16^{mm},5$.

Après la compression, on ne trouve plus, sur la surface latérale, qu'une partie $a'b$, $a''c$ des deux droites ab, ac; le petit triangle $a\,a'a''$, disparu de la surface latérale, se trouve dans le plan de la base.

La seconde éprouvette (*fig.* 32) est un prisme droit, à base carrée de $0^m,013$ de côté sur $0^m,020$ de hauteur, réduits à $0^m,010$ par une compression de $33\,000^{kg}$.

On avait tracé des carrés $a\,a_1a_2a_3$ sur les bases, et, sur les faces latérales, les diagonales AB et des losanges $abcd$. Après la compression, les sommets de ces quadrilatères ne se trouvent plus sur les arêtes du prisme; les petits triangles $a\,a'a''$ ont passé des faces latérales dans le plan des bases; enfin, les diagonales primitives $A'B'$ ne passent plus par les sommets des angles trièdres.

Les grands raccourcissements élastiques du caoutchouc se produisent dans les mêmes conditions que les grands raccourcissements permanents; ils sont toujours accompagnés de *plissements élastiques* qu'on observe sans difficultés.

25. *Déformation des sections droites et des surfaces parallèles à l'axe.* — On peut se rendre compte des déformations intérieures en comprimant des éprouvettes prismatiques à la surface desquelles on a primitivement tracé des traits parallèles et perpendiculaires

aux arêtes, comme nous l'avons dit au sujet de la traction.

On peut encore, dans le même but, comprimer des
éprouvettes composées de disques superposés ou de cylindres creux emboîtés les uns dans les autres, comme l'a
fait M. Tresca. Ces éprouvettes se comportent *à peu près*
comme une éprouvette simple. Une section faite suivant
un plan diamétral, après la compression, montrera la
transformation des sections droites et des surfaces cylindriques. Comme l'indique la *fig*. 33, toutes ces surfaces se
courbent, à l'exception des bases et de la section droite
moyenne; les transformées des sections droites tournent
leur concavité vers les bases ou leur convexité vers le plan
de symétrie; les transformées des génératrices sont con-
vexes vers l'extérieur et sont *à peu près* normales aux
sections droites déformées.

Fig. 33.

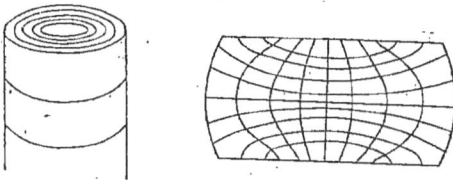

La grande élasticité du caoutchouc nous a permis de
faire l'expérience inverse et de montrer très nettement les
déformations intérieures qui se produisent pendant la détente de compression. Nous avons opéré de la façon suivante.

Une rondelle de caoutchouc, de $0^m,110$ de diamètre sur
$0^m,040$ de hauteur, a été comprimée et maintenue en compression entre deux feuilles de tôle au moyen d'un boulon
central qui la traversait et de huit boulons qui l'entou-

raient, comme le montre la *fig*. 34. Sa hauteur était réduite de moitié; le gonflement transversal était accompagné d'un plissement élastique considérable. L'appareil
ainsi disposé fut placé et centré sur un tour à bois, et des
saignées circulaires pratiquées à différentes distances de
l'axe, d'abord dans la tôle avec un crochet ordinaire de
tourneur, ensuite dans le caoutchouc au moyen d'une lan-
cette. Les morceaux ainsi détachés sont donc des cylindres
droits dans le caoutchouc comprimé; mais ils prennent
des formes bien différentes lorsqu'on les sépare les uns
des autres, après avoir déboulonné l'appareil et permis
ainsi au caoutchouc de se détendre.

Fig. 34.

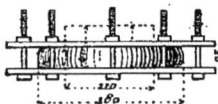

Les *fig*. 35 représentent les trois parties A, B, C de la
rondelle; la partie centrale A a la forme d'un hyperboloïde
à une nappe; la partie moyenne B a la même forme, mais
moins accentuée; elle est limitée par deux cylindres $ab, a'b'$,

Fig. 35.

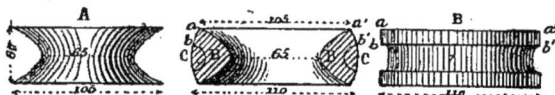

dont la surface était plissée sur les bases pendant la compression et le découpage; la partie externe C a la forme
d'un anneau, convexe vers l'intérieur. La partie A était
cylindrique lorsque la rondelle était réduite à moitié de sa
hauteur; mais il faut bien se garder de croire que cette

pièce A, comprimée *isolément*, redeviendrait cylindrique ; elle ne reprendra cette forme que dans le cas où elle sera comprimée dans l'intérieur de la rondelle complète.

Lorsqu'on comprime une pile de rondelles de caoutchouc séparées par de minces feuilles de tôle, toutes les rondelles se déforment individuellement de la même manière, pourvu qu'elles soient constamment débordées par les feuilles de tôle. La déformation est tout autre dans le cas où les rondelles sont empilées sans intermédiaires ; les rondelles des extrémités semblent se comprimer beaucoup plus que les autres ; elles peuvent même disparaître complètement. La rondelle du milieu, au contraire, paraît n'éprouver qu'une faible compression ; quelquefois elle semble se dilater, mais il est facile de constater qu'elle est fortement comprimée en son centre et qu'en réalité elle prend la forme d'une lentille biconcave (*fig*. 36).

Fig. 36.

Tout ce que nous venons de dire montre que les grandes déformations élastiques du caoutchouc sont absolument du même genre que les grandes déformations permanentes des matières douces.

26. *Déformations produites par le déplacement des bases.* — Il arrive souvent qu'une éprouvette courte, de longueur inférieure à deux fois la plus petite dimension transversale, se courbe pendant la compression ; mais alors les bases se déplacent dans leur plan, en glissant sur les appuis, et l'éprouvette se courbe en S.

Le genre de déformation d'une éprouvette courte dépend
donc de la nature des surfaces d'appui. Si ces surfaces
sont lisses, ou bien si, conservant les traces du rabotage,
elles sont sillonnées de petits canaux parallèles, l'éprouvette se courbera, les bases glissant facilement soit dans
un sens quelconque, soit dans le sens du rabotage. Si, au
contraire, les bases sont quadrillées, creusées de traits
perpendiculaires entre eux ou d'un seul trait carré, ou bien
encore portent l'empreinte d'un ou de plusieurs coups de
pointeau, les bases ne pourront se déplacer et la compression sera symétrique.

Les *fig*. 37 représentent une éprouvette d'acier doux, à
différents états de compression.

Fig. 37.

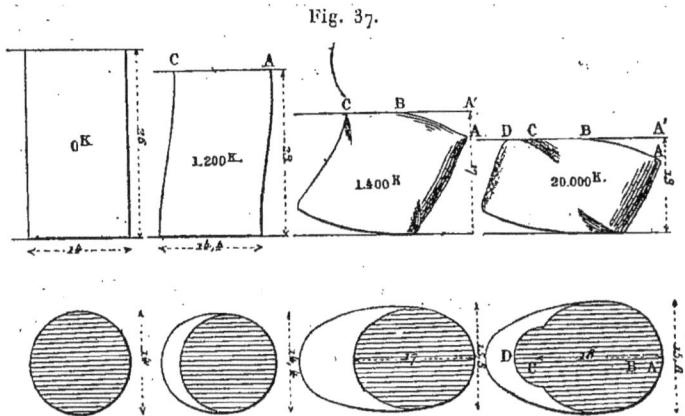

Sous les pressions de 14 000^{kg} et 20 000^{kg}, les bases ne
portent plus, dans toute leur étendue, sur les appuis; il y
a un *bâillement* ABA'; la pression est nulle de A en B et
croît de B en C. Sous la pression de 20 000^{kg}, il y a de plus
un plissement CD, mais il n'est pas symétrique. Sous les
pressions plus faibles, 12 000^{kg} par exemple, la courbure

en S est bien accusée ; il n'y a pas encore de bâillement, mais il est bien évident que la pression est plus forte en C qu'en A.

Si l'éprouvette comprimée est formée de deux cylindres superposés, les bases extrêmes pouvant se déplacer, elle se courbera d'abord légèrement et la section de contact *ab* (*fig.* 38) s'inclinera sur les bases. La pression en *a* sera plus forte qu'en *b*, l'inclinaison de *ab* grandira, et les deux cylindres se sépareront lorsque cette inclinaison sera égale à l'angle du frottement.

Fig. 38.

27. *Compression d'éprouvettes longues.* — Les éprouvettes plus longues que deux fois la plus petite dimension transversale se courbent toujours sous l'action d'un effort

Fig. 39. — Acier à outil.

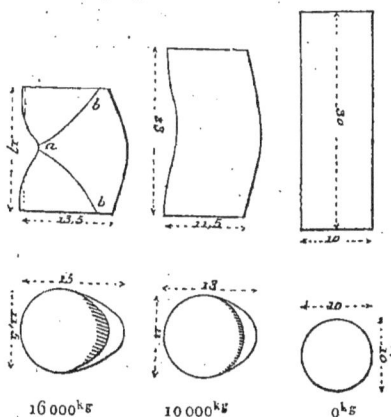

16 000^{kg} 10 000^{kg} 0^{kg}

de compression assez puissant. Nous avons représenté, dans les *fig.* 39 et 40, les différentes périodes de compres-

sion d'éprouvettes d'acier doux et d'acier à outil non
trempé, ayant une hauteur égale à trois fois le diamètre

Fig. 40. — Acier doux.

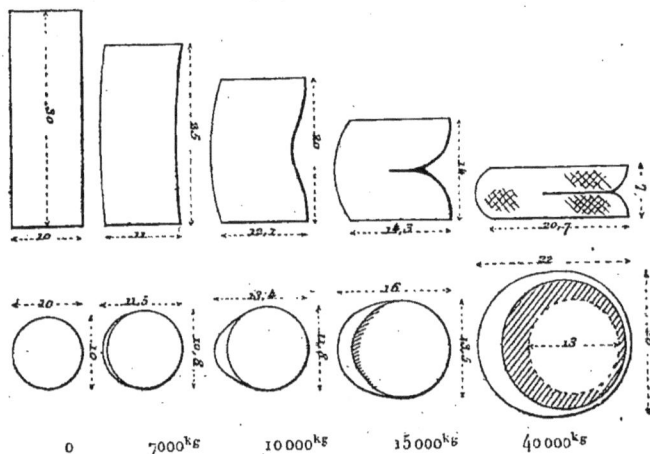

des bases. Elles montrent qu'un corps raide, comme cet
acier à outil, se brisant par la traction après un allonge-

Fig. 41. — Acier doux.

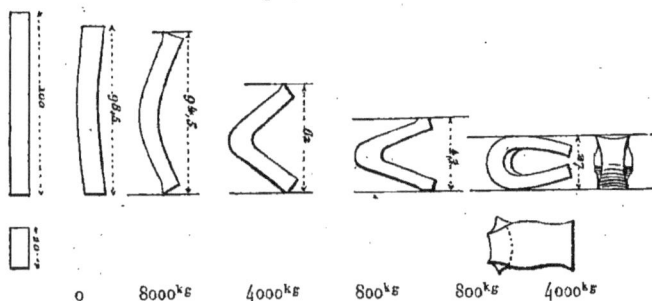

ment de 6 pour 100, sans formation de fuseau, est susceptible de déformations considérables dans certaines circon-

stances. On remarquera dans les deux cas représentés le développement d'un plissement non symétrique.

Enfin, pour compléter le Tableau des déformations produites par la compression, nous avons représenté dans ses différentes phases une éprouvette prismatique d'acier ayant une hauteur égale à dix fois le plus petit côté de sa base (*fig.* 41), et dans la *fig.* 42 plusieurs courbes des raccourcissements en fonction des efforts totaux : nous en-

Fig. 42.

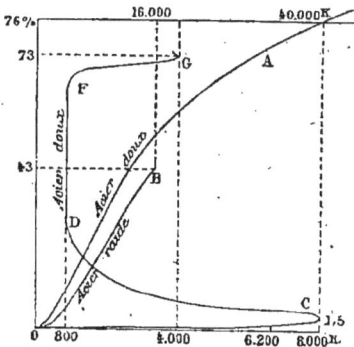

tendons par raccourcissement la diminution de distance des surfaces d'appui.

Les courbes OA, OB sont relatives aux éprouvettes cylindriques représentées par les *fig.* 39 et 40, dont la hauteur primitive est égale à trois fois le diamètre de la section droite; le point B correspond à l'origine de la rupture. Ces courbes sont du même genre que celles des raccourcissements des éprouvettes très courtes (*fig.* 30) et, au contraire, très différentes de la courbe OCDFG, qui est relative à l'éprouvette prismatique, dont les trois dimensions sont $0^m,010, 0^m,020, 0^m,100$ (*fig.* 41). Cette base reste droite sous les efforts de compression inférieurs à 6200^{kg};

les efforts plus considérables la courbent en S, et les raccourcissements produits croissent un peu plus vite que les
efforts jusqu'à 1,5 pour 100, qui correspond à une pression de 8000^{kg}. Au delà, les raccourcissements croissent
de plus en plus rapidement sous des pressions décroissant
de 8000^{kg} à 800^{kg}, puis sous une pression constante, enfin
sous une pression croissant de nouveau et très rapidement
jusqu'à 4000^{kg}, qui correspond à l'origine de la rupture.
La cassure se propage lentement de la convexité externe à
l'intérieur. En considérant les *fig*. 41, on voit que les bases
tournent autour de l'arête moyenne, dont l'angle vif est
promptement émoussé, et que, sous les pressions extrêmes,
l'éprouvette étant courbée en pinces, les appuis ne portent
plus sur les bases, mais bien sur la surface latérale. C'est
à ce déplacement des points d'application des efforts de
compression qu'est dû l'accroissement rapide des pressions
finales.

Lorsque la longueur est extrêmement grande relativement à la plus petite dimension transversale, l'éprouvette
a la forme d'une lame ou d'un fil. Tout le monde sait que,
dans ce cas, de très petits efforts de compression peuvent
produire de très grandes déformations élastiques.

28. *Limite d'élasticité de compression.* — La *limite
élastique d'une éprouvette de compression* varie avec les
dimensions relatives ou absolues, avec la forme de la section droite et la nature des appuis.

Les éprouvettes de sections identiques sont déformées
d'une façon permanente sous des charges d'autant plus
faibles que la longueur est plus considérable; les barres de
même longueur et de sections égales en superficie ont une
limite élastique d'autant plus faible que la plus petite
dimension transversale est moindre. En général, les efforts

de compression sont très inégalement répartis sur les bases, et les nombres qui expriment les rapports des charges totales à la section primitive ne représentent nullement les pressions par unité de surface.

Pour obtenir, non pas la limite élastique d'une barre particulière, mais la *limite d'élasticité de compression* proprement dite, il faudrait comprimer des éprouvettes très courtes et de telle façon que ces éprouvettes restent constamment droites et cylindriques. Nous avons vu que, avec des appuis convenables, à surface quadrillée par exemple, on obtient des déformations sensiblement symétriques; sous les charges considérables, les sillons des appuis s'impriment sur les bases et les fixent ainsi dans une position invariable. Il n'en est pas de même dans le cas où les charges sont faibles; le quadrillage des appuis empêche les grands déplacements des bases, mais non les petits. Les petites déformations, comme les grandes, sont sensiblement mais non absolument symétriques.

Les premières déformations permanentes qui se produisent sont toujours accompagnées d'une légère courbure en S, provenant d'un petit déplacement des bases. Il en résulte que la charge n'est plus également répartie sur ces bases et que, en divisant par la section droite le plus petit effort qui produit une déformation permanente, on obtient la *limite d'élasticité de l'éprouvette* et non la *limite élastique de compression absolue*. L'expérience montre ainsi que la limite de compression des éprouvettes courtes diffère peu de la limite élastique de traction; la limite absolue de compression a nécessairement une valeur supérieure.

Les raccourcissements des éprouvettes courtes ne peuvent être mesurés avec précision, comme les allongements des éprouvettes longues, au moyen des appareils à lunettes; il

faut donc, après l'action de chaque effort, sortir l'éprouvette des mordaches et mesurer sa longueur avec un pied
à coulisse ou un palmer. De cette manière, on observe
seulement les raccourcissements permanents; mais on
reconnaît en même temps que, aussitôt que les dimensions
varient, l'éprouvette cesse d'être droite; les bases se sont
déplacées dans leur plan (*fig.* 43). (Ce fait est, à nos yeux,
d'une si grande importance, que nous en avons fait vérifier
plusieurs fois l'exactitude par des ajusteurs de profession.)

Fig. 43.

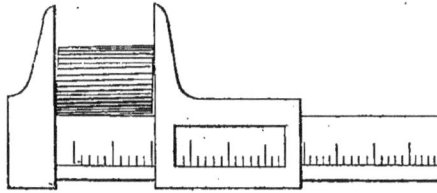

29. *Rupture et cassure.* — Les cassures des éprouvettes courtes ou de longueur moyenne sont toujours des
surfaces lisses et brillantes inclinées sur la direction générale de l'effort. (La compression produit sur les éprouvettes
très longues une courbure qui diffère peu de la flexion
simple; ce cas sera étudié dans le Chapitre suivant.)

Les cassures des corps sensiblement homogènes peuvent
être classées en deux catégories :

1° Les cassures des corps raides, qui ne sont pas précédées de grandes déformations. Elles se composent de
plans, cônes ou *pyramides,* passant par un point, une
arête ou le contour des bases.

Telles sont les cassures des cylindres ou prismes en
fonte, pierre, plâtre, etc. : si le cylindre ou le prisme est
assez long, il se courbe légèrement et la rupture se produit

suivant un plan incliné (*fig.* 44) ; si le cylindre est court, la cassure se compose d'un cône droit ou d'une pyramide ayant pour bases les bases mêmes de l'éprouvette.

Lorsque la rupture se produit après une courbure assez accentuée, comme cela arrive lorsque l'on comprime une

Fig. 44.

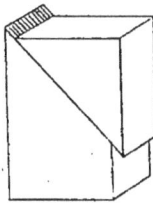

éprouvette d'acier à outil non trempé ayant une longueur égale à trois fois son diamètre, la cassure *ab*, *ab'* (*fig.* 39) se compose, non de plans, mais de surfaces légèrement courbes. Dans ce cas, la rupture ne se produit pas en tous les points à la fois ; la cassure est progressive, naît en *a* et se propage assez lentement vers les bases, sous l'action continue des efforts de compression.

2° Les cassures des corps doux, qui ne se brisent qu'après avoir été considérablement déformés. Elles se composent de surfaces hélicoïdales, normales à la surface extérieure ; elles se produisent toujours progressivement de l'extérieur à l'intérieur.

Un effort de 40 tonnes a fait apparaître différentes lignes de rupture à la surface de l'éprouvette d'acier doux représentée par les *fig.* 40 ; ces hélices sont les traces des cassures qui ne s'étendent qu'à une très petite profondeur ; l'éprouvette, se plissant de plus en plus, peut du reste continuer à supporter des efforts de plus en plus grands.

Généralement, lorsque l'on comprime une éprouvette courte de matière douce (cuivre, plomb, cire, acier doux), on ne parvient à faire apparaître aucune trace de cassure; mais il est bien évident qu'un corps solide, si doux qu'il soit, ne peut être indéfiniment déformé sans se rompre, sans se déchirer sur ses bords; on n'arrive pas à produire ces cassures, parce qu'on ne dispose pas de moyens assez puissants.

Lorsque la rupture commence par une cassure symétrique du premier genre, un cône droit par exemple, elle se termine par une cassure hélicoïdale. La *fig.* 45 repré-

Fig. 45.

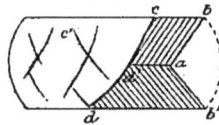

sente l'ensemble des cassures d'un cylindre de bronze coulé, assez raide. La rupture s'est d'abord produite suivant les deux cônes *ab*, *ab'*, cette première cassure naissant elle-même dans le voisinage des grandes bases *b*, *b'*; dans cet état, l'éprouvette est encore capable de supporter de lourdes charges. Sous l'action d'efforts croissants, la rupture s'achève; l'éprouvette tombe en morceaux plus ou moins volumineux, séparés par des surfaces hélicoïdales, *dextrorsum* ou *sinistrorsum*, *cd*, *c'd'*.

Lorsqu'on brise par compression une éprouvette de fonte truitée, les surfaces hélicoïdales qui apparaissent sont extrêmement nombreuses; la surface extérieure, quadrillée, divisée en une multitude de petits losanges par les traces des cassures hélicoïdales, semble se couvrir d'écailles.

La charge de rupture, comme la limite élastique, varie

beaucoup avec les dimensions des éprouvettes. De nombreuses expériences ont été faites par Hodgkinson, Fairbairn et autres, dans le but de déterminer la résistance des colonnes en fonte ou en fer, des poteaux de bois, de diverses dimensions, et la charge qu'on peut leur faire supporter dans la pratique. Les *formules empiriques* déduites de ces expériences se trouvent dans tous les Aide-mémoire.

L'utilité pratique de ces formules est incontestable, et leur valeur ne pourra être discutée qu'alors qu'on aura des lois pour les remplacer. Mais, les formules absolument empiriques n'ayant aucune généralité, leur emploi exige certaines précautions qu'il importe de ne pas négliger. Comme le juge qui, pour interpréter convenablement une loi sociale, recherche dans les discussions parlementaires qui se sont élevées à son sujet l'intention du législateur, le praticien, pour appliquer une formule empirique, doit étudier les conditions de son établissement et n'en faire d'applications qu'aux matériaux de l'espèce expérimentée, et dans les conditions mêmes où ils ont été éprouvés, tant au point de vue de la forme et des dimensions des objets qu'à celui de la grandeur et du genre d'efforts auxquels ils ont été soumis ; en un mot, appliquer seulement dans les limites de l'expérience. Mais il faut pour cela remonter aux Mémoires originaux ou au moins étudier les Traités complets de résistance des matériaux, et non se contenter d'une consultation rapide de l'Aide-mémoire. Ces précautions, négligées, entraîneraient soit à des dimensions exagérées, soit à des accidents toujours regrettables lorsqu'il y a des victimes, et, en tous cas, très fâcheux pour la considération du constructeur, qui reçoit ainsi une grave atteinte.

Il arrive souvent que les formules empiriques ne sont pas applicables, soit parce que la qualité des matériaux

6

employés n'est pas la même que celle des matières expé-
rimentées, et dans ce cas il ne faut pas hésiter à faire
quelques essais nouveaux ou à exiger des fournisseurs des
renseignements qu'ils doivent toujours être capables de
donner, soit à cause de la forme ou des dimensions des
organes de la construction. Dans ce dernier cas, il faut ou
bien faire de nouvelles expériences complètes, ou bien
prendre conseil dans les constructions déjà établies; mais
alors le constructeur, architecte ou ingénieur, guidé par
son expérience, qui n'est le plus souvent que du senti-
ment, devient artisan ou artiste; il n'a plus dans son œuvre
d'art la confiance qu'inspire une construction scientifique;
il attend avec anxiété la réalisation de son projet et se
tient en garde contre les accidents qu'il redoute.

CHAPITRE IV.

FLEXION.

30. *Éprouvettes. Machines d'épreuve. Flèche.* — Les éprouvettes de flexion qui sont prises dans un bloc à essayer ont généralement la forme d'un prisme carré ou rectangle, de longueur notablement plus grande que la largeur ou l'épaisseur. Elles doivent être repérées de telle manière qu'on puisse, après l'épreuve, retrouver leur position exacte dans le bloc qui les a fournies; la matière essayée n'étant pas, en général, absolument homogène, il n'est pas indifférent d'exercer l'effort de flexion sur une face ou sur une autre.

On essaye souvent à la flexion la pièce même qui doit être employée en construction. L'essai d'une barre ronde ou carrée, d'un rail, d'un fer à T ou d'un essieu, se fait du reste comme celui d'une éprouvette; la barre est placée sur deux appuis et pressée transversalement en son milieu par un couteau ou un *mandrin* arrondi. L'épreuve est souvent faite sur une presse hydraulique ordinaire, le couteau étant fixé au piston, les appuis fortement reliés au bâti de la machine. Les efforts totaux sont alors mesurés, avec une précision bien suffisante dans la pratique des essais industriels, par le manomètre de la presse, le nombre d'atmosphères indiqué étant multiplié par la section du piston, exprimée en centimètres carrés.

Les essais et expériences de flexion peuvent toujours se faire sur les machines d'épreuve à traction ou compression, au moyen d'appareils fort simples, analogues à ceux qui sont représentés par les *fig*. 46 et 47.

Fig. 46.

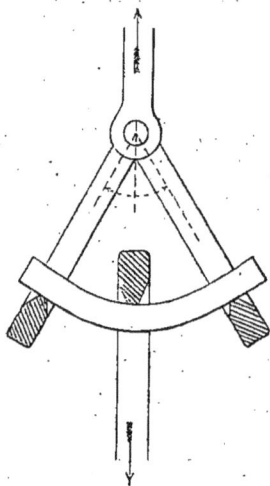

Le premier est spécialement disposé pour les machines à traction, le second pour la compression. Ce dernier appareil (*fig*. 47), que nous avons fait construire à la fonderie de Bourges, a servi à un grand nombre d'essais et expériences ; le couteau, qui peut d'ailleurs être remplacé par un mandrin de forme quelconque, porte une réglette graduée coulissant dans une rainure terminée par une fenêtre ; l'un des bords, en biseau, porte un vernier qui permet de mesurer les *flèches* au dixième de millimètre.

Les résultats généraux des épreuves de flexion sont les suivants :

La *flèche totale*, correspondant à un effort de flexion, se composé d'une *flèche élastique* et d'une *flèche perma-nente*.

Les flèches élastiques d'une éprouvette sont sensiblement proportionnelles aux efforts de flexion.

Si l'effort est assez faible, la flèche permanente est nulle, la flèche est entièrement élastique; le plus grand effort qui ne produise pas de déformations permanentes se nomme *limite d'élasticité de flexion de la barre* éprouvée.

La limite élastique d'une barre primitivement déformée d'une façon permanente par un effort de flexion est égale à cet effort lui-même.

Nous appelons *flèche* le déplacement des points d'application de l'effort de flexion. Avec l'appareil (*fig.* 47), on

Fig. 47.

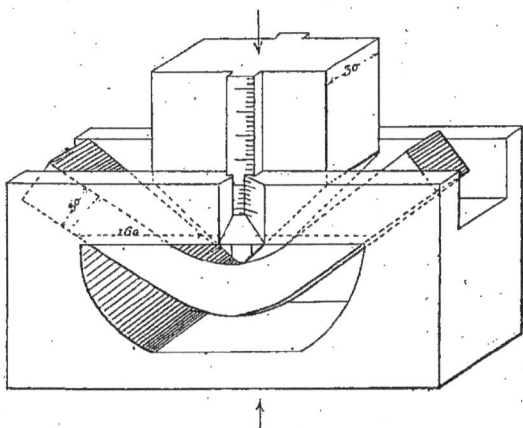

mesure bien ces déplacements; mais on opère souvent d'une autre manière dans les essais industriels. On emploie une règle et un pied à coulisse, et l'on mesure comme flèche une longueur qui varie beaucoup avec les dimensions de la règle et de l'éprouvette.

La règle CD (*fig.* 48) étant appliquée symétriquement

Fig. 48.

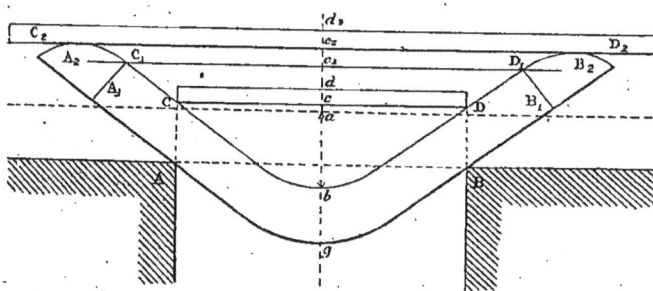

contre les bords de l'éprouvette, on mesure au pied à coulisse la longueur dg, dont on retranche l'épaisseur cd de la règle et l'épaisseur bg de l'éprouvette, qui reste à peu près constante; la flèche est ainsi égale à cb, c_1b ou c_2b, suivant les longueurs de la règle et des bouts de la barre courbée.

Avec une réglette de longueur égale à la distance AB des appuis, on obtient comme flèche cb, qui diffère peu de la valeur ab, déplacement du point a, si l'éprouvette n'est ni trop courbée ni trop épaisse.

Avec des règles longues, débordant l'éprouvette, on obtient des résultats tout différents, qui seront comparables seulement dans le cas où toutes les éprouvettes auront la même longueur et des bouts *parés* (non taillés en biseau comme cela arrive souvent pour les éprouvettes prises dans une rondelle).

31. *Différents genres de flexion.* — Les déformations

produites par la flexion varient avec la forme du mandrin et la disposition des appuis.

Un couteau à angle vif fait une empreinte et s'aplatit lui-même plus ou moins suivant la dureté de l'éprouvette et la grandeur des efforts exercés : l'empreinte aura peu de profondeur si l'éprouvette est longue, mince et dure; elle sera large et profonde si la barre est douce, épaisse et courte.

En général, les efforts de flexion exercés au moyen d'un couteau sont répartis sur une très petite surface qui pourra presque toujours être considérée comme réduite à l'arête; mais, avec un mandrin cylindrique ayant un rayon de courbure considérable, il en sera tout autrement; l'effort pourra être reporté sur une surface plus ou moins étendue et qui variera avec la grandeur des efforts exercés.

Si la résistance qu'offre l'éprouvette est assez faible, le mandrin ne sera pas sensiblement déformé; lorsque la courbure de la face supérieure de l'éprouvette deviendra égale à celle du mandrin, le contact de ces deux surfaces deviendra plus intime, le mandrin portera par une surface de plus en plus grande et l'éprouvette prendra la forme cylindrique; c'est ainsi que se fléchira toute éprouvette mince ou douce, toute barre de plomb ou de cuivre par exemple; avec une barre plus raide ou plus épaisse, le contact du mandrin avec l'éprouvette a lieu suivant deux surfaces séparées par une partie vide, un *bâillement,* comme on le voit dans la *fig.* 52, qui représente la flexion d'une barre d'acier doux carrée, de $0^m,030$ de côté, placée sur deux appuis distants de $0^m,160$ et pressée par un mandrin cylindrique de $0^m,060$ de rayon.

Lorsque le mandrin aura la forme d'un prisme, il ne

portera que par ses arêtes, car l'éprouvette se courbera
sous un effort si petit qu'il soit (*fig.* 49).

Fig. 49.

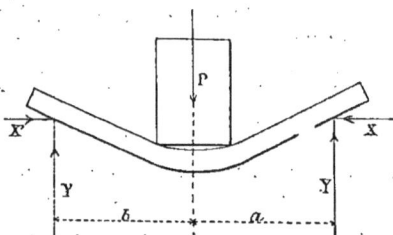

La flexion sera symétrique lorsque le mandrin agira à
égale distance des appuis; elle sera dissymétrique dans le
cas contraire.

L'équilibre étant établi sous l'action de l'effort P, les
réactions des appuis seront généralement obliques. Soient
X, X′, Y, Y′ les composantes horizontales et verticales de
ces réactions.

Si la flexion est symétrique, on aura

$$Y = Y' = -\frac{P}{2}.$$

Dans le cas contraire, les composantes verticales auront
pour valeurs

$$Y = -\frac{b}{a+b}P, \quad Y' = -\frac{a}{a+b}P,$$

a et *b* étant les distances de l'effort P aux appuis.

Les composantes horizontales sont toujours égales et
de sens contraires, X = — X′; elles sont nulles dans le cas
où les appuis sont mobiles dans un plan perpendiculaire à
la direction de P.

Si les appuis sont fixés à deux branches mobiles autour d'un axe horizontal, on aura

$$X = -X' = \frac{P}{2} \tan g \frac{\alpha}{2},$$

α étant l'angle variable des deux branches (*fig.* 46).

Dans le cas où les appuis sont fixes, les conditions générales d'équilibre ne suffisent pas à déterminer les valeurs des composantes horizontales.

On dit qu'une barre est *encastrée* lorsqu'une de ses sections droites est maintenue dans une position constante (*fig.* 50).

Une barre quelconque étant en équilibre de flexion, on

Fig. 50.

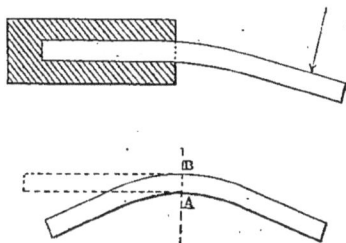

peut toujours la considérer comme *encastrée* suivant une de ses sections, AB par exemple; les appuis sont alors considérés comme mobiles.

32. *Représentation graphique.* — On peut construire les courbes des flèches ou déplacements du mandrin en fonction des efforts exercés. La *fig.* 51 représente deux de ces courbes, relatives à des éprouvettes identiques d'acier doux, ayant une section carrée de $0^m,030$ de côté et reposant sur des appuis fixes distants de $0^m,160$. La courbe

OABCDE représente les flèches produites au moyen d'un
couteau; la courbe OABC' représente les flèches produites

Fig. 51.

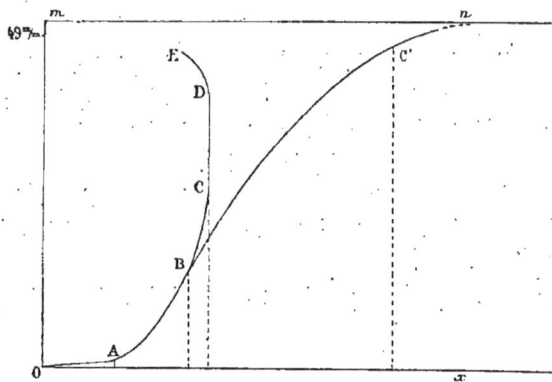

au moyen d'un mandrin cylindrique de 0^m,060 de rayon.

Fig. 52.

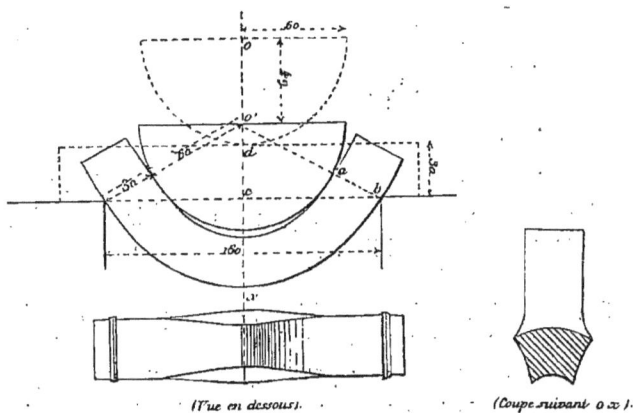

(Vue en dessous).   (Coupe suivant o x).

Tant que la courbure de la face supérieure de l'éprouvette est inférieure à celle du mandrin, l'effort de flexion

est appliqué dans le plan de symétrie et la flexion est la même, qu'elle soit produite par le couteau ou par le mandrin ; aussi les deux courbes se confondent-elles jusqu'au point B, qui correspond à la courbure de $0^m,060$ de rayon. Au delà elles se séparent ; la courbe OABCD a la forme des courbes de traction ; la courbe OABC′ a, au contraire, la forme des courbes de compression ; elle s'infléchit et ne peut dépasser la ligne mn, parallèle et à $0^m,049$ de l'axe ox. Il suffit de regarder l'épure de la *fig.* 52 pour comprendre que la flèche produite dans les conditions actuelles par le mandrin de $0^m,060$ de rayon ne peut dépasser $0^m,049$, quelque grand que soit l'effort exercé. Lorsque la flèche a atteint cette valeur (f_1), les bouts de l'éprouvette sont comprimés entre le mandrin et les appuis, la flèche ne peut plus être augmentée :

$$f = oo' = oc - o'c = od + dc - o'c,$$
$$od = 0^m,060, \quad dc = 0^m,030,$$
$$o'c = \sqrt{\overline{o'b}^2 - \overline{cb}^2} = \sqrt{(o'a + ab)^2 - \overline{cb}^2}$$
$$= \sqrt{\overline{90}^2 - \overline{80}^2} = 10\sqrt{17} = 0^m,041,$$
$$f = 90 - 41 = 0^m,049.$$

Le point E correspond à la rupture de l'éprouvette fléchie par le couteau ; la rupture n'a pu être produite avec le mandrin de $0^m,060$.

Le point A représente la limite d'élasticité ; la ligne OA, les flèches élastiques proportionnelles aux efforts de flexion.

Les flèches des éprouvettes plus raides seront représentées par des courbes analogues ou par une partie de ces courbes, limitée au point qui correspond à la rupture.

33. *Déformations. Cassure. Flexion simple.* — Les

éprouvettes douces prennent à peu près la forme du mandrin qui les fléchit; lorsque la flexion est produite par un couteau agissant en son milieu, la courbure varie beaucoup d'un point à l'autre; maxima dans le plan de symétrie, elle est nulle dans le voisinage des appuis. Cela suffit à montrer combien sont différentes les déformations longitudinales, suivant le genre de flexion.

Nous avons représenté dans la *fig.* 52 les déformations transversales, qui peuvent devenir très grandes quand les éprouvettes sont douces et épaisses. Les faces latérales se gauchissent et deviennent concaves; la face inférieure, convexe longitudinalement, devient concave dans le sens transversal; la face supérieure est, au contraire, convexe transversalement et concave dans le sens de la longueur; les bouts restent plans et droits.

La cassure se compose d'une partie droite située dans le plan de symétrie, partant de la face inférieure et occupant un peu plus de la moitié de l'épaisseur, et de deux parties obliques séparées par un coin (*fig.* 53). La largeur du coin est très variable suivant la douceur de la matière, les dimensions de l'éprouvette et le genre de flexion; elle peut

Fig. 53.   Fig. 54.

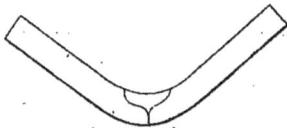

être très grande ou nulle; dans ce dernier cas, la cassure se produit suivant une section droite. Il arrive le plus souvent qu'une des parties obliques seule apparaît; l'éprouvette n'est alors brisée qu'en deux morceaux (*fig.* 54).

Il n'est question ici que des éprouvettes sensiblement

homogènes; les cassures des corps fibreux, par exemple, sont très différentes de celles que nous représentons.

Lorsqu'avant de fléchir une barre on trace à sa surface les contours d'un certain nombre de sections droites, on peut vérifier, au moyen d'un marbre ou d'un troussequin, qu'après la flexion les traits se sont déformés sans se gauchir, sans sortir de leurs plans. Les sections droites restent donc planes et droites pendant la flexion.

On dit, en général, que la flexion est *simple* lorsqu'en chaque point du corps fléchi il existe un plan matériel, toujours le même, qui conserve la forme plane et qui, dans la suite des déformations successives, tourne autour d'une série d'axes instantanés situés dans son plan, ces axes étant parallèles à une droite fixe dans chaque section et à chaque instant.

On admet que la flexion est simple lorsque le corps fléchi a la forme d'un solide engendré par une surface plane dont un point se meut sur une directrice plane parallèle aux efforts exercés; la surface génératrice, normale à la directrice, peut d'ailleurs avoir un contour quelconque, constant ou variable. Il serait utile de vérifier cette hypothèse par quelques expériences.

Fig. 55.   Fig. 56.

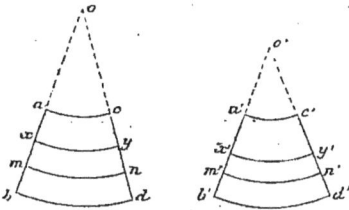 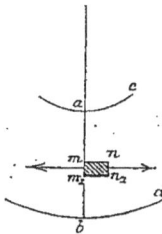

34. Allongements et raccourcissements. Couche neutre. — Considérons un élément *abcd* (*fig.* 55) compris entre les faces latérales, les faces inférieure et supérieure et deux sections droites infiniment voisines ab et cd; après la flexion, cet élément devient $a'b'c'd'$. Si la flexion est simple, les sections droites ab, cd sont devenues $a'b'$, $c'd'$; elles sont encore les sections droites planes de la barre courbée. En général, une couche mn, parallèle aux faces inférieure et supérieure, devient $m'n'$, se déforme pendant la flexion, s'allonge ou se raccourcit, suivant qu'elle se trouve dans le voisinage de bd ou de ac. Il existe toujours pour une flexion donnée une couche xy qui n'a pas changé de longueur, $x'y' = xy$; la position de cette couche varie avec la grandeur de la flexion.

Soient

$\rho_0 = ox$, $\rho = o'x'$ les rayons de courbure de cette *couche neutre* avant et après la flexion;

$b_0 = mx$, $b = m'x'$ les distances initiales et finales d'une couche quelconque mn à la couche neutre.

On aura

$$mn = xy \frac{\rho_0 + b_0}{\rho_0}, \quad m'n' = x'y' \frac{\rho + b}{\rho}, \quad xy = x'y'.$$

L'allongement ou le raccourcissement relatif de mn, dans la flexion, sera

$$i = \pm \frac{m'n' - mn}{mn} = \pm \frac{\dfrac{b}{\rho} - \dfrac{b_0}{\rho_0}}{1 + \dfrac{b_0}{\rho_0}}.$$

Dans le cas où la barre est primitivement droite, on a en chaque point

$$\frac{1}{\rho_0} = 0 \quad \text{et} \quad i = \pm \frac{b}{\rho}.$$

L'allongement e le raccourcissement maximum auront

pour valeurs

$$i_1 = \frac{B_1}{\rho}, \quad i_2 = -\frac{B_2}{\rho},$$

B_1 et B_2 étant les distances des faces inférieure et supérieure à la *couche neutre actuelle*. Le rapport $\frac{B_1}{B_2} > 1$ est toujours très voisin de l'unité; l'expérience montre, en outre, que l'épaisseur totale $B = B_1 + B_2$ reste sensiblement constante pendant la flexion.

35. *Tensions et compressions*. — Soit $m\,n\,m_1\,n_1$ (*fig*. 56) un élément prismatique compris entre les faces latérales de la barre, deux sections droites infiniment voisines mm_1, nn_1, et deux surfaces mn, m_1n_1 parallèles aux faces inférieure et supérieure et infiniment rapprochées. Cet élément peut, après comme avant la flexion, être considéré comme un prisme droit; les déformations qu'il subit se réduisent à un allongement dans le sens de la longueur mn et une contraction dans le sens de la largeur et dans celui de l'épaisseur. On peut vérifier par expérience que dans les flexions qui ne sont pas extrêmement grandes le rapport de la contraction à l'allongement est le même que dans la traction directe d'une éprouvette de même matière. D'après cela, nous admettrons que dans la flexion simple les éléments (mn) de sections droites sont sollicités par de simples tractions ou compressions.

Soient a_0 la largeur, ab_0 l'épaisseur de l'élément $m\,n\,m_1\,n_1$; ces dimensions deviennent, après la flexion,

$$a = a_0 \left(1 \mp \frac{i}{k} \right), \quad db = db_0 \left(1 \mp \frac{i}{k} \right),$$

i étant l'allongement ou le raccourcissement relatif de mn,

k le rapport de la contraction ou du gonflement transversal à i.

Q étant la traction ou compression correspondant à i et rapportée à la section primitive, l'effort qui sollicite l'élément mm_1 sera

$$Q a_0 db_0 = Q a_0 \frac{db}{\left(1 \mp \frac{i}{k}\right)} = \frac{Q}{\left(1 \mp \frac{i}{k}\right)} a_0 db, \text{ ou } = t a_0 db,$$

en désignant par t la valeur

$$t = \frac{Q}{\left(1 \mp \frac{i}{k}\right)}.$$

Dans le cas où les déformations seront très petites, les valeurs de $\frac{i}{k}$ seront négligeables à côté de l'unité, et les tensions t différeront très peu des tensions ou compressions Q rapportées à la section primitive.

Si les valeurs de Q et de k sont connues en fonction de i, il en sera de même des valeurs de t. En tous cas, les courbes qui déterminent t en fonction de i, connues ou inconnues, sont parfaitement déterminées.

Fig. 57.

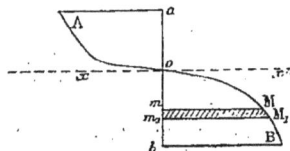

Soient aob ($fig.$ 57) la trace d'une section droite sur un plan, o un point de la couche neutre et m un point quelconque de la section :

$$b = om, \quad B_1 = ob, \quad B_2 = oa, \quad B = ab = B_1 + B_2.$$

Soit encore ρ le rayon de courbure actuel de la couche neutre, i, i_1, i_2 les allongements ou raccourcissements correspondant aux points m, b, a.

Représentons, à une échelle convenable, l'allongement $i_1 = \dfrac{ob}{\rho} = \dfrac{B_1}{\rho}$ par la ligne ob elle-même; la ligne om représentera, à la même échelle, l'allongement i au point m, car $i = \dfrac{b}{\rho} = \dfrac{om}{\rho}$.

En menant en chaque point de la droite ob une ordonnée mM égale à la tension t correspondant à i, on déterminera la courbe OMB des t en fonction de i. La tension totale exercée sur l'élément plan mm_1, ayant pour base la largeur primitive de la barre au point m et pour hauteur $mm_1 = db$, sera

$$ta_0\,db = a_0 \times mM \times mm_1 = a_0\,S\,(mm_1MM_1).$$

La courbe OA représentera de même les compressions t aux différents points de ob.

36. *Équations d'équilibre.* — La barre en équilibre de flexion est divisée en deux parties par la section droite ab; chacune de ces parties doit être en équilibre sous l'action des forces ou réactions extérieures qui lui sont directement appliquées et des tensions ou compressions agissant sur ab et développées par la flexion.

Soient X la somme des projections sur le plan xx', perpendiculaire à ab, des forces extérieures agissant sur la partie de la barre que l'on considère, et $\mathfrak{M}$ la somme des moments de ces forces par rapport à l'axe o, normal au plan aox.

Pour que l'équilibre existe, il faut que la somme des

7

tensions et des compressions, prises avec des signes convenables, soit égale à X, et que la somme de leurs moments autour de l'axe o soit égale à $\mathfrak{M}$:

$$(1) \qquad \begin{cases} \Sigma m\mathrm{M} \times mm_1 \times a_0 = \mathrm{X}, \\ \Sigma m\mathrm{M} \times mm_1 \times a_0 \times om = \mathfrak{M}. \end{cases}$$

Cas où la largeur des sections droites est constante. — $a_0 = \mathrm{A}$. Les équations d'équilibre deviennent

$$\mathrm{A}\,\Sigma m\mathrm{M} \times mm_1 = \mathrm{X},$$

$$\mathrm{A}\,\Sigma m\mathrm{M} \times mm_1 \times om = \mathfrak{M}$$

ou

$$\mathrm{A}(s - s_1) = \mathrm{X},$$

$$\mathrm{A}(s\delta + s_1\delta_1) = \mathfrak{M};$$

$$s = \mathrm{surf}(\mathrm{OB}b), \quad s_1 = \mathrm{surf}(\mathrm{OA}a);$$

δ et δ_1 sont les distances à xx' des centres de gravité des surfaces s et s_1.

Représentons par S et S_1 les surfaces des courbes de traction ou compression correspondant à l'allongement et au raccourcissement maximum i_1 et i_2 à une échelle quelconque, par d et d_1 les distances à l'axe des efforts des centres de gravité de ces surfaces; on aura

$$\frac{s}{\mathrm{S}} = \frac{\mathrm{B}_1}{i_1}, \quad \frac{s_1}{\mathrm{S}_1} = \frac{\mathrm{B}_2}{i_2}, \quad \frac{\delta}{d} = \frac{\mathrm{B}_1}{i_1}, \quad \frac{\delta_1}{d_1} = \frac{\mathrm{B}_2}{i_2},$$

et, comme

$$\frac{\mathrm{B}_1}{i_1} = \frac{\mathrm{B}_2}{i_2} = \frac{\mathrm{B}_1 + \mathrm{B}_2}{i_1 + i_2} = \frac{\mathrm{B}}{i_1 + i_2},$$

$$\frac{s}{\mathrm{S}} = \frac{s_1}{\mathrm{S}_1} = \frac{\delta}{d} = \frac{\delta_1}{d_1} = \frac{\mathrm{B}}{i_1 + i_2},$$

les équations d'équilibre deviendront

$$(2.)\quad \begin{cases} AB\,\dfrac{S - S_1}{i_1 + i_2} = X, \\[2mm] AB^2\,\dfrac{S d + S_1 d_1}{(i_1 + i_2)^2} = \mathfrak{M}. \end{cases}$$

Cas où la section droite a une forme quelconque. —
Les conditions d'équilibre dans le cas où la largeur a_0
est variable sont exprimées par les équations (1), qu'on
peut écrire

$$A\,\Sigma\,\frac{a_0}{A} \times m M \times m m_1 = X,$$

$$A\,\Sigma\,\frac{a_0}{A} \times m M \times m m_1 \times o m = \mathfrak{M}.$$

Ces équations elles-mêmes peuvent être remplacées par
les équations (2), dans lesquelles $S - S_1 - d - d_1$ se
rapporteront, non plus aux courbes OMB, OMA, mais
aux courbes O M′B, O M′A (*fig.* 58), dont les ordonnées sont
réduites, en chaque point, dans le rapport $\dfrac{ao}{A}$.

Par exemple, $A = CC_1$ étant la largeur du patin du rail

Fig. 58.

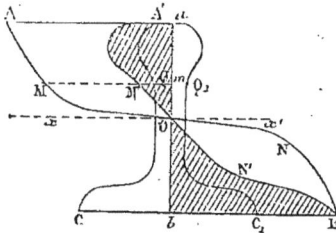

représenté par la *fig.* 58, $a_0 = QQ_1$ la largeur au point m, on obtiendra le point M' en prenant

$$m\,M' = m\,M\,\frac{QQ_1}{CC_1} = m\,M\,\frac{a_0}{A}.$$

Les équations (2) .sont donc générales; on peut les mettre sous la forme suivante :

$$(3) \quad \begin{cases} \mathfrak{M} = AB^2 T, \quad T = \dfrac{Sd + S_1 d_1}{(i_1 + i_2)^2}, \\[2ex] X = ABT_1, \quad T_1 = \dfrac{S - S_1}{i_1 + i_2}. \end{cases}$$

i_1, i_2, d, d_1 sont des longueurs; S, S_1 sont des surfaces ou les produits d'une longueur par un nombre de kilogrammes.

T et T_1 sont donc des quantités de même espèce que les tensions t et seront exprimées en un nombre de kilogrammes par unité de surface.

Si la section est rectangulaire, T et T_1 seront indépendants de la forme et dépendront seulement de la matière et de l'allongement ou du raccourcissement maximum développé dans la section considérée.

Si la largeur est variable, T et T_1 dépendront en outre de la forme de la section, mais auront les mêmes valeurs pour des sections semblables, puisqu'ils sont déterminés par une épure construite à une échelle quelconque.

Dans le cas où X = o, les équations d'équilibre se réduisent à

$$(4) \quad \begin{cases} \mathfrak{M} = AB^2 T, \\[1.5ex] T = S\,\dfrac{d + d_1}{(i_1 + i_2)^2}, \\[1.5ex] S = S_1. \end{cases}$$

37. Section dangereuse. Solides d'égale résistance. Flexion circulaire. — Dans une barre fléchie, $\mathfrak{M}$ et X

varient, en général, d'une section à l'autre; on appelle
section dangereuse celle pour laquelle l'allongement développé i_1 est maximum.

Si $X = o$, la section dangereuse sera déterminée par la
condition que $T = \dfrac{\mathfrak{M}}{AB^2}$ soit maximum; si, de plus, la section de la barre est constante, la section dangereuse cor-
respondra au maximum de $\mathfrak{M}$.

On appelle *solides d'égale résistance* les pièces susceptibles de flexions telles que l'allongement maximum i_1
soit le même dans toutes les sections. La forme générale,
profils longitudinal et transversal, des solides d'égale résistance dépend essentiellement du genre d'efforts exercés.
Ces formes sont déterminées, dans le cas où $X = o$, par la
condition

$$T = \frac{\mathfrak{M}}{AB^2} = \text{const.}$$

ou par $\mathfrak{M} = \text{const.}$, dans le cas où la section droite est
elle-même constante. Si, par exemple, les deux extrémités
d'une barre sont sollicitées seulement par deux couples
égaux et de sens contraires, appliqués aux points
a, $a,'$ b, b' (*fig.* 59), la valeur de $\mathfrak{M}$ pour toutes les
sections situées entre a et b sera égale au moment du

Fig. 59.

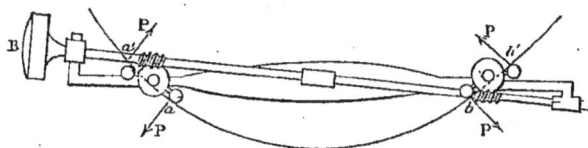

couple, et la partie ab se courbera en arc de circonférence
si la section de la barre est constante. (Le petit instrument
qui est représenté par la *fig.* 59 est fondé sur ce principe;

il sert à tracer les arcs de cercle d'un grand rayon, au
moyen de la lame mince, qu'on fléchit élastiquement en
tournant le bouton B.)

Quel que soit le genre d'efforts, on pourra toujours
construire un solide d'égale résistance en faisant va-
rier A et B de façon que $\frac{\mathfrak{M}}{AB^2}$ soit constant. Si la section est
rectangulaire, on pourra faire varier A et B de telle façon
qu'on voudra, pourvu que AB^2 soit proportionnel à $\mathfrak{M}$;
par exemple, l'épaisseur B restant constante, on fera varier
la largeur A proportionnellement à $\mathfrak{M}$, et dans ce cas la
flexion sera circulaire, ou bien encore, la largeur A restant
constante, on fera varier B proportionnellement à $\sqrt{\mathfrak{M}}$;
enfin, la section restant semblable à elle-même, A et B
devront varier comme la racine cubique de $\mathfrak{M}$:

$$A^3 = k\mathfrak{M}, \quad B^3 = k'\mathfrak{M}.$$

38. *Flexion des solides à section droite rectangulaire.* — Soit acb (*fig.* 60) un solide à section rectangu-

Fig. 60.

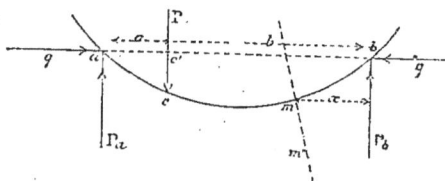

laire, placé sur deux appuis a et b et pressé transversalement par un effort P.

Les réactions des appuis peuvent être décomposées en
deux forces P_a, P_b parallèles à P et deux autres q, $-q$ égales,
de sens contraires et dirigées suivant ab,

$$P_a = \frac{b}{a+b}P, \quad P_b = \frac{a}{a+b}P.$$

Considérons la partie du solide comprisé entre une section droite quelconque mm' et l'extrémité b. Les conditions d'équilibre de cette partie sont les suivantes :

$$\mathfrak{M} = AB^2 T, \quad X = ABT,$$

$\mathfrak{M}$ étant la somme des moments des forces P_b et q par rapport à l'axe m, et X la somme des projections de ces forces sur un plan normal à mm'. La grandeur de q et l'inclinaison de mm' étant inconnues, il n'est pas possible de déterminer les valeurs de T et T_1 ; on aura une solution approchée dans le cas où les appuis seront mobiles et la flèche de acb assez petite, en supposant $X = 0$ et $\mathfrak{M} = P_b x$; x étant la distance de m à la force P_b. Dans ces conditions, la section dangereuse passera par le point d'application c de l'effort P qui correspond au maximum de $\mathfrak{M}$, et l'équation d'équilibre de la section c sera

$$\mathfrak{M} = AB^2 T = P_b a = P_a b = P \frac{ab}{a+b}.$$

La flexion est symétrique dans le cas où l'effort P agit à égale distance des appuis ; dans ce cas, $a = b$, $P_a = P_b = \dfrac{P}{2}$, la section dangereuse est située dans le plan de symétrie, et l'on a exactement, si les appuis sont mobiles,

$$X = 0, \quad \mathfrak{M} = \frac{P}{2} \frac{C}{2} = AB^2 T \quad \text{ou} \quad P = \frac{AB^2}{C} 4T ;$$

$C = a + b$ étant égal à la distance des appuis.

Cette équation peut être mise sous la forme

$$P = h \frac{AB^2}{C} t, \quad T = \frac{h}{4} t,$$

t étant la tension de l'élément le plus tendu de la surface convexe et h un coefficient variable avec t.

Dans le cas des petites déformations élastiques, les tensions et compressions sont proportionnelles aux allongements et raccourcissements; la courbe des i en fonction de t est une droite, et l'on a

$$S = \tfrac{1}{2} t_1 i_1, \quad S_1 = \tfrac{1}{2} t_2 i_2;$$

comme $S = S_1$ et que les coefficients d'élasticité de traction et de compression sont égaux, il faut que $i_1 = i_2$; la couche neutre se trouve à égale distance des faces inférieure et supérieure.

On aura encore

$$d = \tfrac{2}{3} i_1, \quad d_1 = \tfrac{2}{3} i_2, \quad d + d_1 = \tfrac{2}{3}(i_1 + i_2)$$

et

$$\frac{h}{4} t = T = S \frac{d + d_1}{(i_1 + i_2)^2} = \frac{\tfrac{1}{2} t i}{2 i} \frac{2}{3} = \frac{1}{6} t, \quad h = \frac{2}{3}, \quad P = \frac{2}{3} \frac{AB^2}{C} t.$$

Dans le cas où les déformations sont en partie permanentes, l'expérience montre que la couche neutre est plus rapprochée de la face supérieure que de la face inférieure; les raccourcissements sont donc moins grands que les allongements, et, comme $S = S_1$, il faut que les compressions soient plus grandes que les tensions. Si les courbes OA, OB (*fig.* 57) étaient droites, on aurait

$$d = \frac{2}{3} i_1, \quad d_1 = \frac{2}{3} i_2, \quad \frac{d + d_1}{i_1 + i_2} = \frac{2}{3},$$

$$S = \frac{1}{2} t i_1, \quad S_1 = \frac{1}{2} t_1 i_2, \quad S + S_1 = \frac{t i_1 + t_1 i_2}{2} > \frac{t}{2}(i_1 + i_2),$$

puisque t_1 est supérieur à t.

La valeur de T serait

$$T = S \frac{d + d_1}{(i_1 + i_2)^2} = \frac{S}{i_1 + i_2} \frac{d + d_1}{i_1 + i_2} > \frac{1}{6} t \quad \text{ou} \quad h > \frac{2}{3}.$$

Les moments $S d$, $S_1 d_1$ des surfaces oAa, oBb, limitées par les courbes oA et oB qui tournent leur concavité vers

aob, étant plus grands que ceux des triangles oAa, oBb, on aura, *a fortiori*,

$$T > \frac{1}{6}t, \quad h > \frac{2}{3}, \quad P > \frac{2}{3}\frac{AB^2}{C}t.$$

Nous pensons qu'on peut admettre que le coefficient h, égal à $\frac{2}{3}$ pour les petites déformations élastiques, croît avec l'effort de flexion et devient sensiblement égal à l'unité pour les très grandes déformations élastiques.

Ainsi, pour la résistance à la flexion des corps doux, on aura

$$P = \frac{AB^2}{C}t,$$

t étant, non pas la résistance à la traction des éprouvettes longues, mais la résistance beaucoup plus grande des éprouvettes courtes (18); c'est au moins ce qu'indique l'expérience, comme le montre le Tableau suivant, qui donne les résultats de traction et de flexion d'éprouvettes carrées de $0^m,030$ de côté et de $0^m,160$ de longueur; les résistances des éprouvettes très courtes ne diffèrent de $\frac{PC}{AB^2}$ que de $\frac{1}{10}$.

ACIER DOUX.	EFFORT DE FLEXION maximum.	RÉSISTANCE A LA TRACTION.	
		Éprouvettes très courtes.	Éprouvettes longues.
$A = B = 0^m,030.$	$P = 10700^{kg} = \frac{AB^2}{C}65^{kg}$	71^{kg}	55^{kg}
$C = 0^m,160....$	$P = 11800^{kg} = \frac{AB^2}{C}71^{kg}$	78	62
	$P = 12500^{kg} = \frac{AB^2}{C}74^{kg}$	80	61

C'est sous l'effort maximum P que se produisent les grandes flèches ; nous avons dit que les flèches extrêmes se produisaient sous un effort décroissant : cela tient à ce que, dans cette dernière période, l'épaisseur B diminue.

39. *Forme du solide fléchi.* — Les valeurs de T ou de ht pour un même effort de flexion sont proportionnelles à $\Im\mathbb{L}$ ou sensiblement à la distance de la section considérée au point d'appui le plus rapproché.

Si cd (*fig.* 61) représente la valeur de ht en c', la ligne da

Fig. 61.

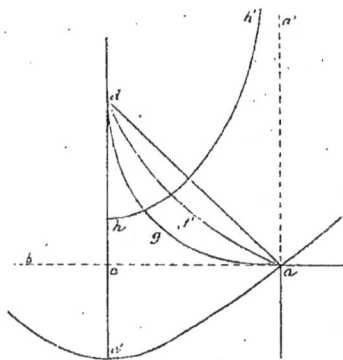

représentera à peu près les valeurs de ht correspondant aux différentes sections de ac'.

h croissant en même temps que t, la courbe des t sera dfa, convexe vers ac, et celle des allongements i_1, dga, convexe du même côté, mais à courbure beaucoup plus accentuée, les allongements variant bien plus rapidement que les tensions. La courbe hh', asymptote à aa', représente les inverses de i_1 et très sensiblement les rayons de courbure aux différents points de la couche neutre. Cette

courbe montre que la courbure maxima dans le plan de
symétrie diminue très rapidement et devient nulle dans le
voisinage des points d'appuis.

Si la flexion est produite par deux efforts symétriques
P agissant en a' et b' (*fig.* 62), la pièce fléchie se composera de deux branches aa', bb' à courbure variable, comme
dans le cas précédent, raccordées par une partie courbe $a'b'$.
Si les réactions des appuis sont égales, parallèles et de
sens contraire à P, toutes les sections de $a'cb'$ seront soumises à l'action du même couple $(P, -P)$, la courbure
sera la même en tous les points et la partie $a'c'b'$ sera un

Fig. 62.

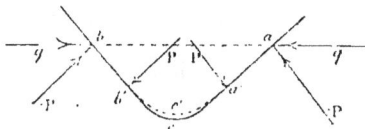

arc de circonférence. Au contraire, dans le cas où les réactions des appuis pourront être décomposées en deux forces,
l'une $(-P)$ égale et parallèle à l'effort exercé (P), et
l'autre $(\pm q)$ dirigée suivant ab, la partie $a'cb'$ aura une
courbure variable, maxima dans le plan de symétrie, car
le moment de q est maximum pour l'axe c et minimum
pour les axes a' et b'. C'est ce qui explique le *bâillement* $a'cb'c'$ qui se produit au-dessous des mandrins cylindriques dont nous avons parlé au n° 31. La grandeur
du bâillement dépend de la grandeur de la flèche, de l'intensité des réactions q, et par suite de la raideur de la
barre.

40. *Réflexion ou détente de flexion.* — Lorsque les
efforts qui ont produit la flexion cessent d'agir, le corps se

détend, complètement si la *limite d'élasticité* n'a pas été dépassée, en partie seulement dans le cas contraire.

Fig. 63.

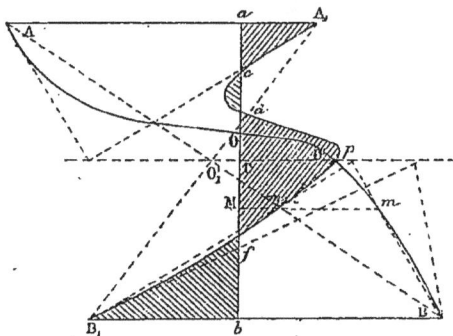

Soient (*fig.* 63) aOb une section droite du corps fléchi, OA, OB les courbes des tensions et compressions développées. La tension Mm correspond à l'allongement total OM ; cet allongement se compose d'une partie permanente et d'une partie élastique proportionnelle à la tension Mm, en sorte que les courbes OB, OA peuvent, à une échelle convenable, représenter les allongements ou raccourcissements élastiques développés aux différents points de la section droite ab.

Ces déformations élastiques tendent à disparaître, mais ne peuvent s'évanouir toutes à la fois que dans le cas où elles sont proportionnelles à la distance à la couche neutre, c'est-à-dire dans le cas où il n'y a pas de déformations permanentes, en admettant, bien entendu, que dans la flexion comme dans la réflexion les sections droites restent planes.

Après la détente, le corps n'étant soumis à aucune force extérieure, on a

$$X = o, \quad \mathfrak{M} = o;$$

il faut, par conséquent, que la somme algébrique des tensions et compressions exercées sur ab soit nulle et que la somme des moments de ces forces autour d'un certain axe soit également nulle. La courbe des tensions et compressions restantes aura, par suite, la forme $A_1 c d O' f B_1$; la partie ac, comprimée pendant la flexion, sera tendue après la détente; au contraire, la partie bf, primitivement tendue, sera comprimée; fd est en tension, cd en compression.

Aa, Bb représentant le raccourcissement et l'allongement élastiques développés en a et b pendant la flexion, aA_1, bB_1 représenteront l'allongement et le raccourcissement après la détente. AA_1, BB_1 représentent les déformations totales en a et en b pendant la réflexion; ces déformations doivent être proportionnelles aux distances de a et b à la nouvelle couche neutre C, pour laquelle les allongements ou raccourcissements restent invariables, et dont la position sera donnée par le point de rencontre O_1 des droites AB, $A_1 B_1$. On a, en effet,

$$\frac{AA_1}{aC} = \frac{BB_1}{bC}.$$

Au point C, l'allongement ou la tension CO' persiste entièrement. En un point quelconque M, l'allongement actuel Mm_1 se déduit de l'allongement primitif de la manière suivante : en joignant Bm, prolongeant cette droite jusqu'au point de rencontre p avec OCO', la droite $B_1 p$ rencontre l'ordonnée mM en m_1, car $\dfrac{mm_1}{BB_1} = \dfrac{CM}{Cb}$.

Il est facile de voir que les tangentes aux points correspondants des deux courbes doivent se couper sur la ligne $O_1 CO'$.

Dans un solide primitivement fléchi et déformé au delà

de sa limite d'élasticité, il y aura donc après la détente trois couches c, d, f qui ne seront ni tendues ni comprimées. La face convexe, qui a été plus ou moins allongée pendant la flexion, conserve bien après la détente la plus grande partie de son allongement absolu; mais la partie élastique de l'allongement disparaît complètement, et au delà, en sorte que cette face se trouve à la fois allongée et comprimée; la face concave, au contraire, est raccourcie et tendue.

Le solide étant retourné sens dessus dessous, si l'on produit une flexion en sens contraire pour le redresser ou le ramener vers sa forme primitive, on développera des tensions dans les couches voisines de a, des compressions dans les couches voisines de b; mais ces couches sont déjà tendues et comprimées : il en résulte que la limite d'élasticité dans cette nouvelle flexion sera très rapidement dépassée. Il peut même arriver que cette limite d'élasticité soit nulle : il suffit pour cela que l'allongement élastique actuel aA_1 soit au moins égal à l'allongement élastique limite. (*Voir* plus loin, n° 55, la *Détente de torsion*.)

41. *Limites d'élasticité de flexion, de traction et de compression.* — Pour mesurer la limite élastique de flexion d'un prisme placé sur deux appuis, on peut employer un couteau ou un mandrin cylindrique; le couteau a l'inconvénient de faire une empreinte qui occasionne souvent une appréciation trop faible de la limite d'élasticité; l'emploi du mandrin arrondi est préférable pour cette recherche.

A, B, C étant les dimensions du prisme rectangle et f la limite d'élasticité de traction, la limite élastique de flexion, c'est-à-dire le plus petit effort appliqué à égale

distance des appuis et capable de produire une déformation permanente, sera

$$\mathcal{P} = \frac{2}{3} \frac{AB^2}{C} \cdot \mathcal{C}.$$

Si, par exemple,

$$A = B = 0^m,030, \quad C = 0^m,160, \quad \mathcal{C} = 30^{kg},$$

$$\mathcal{P} = \frac{2}{3} \frac{30 \times \overline{30}^2}{160} 30 = 112 \times 30^{kg} = 3360^{kg}.$$

L'expérience prouve, en effet, que tout effort supérieur
à $\mathcal{P}$, 3500^{kg} ou 4000^{kg} par exemple, produit une déformation permanente; mais cette déformation est toujours très
petite, et il faut souvent, pour la constater, appliquer sur
l'une des faces une règle d'ajusteur bien dressée, tant que
l'effort de flexion est inférieur à une certaine valeur $\mathcal{P}_1$,
qui dans le cas actuel est égale à 5000^{kg} environ. Sous l'action des efforts supérieurs à $\mathcal{P}_1$, les flèches permanentes

Fig. 64.

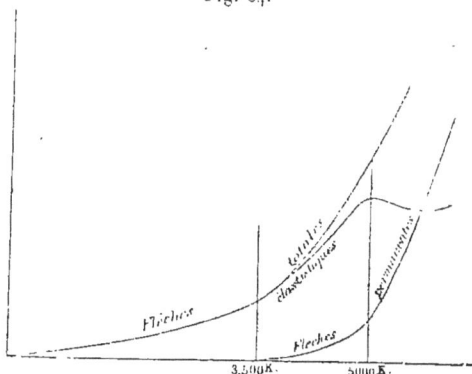

croissent très rapidement, tandis que les flèches élastiques
décroissent pour croître ensuite de nouveau, mais très
lentement, comme le montre la *fig.* 64, qui représente, en

fonction des efforts de flexion, les flèches totales, les flèches élastiques et permanentes d'une barre d'acier doux.

Ces faits sont inexplicables si l'on suppose la limite d'élasticité de compression $\mathcal{L}_1$ égale à la limite de traction $\mathcal{L}$; ils s'expliquent au contraire très facilement en supposant $\mathcal{L}_1 > \mathcal{L}$; la véritable limite de flexion correspond à $\mathcal{L}$ et l'effort $\mathcal{P}_1$ à la limite élastique de compression $\mathcal{L}_1$. Tout effort compris entre $\mathcal{P}$ et $\mathcal{P}_1$ produit des allongements permanents, mais des raccourcissements entièrement élastiques et par conséquent très petits; les allongements et les flèches, quoique en partie permanents, seront aussi très faibles. Après la détente, toutes les forces élastiques développées n'ayant pu disparaître à la fois, la partie supérieure se trouve en tension, la partie inférieure en compression, ce qui augmente les flèches élastiques.

Considérons la section *aob* (*fig.* 65) à l'instant où l'effort de flexion devient égal à $\mathcal{P}_1$: la compression déve-

Fig. 65.

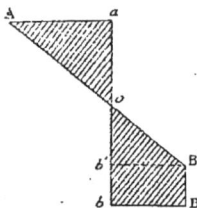

loppée en *a* est égale à la limite d'élasticité de compression $Aa = \mathcal{L}_1$ et les compressions élastiques aux différents points de *ao* sont représentées par la droite A*o*. Les tensions développées aux différents points de *ob* sont représentées par la droite OB' et la courbe B'B qui est très sensiblement parallèle à ob; la tension en B' est égale à la limite d'élasticité de traction $B'b' = \mathcal{L}$.

Les conditions d'équilibre

$$S = S_1, \quad \mathcal{P}_1 = \frac{4\,AB^2}{C} \frac{S\,d + S_1\,d_1}{(i + i)^2}$$

deviennent, dans le cas actuel,

$$\mathrm{surf}(A\,ao) = \mathrm{surf}(o\,B'B\,b), \quad \tfrac{1}{2}\mathcal{L}_1\,i_1 = \tfrac{1}{2}\mathcal{L}\,i + \mathcal{L}(i - i')$$

ou, en posant

$$i_1 = oa, \quad i = ob, \quad i' = ob', \quad \mathcal{L}_1 = m\mathcal{L}, \quad i_1 = mi',$$

$$i'' = i\,\frac{2}{1 + m^2} = i_1\,\frac{2\,m}{1 + m^2},$$

$$\mathcal{P}_1\,\frac{C}{AB^2} = 4\,\frac{S\,d + S_1\,d_1}{(i + i_1)^2},$$

$$\mathcal{P}_1\,\frac{C}{AB^2} = 4\,\frac{\tfrac{1}{2}\mathcal{L}_1\,i_1\,\tfrac{2}{3}\,i_1 + \tfrac{1}{2}\mathcal{L}\,i'\,\tfrac{2}{3}\,i' + \mathcal{L}(i - i')\left(i' + \dfrac{i - i'}{2}\right)}{(i + i_1)^2},$$

$$\mathcal{P}_1\,\frac{C}{AB^2} = \frac{2}{3}\,\frac{2\mathcal{L}_1\,i_1^2 + \mathcal{L}\,i'^2 + \mathcal{L}\,i^2}{(i + i_1)^2} = \frac{(2\,m^3 + 1)(1 + m)^2 + 4}{(1 + m)^4}\,\frac{2}{3}\,\mathcal{L},$$

$$\mathcal{P}_1 = \mathcal{P}\,\frac{(1 + 2\,m^3)(1 + m)^2 + 4}{(1 + m)^4}.$$

La valeur $m = \frac{3}{2}$ donne $\mathcal{P}_1 = 5070^{\mathrm{kg}}$, la valeur de $\mathcal{P}$ étant 3360^{kg}, et correspond aux résultats de l'expérience.

Ainsi, la limite d'élasticité de traction étant $\mathcal{L} = 30^{\mathrm{kg}}$, les phénomènes qui se produisent dans la flexion nous conduisent à considérer la limite d'élasticité de compression comme égale aux $\frac{5}{3}$ environ de $\mathcal{L}$ ou à 50^{kg}.

$$\mathcal{L}_1 = \frac{5}{3}\,\mathcal{L} = 50^{\mathrm{kg}}.$$

(Nous avons été conduit au même résultat et à la même valeur de m par plusieurs expériences de traction et de

8

flexion faites sur des barres de fers ou d'aciers de provenances diverses.)

42. *Flexion élastique.* — Lorsque la limite d'élasticité
n'est pas dépassée, les tensions et compressions développées sont proportionnelles aux allongements et raccourcissements et, par conséquent, à la distance du point
considéré à la couche neutre oo' (*fig.* 66).

Soient ω un élément plan de section droite situé à une

Fig. 66.

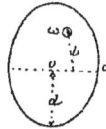

distance b de la couche neutre et f la force élastique,
tension ou compression, qui sollicite cet élément à l'instant
considéré; on aura

$$f = \mathrm{E}\,i = \mathrm{E}\frac{b}{\rho},$$

et la première condition d'équilibre $S = S_1$ devient

$$\int\!\int f\omega = \int \frac{\mathrm{E}\,b}{\rho}\,\omega = \frac{\mathrm{E}}{\rho}\int b\omega = 0 \quad \text{ou} \quad \int b\omega = 0.$$

Elle détermine la position de la couche neutre, qui passe
par le centre de gravité de la section droite.

La seconde condition d'équilibre, qui exprime que la
somme des moments des tensions et compressions développées dans la section est égale à la somme $\mathfrak{M}$ des
moments des forces extérieures, se réduit dans le cas
actuel à

$$\mathfrak{M} = \int f\omega b = \frac{\mathrm{E}}{\rho}\int b^2\,\omega = \frac{\mathrm{E}\mathrm{I}}{\rho},$$

I étant le moment d'inertie de la section droite par rapport à l'axe oo' qui passe par le centre de gravité.

En désignant par d la plus grande distance de l'élément tendu à la droite oo', et i l'allongement correspondant, on aura

$$\rho = \frac{d}{i} \quad \text{et} \quad \mathfrak{M} = \frac{EI}{\rho} = E i \frac{I}{d} = \frac{I}{d} t,$$

t étant la tension maxima développée.

La résistance élastique de la barre sera donnée par l'équation

$$\mathfrak{M} = \frac{I}{d} t.$$

Ainsi, la résistance élastique d'une barre de longueur donnée ne dépend que de I et de d; il y aura donc grand avantage à donner aux pièces de flexion une section droite de forme telle que sa superficie soit petite et son moment d'inertie très grand; il y aura grande économie de matière, et la pièce ainsi allégée chargera moins ses supports. C'est pourquoi on emploie dans les constructions des fers à T, à barrots, en V, des rails, etc., qui se fabriquent si facilement par le laminage.

La résistance élastique dépend de la distance d du centre de gravité à l'élément le plus tendu, et aussi de la dis-

Fig. 67.

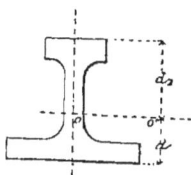

tance d_1 à l'élément le plus comprimé (*fig.* 67). Comme la limite élastique de compression est plus élevée que la limite de traction, il sera bon d'employer des sections telles que le centre de gravité soit plus rapproché de l'élément le plus tendu que de l'élément le plus comprimé. La valeur de $\mathfrak{M}$, la plus grande possible, sera

$$\mathfrak{M} = 1\frac{\mathcal{L}}{d} = 1\frac{\mathcal{L}_1}{d_1}, \quad \frac{d}{d_1} = \frac{\mathcal{L}}{\mathcal{L}_1}.$$

Si l'on admet

$$\mathcal{L}_1 = \tfrac{5}{3}\mathcal{L},$$

on aura

$$d_1 = \tfrac{5}{3}d, \quad d_1 = \tfrac{5}{8}(d + d_1), \quad d = \tfrac{3}{8}(d + d_1).$$

L'équation $\mathfrak{M} = \dfrac{EI}{\rho}$ donne la forme de la barre courbée, car $\mathfrak{M}$ et I sont des fonctions des coordonnées du point considéré, et l'on a de plus

$$\frac{1}{\rho} = \frac{\dfrac{dy^2}{dx^2}}{\left[1 + \left(\dfrac{dy}{dx}\right)^2\right]^{\frac{3}{2}}}.$$

Dans le cas très simple d'une barre droite, à section constante, reposant sur deux appuis et pressée normalement en son milieu,

$$\mathfrak{M} = \frac{P}{2}\left(\frac{C}{2} - x\right),$$

x étant la distance du point (xy) de la couche neutre au plan de symétrie. En prenant pour second plan de coordonnées le plan tangent à la couche neutre au milieu de la barre, on aura approximativement

$$\frac{1}{\rho} = \frac{dx^2}{dy^2},$$

lorsque la flèche sera petite, car, dans ce cas, $\left(\dfrac{dy}{dx}\right)^2$ sera négligeable à côté de l'unité. L'équation différentielle de la couche neutre sera donc

$$\frac{d^2y}{dx^2} = \frac{P}{2EI}\left(\frac{C}{2} - x\right),$$

d'où, en intégrant,

$$\frac{dy}{dx} = \frac{P}{2EI}\left(\frac{C}{2}x - \frac{x^2}{2}\right),$$

$$y = \frac{P}{2EI}\left(\frac{C}{4}x^2 - \frac{x^3}{6}\right).$$

La flèche élastique est la valeur maximum de y, qu'on obtient en faisant

$$x = \frac{C}{2}, \quad f = \frac{PC^3}{48EI} = \frac{1}{12}\frac{C^2}{\rho} = \frac{1}{6}\frac{C^2}{B}i = \frac{1}{6}\frac{C^2}{B}\frac{t}{E}.$$

Dans le cas où la barre n'est pas droite, on a

$$i = \frac{\dfrac{b}{\rho} - \dfrac{b_0}{\rho_0}}{1 + \dfrac{b_0}{\rho_0}},$$

ou, comme b est très sensiblement invariable,

$$i = b\left(\frac{1}{\rho} - \frac{1}{\rho_0}\right)\frac{1}{1 + \dfrac{b}{\rho_0}}.$$

Les équations d'équilibre deviennent

$$-\frac{1}{1 + \dfrac{b}{\rho_0}}\left(\frac{1}{\rho} - \frac{1}{\rho_0}\right).\int b\omega = 0,$$

$$\mathfrak{M} = EI\left(\frac{1}{\rho} - \frac{1}{\rho_0}\right)\frac{1}{1 + \dfrac{b}{\rho_0}} = EI\frac{i}{d} = \frac{I}{d}t.$$

Enfin, dans le cas où le rayon de courbure primitif est beaucoup plus grand que l'épaisseur, on peut négliger $\dfrac{b}{\rho_0}$ à côté de l'unité et l'on a approximativement

$$\mathfrak{M} = EI\left(\frac{1}{\rho} - \frac{1}{\rho_0}\right) = EI\,\frac{i}{d} = \frac{I}{d}\,t,$$

la couche neutre passant toujours par le centre de gravité de la section.

La tension développée est indépendante de la courbure initiale $\left(\dfrac{1}{\rho_0}\right)$.

43. Ressorts de flexion. Règles de M. Phillips. —
Les ressorts sont des corps susceptibles de grandes déformations élastiques. Une lame mince peut prendre une grande flèche élastique; elle constitue un *ressort à une ou à deux branches,* suivant qu'elle est encastrée en son milieu ou à l'une de ses extrémités; pliée en spirale et sollicitée à ses deux extrémités par deux couples égaux et de sens contraire, elle prend le nom de *ressort spiral plat.*

Quelle que soit sa forme primitive, sa forme de *fabrication,* le ressort sera un solide d'égale résistance si $\mathfrak{M}$ est proportionnel à $\dfrac{I}{d}$.

Par exemple, si, la section étant constante, les deux extrémités $AB - A'B'$ sont sollicitées par deux couples égaux et de sens contraires, $\mathfrak{M}$ et $\dfrac{I}{d}$ seront constants, et la tension maxima, $t = \mathfrak{M}\,\dfrac{d}{I}$, sera la même dans toutes les sections comprises entre B et B' (*fig.* 68); de plus, si la partie BB' est, en fabrication, droite ou courbée en

arc de cercle, cette partie de la lame conservera constamment une courbure constante et, en particulier, pourra
s'aplatir complètement. La courbure $\left(\dfrac{1}{\rho_0}\right)$ du ressort spiral
varie d'une section à l'autre; l'épaisseur et l'allongement

Fig. 68.

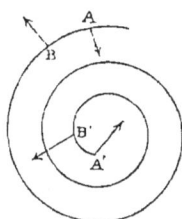

extrême développés dans la déformation étant constants
pour toutes les sections, il en sera de même de la variation
de courbure $\left(\dfrac{1}{\rho} - \dfrac{1}{\rho_0}\right)$.

Si la lame est droite ou circulaire, à épaisseur constante, placée sur deux appuis et pressée en son milieu, elle
sera d'égale résistance, restera circulaire ou pourra s'aplatir
complètement, si elle a la forme dite en *lame de poi-*

Fig. 69.

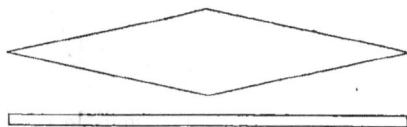

gnard (*fig.* 69), la largeur étant proportionnelle à $\mathcal{M}$
ou à la distance au point d'appui le plus voisin.

Une lame droite, à largeur constante et fléchie dans les
mêmes conditions devra, pour être d'égale résistance, avoir

un profil parabolique déterminé par l'équation suivante :

$$x\,\frac{P}{2} = \frac{I}{d}\,t = \frac{A\,b^3}{12\,\frac{b}{2}}\,t = \frac{A\,b^2}{6}\,t,$$

et comme

$$\frac{P}{2}\cdot\frac{C}{2} = \frac{AB^2}{6}\,t,$$

$$\frac{x}{\left(\dfrac{C}{2}\right)} = \left(\frac{b}{B}\right)^2;$$

mais ce ressort ne se courbera pas en arc de circonférence ; si l'on veut construire une lame à largeur constante et à épaisseur variable, se courbant en arc de circonférence ou

Fig. 70.

capable de s'aplatir complètement, si elle est circulaire en fabrication, il faudra lui donner pour profil la parabole du troisième degré, représentée par l'équation suivante :

$$\frac{P}{2}\,x = \frac{EI}{\rho} = \frac{E}{\rho}\,\frac{A'b^3}{12} \quad \text{ou} \quad \frac{x}{\left(\dfrac{C}{2}\right)} = \left(\frac{b}{B}\right)^3.$$

Le rayon de courbure ρ sera constant, mais le ressort ne sera plus d'égale résistance.

Les ressorts de flexion employés comme *ressorts de suspension*, de *traction* ou *de choc*, sont les *ressorts à lames;* ils sont formés de plusieurs feuilles de tôle d'acier

trempé, ayant la même largeur et des longueurs différentes. Ces feuilles sont, en fabrication, courbées en arc
de circonférence et placées les unes au-dessous des autres;
la plus grande se nomme *maîtresse feuille*.

Les sections droites moyennes de toutes les feuilles sont
placées dans le même plan, qui est par suite le plan de
symétrie de l'ensemble du ressort.

La demi-différence de longueur de deux feuilles voisines se nomme *étagement*.

Les feuilles ne seront pas divergentes, se toucheront
seulement par leurs extrémités, en laissant au milieu un
bâillement, si les conditions suivantes sont remplies :

$$R + \frac{B}{2} > R_1 - \frac{B_1}{2}, \quad R_1 + \frac{B_1}{2} > R_2 - \frac{B_2}{2}\ldots,$$

B, B_1, B_2, ..., R, R_1, R_2, ... étant les épaisseurs et les
rayons de fabrication des différentes feuilles.

Dans ces conditions, si l'on exerce un effort P au milieu

Fig. 71.

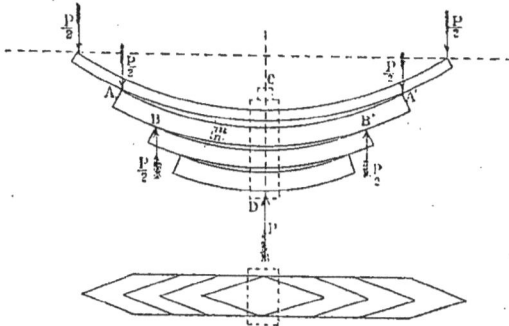

de la plus petite feuille, les extrémités de la maîtresse
feuille reposant sur des appuis mobiles dans un plan normal à P, chacune des lames, ABA'B' par exemple (*fig.* 71),

sera sollicitée par deux couples $\left(\dfrac{P}{2}, -\dfrac{P}{2}\right)$ agissant aux points A — B — A′ — B′ et ayant un moment égal à $\dfrac{P}{2}\,l$, l étant la longueur de l'étagement comptée horizontalement.

La partie BB′ sera d'égale résistance, conservera la forme circulaire si l'épaisseur est constante, et l'équation d'équilibre d'une section quelconque mn, comprise entre B et B′, sera

$$\mathrm{EI}\left(\frac{1}{R} - \frac{1}{R'}\right) = \frac{P}{2}\,l,$$

R′ étant le rayon actuel et R le rayon de fabrication.

L'allongement et la tension maximum développés en m seront

$$i = \frac{B}{2}\left(\frac{1}{R} - \frac{1}{R'}\right), \quad t = \mathrm{E}i = \frac{B}{2}\,\mathrm{E}\left(\frac{1}{R} - \frac{1}{R'}\right).$$

Les étagements seront d'égale résistance et conserveront la forme circulaire s'ils sont taillés en lame de poignard.

Pour que l'ensemble du ressort soit un solide d'égale résistance, il faut que les rayons de fabrication soient liés aux épaisseurs de telle façon que $B\left(\dfrac{1}{R} - \dfrac{1}{R'}\right)$ soit constant, par exemple, si l'on veut que le ressort s'aplatisse complètement, que

$$\frac{1}{R'} = 0, \quad \frac{B}{R} = \frac{B_1}{R_1} = \frac{B_2}{R^2} = \cdots$$

Il faut de plus que toutes les feuilles et les étagements

aient une même résistance élastique ; comme on a

$$El\left(\frac{1}{R} - \frac{1}{R'}\right) = \frac{P}{2}l, \quad t = \frac{B}{2}E\left(\frac{1}{R} - \frac{1}{R'}\right),$$

$$\frac{1}{\left(\frac{B}{2}\right)} = \frac{\frac{P}{2}l}{t} = \frac{AB^2}{6}, \quad \frac{l}{B^2} = \frac{At}{P},$$

il faut que les étagements soient proportionnels aux carrés des épaisseurs.

La plus petite feuille, étant sollicitée en son milieu par l'effort P, doit être formée seulement de deux étagements : on dit alors que le ressort est *complet*.

R et R' peuvent être de même signe ou de signes contraires ; dans ce dernier cas, le ressort en fabrication, étant convexe dans un certain sens, devient concave sous la charge P.

Les formules précédentes s'appliquent approximativement à tous les cas ; elles ne sont rigoureusement exactes que dans le cas de l'aplatissement final ; alors seulement le moment du couple $\left(\frac{P}{2}, -\frac{P}{2}\right)$ est bien égal à $\frac{P}{2}l$.

Les étagements ne sont pas toujours taillés en lame de poignard ; on leur conserve quelquefois une largeur constante en leur donnant un profil parabolique $b^3 = \frac{B^3}{l}x$; ou bien encore on les arrondit à la fois en plan et en profil ; ils peuvent ainsi garder la courbure circulaire et s'aplatir, mais ils ne sont plus d'égale résistance. Ils sont ainsi plus lourds que les étagements triangulaires, mais ils se fabriquent avec un moindre *déchet* de matière (double avantage pour le *fabricant*).

Toutes les feuilles d'un ressort sont réunies en leur milieu par un étrier CD (*fig.* 71) qui les serre les unes contre les autres et produit la *bande initiale* ou *bande de fabrication*. L'effort de flexion exercé dans le serrage de l'étrier produit une courbure plus grande au milieu qu'aux extrémités d'abord sur la maîtresse feuille et successivement sur toutes les autres, à mesure qu'elles arrivent au contact. Il résulte de là que les lames ne sont plus tout à fait courbées en circonférence et *bâillent* entre l'étrier et les étagements. Dans ces conditions, le ressort ne sera plus un solide d'égale résistance, à moins que, sous la charge P, toutes les feuilles aient repris la forme circulaire et, par conséquent, se touchent en tous les points sans bâillement. Il suffira, pour cela, que

$$R' + \frac{B}{2} = R'_1 - \frac{B_1}{2}, \quad R'_1 + \frac{B_1}{2} = R'_2 - \frac{B_2}{2} \dots$$

Les dimensions et le rayon de fabrication de la maîtresse feuille, A — B — R, étant donnés, on déduira R' et l par les équations

$$\frac{B}{2}\left(\frac{1}{R} - \frac{1}{R'}\right) = i, \quad l = \frac{B^2 A l}{3P}.$$

Les relations précédentes donneront $R'_1 - R'_2 - \dots$, si l'on se donne les épaisseurs $B_1 - B_2 - \dots$, et l'on déduira de ces valeurs celles de $R_1 - R_2 - \dots$ et de $l_1 - l_2 - \dots$ au moyen des équations

$$i = \frac{B_1}{2}\left(\frac{1}{R_1} - \frac{1}{R'_1}\right) = \frac{B^2}{2}\left(\frac{1}{R_2} - \frac{1}{R'_2}\right) = \dots,$$

$$\frac{l}{B^2} = \frac{l_1}{B_1^2} = \frac{l_2}{B_2^2} = \dots,$$

mais il faudra vérifier que les conditions

$$R + \frac{B}{2} > R_1 - \frac{B_1}{2} \cdots$$

sont remplies.

La flèche du ressort sera égale à la flèche ou à la *perte de flèche* de la maîtresse feuille; si celle-ci était parfaitement circulaire, on aurait

$$F = \frac{1}{2} \left(\frac{C}{2} \right)^2 \left(\frac{1}{R} - \frac{1}{R'} \right),$$

mais, en réalité, la flèche est un peu plus grande, à cause de la bande initiale qui augmente un peu la flèche initiale de la maîtresse feuille.

Sous la charge P, toutes les feuilles sont en contact, sans bâillement, mais sans exercer de pression les unes sur les autres, sauf aux deux extrémités, où la pression est égale à la moitié de la charge.

Pour toute pression différente de P, le ressort ne sera pas d'égale résistance.

On peut construire des ressorts dont la bande initiale soit aussi faible qu'on le voudra; cette bande sera nulle si toutes les feuilles sont constamment en contact, ou si toutes les feuilles sont en arcs de circonférence décrits d'un même centre. Le ressort ainsi construit sera d'égale résistance sous toutes les charges, s'il remplit les conditions générales indiquées précédemment; les rayons de fabrication et les épaisseurs seront déterminés par les équations suivantes :

$$\frac{R}{B} = \frac{R_1}{B_1} = \frac{R_2}{B_2} = \cdots,$$

$$R + \frac{B}{2} = R_1 - \frac{B_1}{2}, \quad R_1 + \frac{B_1}{2} = R_2 - \frac{B_2}{2} = \cdots.$$

Ce ressort, à feuilles décrites d'un même centre et à épaisseurs légèrement croissantes, est à l'abri de toute critique :
c'est le ressort parfait.

M. Phillips a montré (*Annales des Mines*, 5ᵉ série,
tome I, 1852) qu'il existait une infinité de ressorts, très
sensiblement équivalents au ressort précité, aux points
de vue de la résistance, de la flèche, du poids, et a donné
les règles pratiques de leur construction.

Le plus simple est le ressort à feuilles d'épaisseur constante, qui doit avoir des rayons de fabrication et des étagements égaux. Il peut s'aplatir complètement, sans bâillement; car les rayons étant égaux en fabrication doivent

Fig. 72.

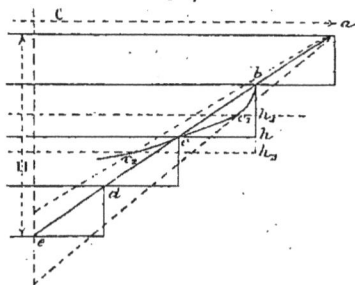

devenir infinis, tous à la fois; mais il a une légère bande
initiale qu'il est toujours bon d'éviter. Les extrémités du
ressort aplati se trouvent en ligne droite (*fig.* 72), puisque
les épaisseurs et les étagements sont égaux. Le volume du
ressort complet est donc à peu près égal à

$$V = \tfrac{1}{2} C H A,$$

A et H étant la largeur et l'épaisseur totale du ressort, C la
longueur de la maîtresse feuille.

D'après ce que nous avons dit, tous les ressorts d'égale
résistance doivent être susceptibles de s'aplatir complète- -

ment; de plus, les étagements doivent être liés aux épaisseurs par la relation $B^2 = \dfrac{3P}{tA} l$. Il résulte de là que, pour tous les ressorts construits sur la même maîtresse feuille ab (*fig.* 72), le second étagement sera déterminé par une parabole $bc_1 cc_2 \ldots$; si donc on prend une seconde feuille d'épaisseur $bh_1 — bh — bh_2$ plus petite, égale ou supérieure à celle de la maîtresse feuille, le second étagement sera $h_1 c_1 — hc — h_2 c_2$. Il suffit, d'après cela, de regarder la figure pour voir que les ressorts montés sur la même maîtresse feuille et s'aplatissant sous la même charge ont un volume plus petit ou plus grand que $\overline{V}$. suivant qu'ils sont à épaisseurs croissantes ou décroissantes. Mais les feuilles ne peuvent avoir des épaisseurs croissant au delà d'une certaine limite, sans devenir divergentes; il faut, en effet, que les conditions suivantes soient toujours remplies,

$$R + \frac{B}{2} \geq R_1 - \frac{B_1}{2} \ldots,$$

et comme

$$\frac{B}{R} = \frac{B_1}{R_1} = \frac{B_2}{R_2} \ldots,$$

il faut que

$$B_1 \leq B \frac{2R + B}{2R - B}.$$

Les épaisseurs décroîtront le plus possible, et le volume sera minimum lorsque B_1 sera égal à

$$B \frac{2R + B}{2R - B},$$

ou lorsqu'on aura

$$R + \frac{B}{2} = R_1 - \frac{B_1}{2}.$$

Le meilleur ressort construit sur une maîtresse feuille donnée est donc à épaisseurs croissantes dans le rapport des rayons, et à feuilles décrites d'un même centre; sa construction est déterminée par les équations

$$\frac{B}{R} = \frac{B_1}{R_1} = \frac{B_2}{R_2} = \cdots, \quad R + \frac{B}{2} = R_1 - \frac{B_1}{2},$$

$$R_1 + \frac{B_1}{2} = R_2 - \frac{B^2}{2} = \cdots, \quad l = \frac{AB^2 t}{3P}.$$

Il peut d'ailleurs avoir une courbure quelconque et être fléchi de part et d'autre de l'aplatissement, pourvu que la courbure extrême satisfasse à la condition $\frac{B}{2}\left(\frac{1}{R} \mp \frac{1}{R'}\right) = i$, i étant l'allongement élastique maximum de la matière employée.

44. *Flexion par compression.* — Une barre longue, comprimée dans le sens de sa longueur, se courbe. Lorsque la longueur est très grande relativement à la plus petite dimension transversale, et lorsque les bases peuvent tourner librement autour d'un axe parallèle à leur plus grande dimension, les sections droites restent sensiblement planes et droites; la déformation est alors une simple flexion.

Fig. 73.

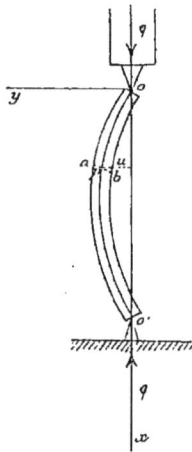

Soient

Q l'effort de compression dirigé suivant la ligne oo' qui joint les centres de gravité des bases;

p le centre de gravité d'une section droite quelconque ab (*fig.* 73);

y la distance de p à la droite oo'.

La barre courbée étant en équilibre, il faut que le moment Qy de Q, par rapport à l'axe p, soit égal à la somme des moments des tractions et compressions développées dans la section ab, par rapport au même axe,

$$\mathfrak{M} = Qy.$$

Les sections droites ab, cd ont pris, dans la défor-

Fig. 74.

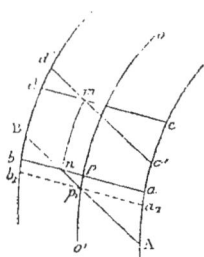

mation, les positions relatives ab, $c'd'$ (*fig.* 74), en sorte que la partie $bnmd$ est allongée, $cmna$ est raccourcie et la courbe des tensions et compressions développées sur ab est une droite BnA, si la déformation est entièrement élastique.

L'équation d'équilibre est donc

$$\mathfrak{M} = Qy = \mathfrak{M}_p(Bnb) + \mathfrak{M}_p(Ana).$$

La ligne neutre est le lieu des points m, n; la ligne moyenne opo' est raccourcie; la compression au point p est pp_1.

Supposons appliquée et uniformément répartie sur la section ab une compression pp_1; le moment de cette compression, par rapport au centre de gravité p, sera nul,

$$\mathfrak{M}_p(bb_1a_1a) = 0 \quad \text{ou} \quad \mathfrak{M}_p(bb_1p_1n) + \mathfrak{M}_p(aa_1p_1n) = 0.$$

9

En ajoutant cette équation à l'équation d'équilibre et en ayant égard aux signes des moments, on aura

$$Q y = \mathfrak{M}_p(B\,n\,b) + \mathfrak{M}_p(b\,b_1\,p_1\,n) + \mathfrak{M}_p(A\,n\,a) + \mathfrak{M}_p(a\,a_1\,p_1\,n)$$

ou

$$Q y = \mathfrak{M}_p(b_1\,p_1\,A) + \mathfrak{M}_p(a_1\,p_1\,A),$$

absolument comme dans le cas où la somme des tensions et compressions développées sur ab est nulle, et les allongements et raccourcissements proportionnels à la distance du point considéré à la ligne moyenne, qui est alors la ligne neutre.

L'équation d'équilibre devient donc, comme dans le cas ordinaire de la flexion,

$$Q y = E \frac{1}{\rho},$$

ρ étant le rayon de courbure de la ligne moyenne et I le moment d'inertie de la section par rapport à l'axe p parallèle à l'axe de rotation des bases. Mais il ne faut pas oublier qu'en réalité, dans le cas actuel, la ligne neutre mn ne se confond pas avec la ligne des centres de gravité oo'; que la somme des tensions et compressions développées sur ab n'est pas nulle, mais égale à une compression pp_1 uniformément répartie sur toute la section, ou à la projection de Q sur un plan parallèle à pp_1.

L'équation d'équilibre donne immédiatement la forme de la ligne moyenne dans le cas où I est constant et la flèche assez faible. $oo'x$ et oy étant les axes de coordonnées, on a approximativement

$$\frac{1}{\rho} = \frac{d^2 y}{dx^2} \quad \text{et} \quad Q y = EI \frac{d^2 y}{dx^2} \quad \text{ou} \quad \frac{d^2 y}{dx^2} = y \frac{Q}{EI},$$

dont l'intégrale est

$$y = -f \sin x \sqrt{\dfrac{Q}{EI}}.$$

Ainsi, la ligne des centres de gravité se courbe en sinusoïde, et la constante f représente la flèche ou le maximum
de y, qui a lieu pour

$$\sin x \sqrt{\dfrac{Q}{EI}} = \pm 1.$$

L'ordonnée au point o' ($fig.$ 73) doit être nulle; il
faudra donc que, pour $x = oo' = a$,

$$y = 0$$

ou

$$f \sin a \sqrt{\dfrac{Q}{EI}} = 0.$$

Pour que l'équilibre soit possible, il faudra donc que

$$f = 0,$$

et, dans ce cas, la barre restera droite, ou que

$$\sin a \sqrt{\dfrac{Q}{EI}} = 0 \quad \text{ou} \quad a \sqrt{\dfrac{Q}{EI}} = k\varpi,$$

k étant un nombre entier quelconque.

Si $k = 1$, la courbe coupera l'axe oo' en deux points
seulement, o et o'.

Si $k = 2$, la courbe coupera l'axe oo' en trois points,
aux deux extrémités et au milieu ($fig.$ 75); car, pour $x = 0$,
$x = \dfrac{a}{2}$, $x = a$, on a

$$y = f \sin 0 = 0, \quad y = f \sin \dfrac{a}{2} \sqrt{\dfrac{Q}{EI}} = f \sin \varpi = 0,$$

$$y = f \sin a \sqrt{\dfrac{Q}{EI}} = f \sin 2\varpi = 0.$$

En général, la courbe coupe l'axe oo' en $k + 1$ points, et la distance oo' des points d'appui est

$$a = k\varpi \sqrt{\frac{EI}{Q}}.$$

Si la barre en équilibre est courbée, cette longueur sera évidemment plus petite que la *longueur actuelle* l de la ligne moyenne; on aura donc

$$a = k\varpi \sqrt{\frac{EI}{Q}} < l \quad \text{ou} \quad Q > \frac{k^2\varpi^2}{l^2} EI,$$

ce qui montre que le plus petit effort capable de courber la barre est

$$Q_1 = \frac{\varpi^2}{l^2} EI,$$

et dans ce cas $k = 1$.

La longueur l n'est pas constante; elle dépend de la charge Q, puisque la ligne des centres de gravité ne se confond pas avec la ligne neutre; mais on peut admettre, en toute rigueur, que sous une charge donnée la longueur l est constante, que la barre soit droite ou très légèrement courbée. La condition $a < l$ montre alors que la barre ne se courbera pas lorsque le raccourcissement provenant de la flexion sera inférieur au raccourcissement de la barre droite.

Tout effort compris entre

$$Q_1 = EI \frac{\varpi^2}{l^2} \quad \text{et} \quad Q_{k_1} = k_1 EI \frac{\varpi^2}{l^2}$$

pourra maintenir en équilibre la barre sous toutes les formes données par l'équation

$$y = f \sin \frac{x}{a} k\varpi$$

pour toutes les valeurs entières de k comprises entre 1 et k_1.

Par exemple, sous l'action d'un effort légèrement supérieur à Q_1, l'équilibre ne pourra avoir lieu que de deux manières : la barre restera droite, $f = 0$, ou se courbera

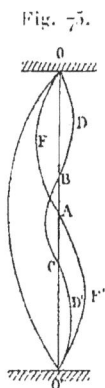

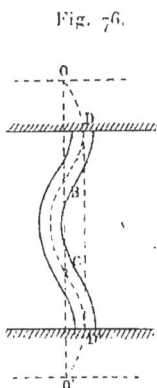

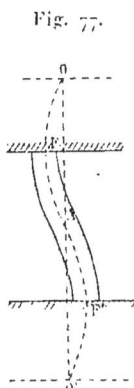

Fig. 75.   Fig. 76.   Fig. 77.

sans inflexion, $k = 1$; ces deux genres d'équilibre sont les seuls qui puissent se produire quand la barre est comprimée sous l'action d'efforts croissant continuellement.

La barre comprimée peut être en équilibre sous la forme ODBCD' (*fig.* 75, 76); dans ce cas

$$k = 3, \quad Q > \frac{k^2}{l^2} \pi^2 EI.$$

La partie DBCD', de longueur $l_1 = \frac{2}{3} l$, peut être considérée comme étant seule en équilibre sous l'action de l'effort Q appliqué aux bases D et D', encastrées ou maintenues dans une fonction fixe.

Une telle barre, de longueur l_1, pourra donc se courber sous l'action d'efforts supérieurs à

$$Q = \frac{k^2}{l^2} \varpi^2 EI = 4 \frac{\varpi^2}{l^2} EI,$$

et, quand elle se courbera, elle prendra la forme d'une sinusoïde avec deux points d'inflexion.

On voit de même que, dans le cas où les bases sont mobiles, mais seulement dans leur plan, la barre pourra prendre la forme d'une sinusoïde FAF' (*fig.* 77), avec un seul point d'inflexion, sous l'action d'efforts supérieurs à

$$Q = \frac{k^2}{l^2} \varpi^2 EI = \frac{\varpi^2}{l_1^2} EI,$$

car, dans ce cas,

$$k = 2, \quad l_1 = \tfrac{1}{2} l.$$

La barre restera droite sous l'action d'efforts de compression exercés sur les bases, à la condition qu'elle soit parfaitement droite primitivement, et que les efforts soient appliqués au centre de gravité des bases ou uniformément répartis sur leur surface. Si ces conditions n'étaient pas remplies, le moment Qy aurait toujours une valeur différente de zéro, et tout effort, si petit qu'il soit, produirait ou augmenterait la courbure.

L'effort capable de courber une barre de longueur donnée croît avec le moment d'inertie I; la flexion se produira donc autour de l'axe pour lequel I sera minimum; autour d'un axe parallèle au grand côté, si la section est rectangulaire,

$$I_1 = \tfrac{1}{12} A_1 B_1^3, \quad A_1 > B_1;$$

autour d'un axe parallèle à l'un des côtés, si la section est carrée,

$$I = \tfrac{1}{12} A^4;$$

autour d'un diamètre quelconque, si la section est circulaire.

$$I_2 = \frac{\varpi R^4}{4}$$

A égalité de section, c'est la barre carrée qui exige le plus grand effort pour se fléchir; en d'autres termes, c'est la barre carrée qui pourra supporter, sans fléchir, la plus grande charge par unité de surface (q).

En effet, si

$$A_1 B_1 = A^2 = \varpi R^2,$$

$$\frac{I}{I_1} = \frac{A^4}{A_1 B_1^3} = \frac{A_1}{B_1^2} > 1. \qquad \frac{I}{I_2} = \frac{1}{12} \frac{A^4}{\varpi R^4} = \frac{\varpi}{3} > 1.$$

La plus petite charge capable de produire la flexion d'une barre à section carrée a pour valeur

$$q = \frac{E \varpi^2 a^2}{12 \, l^2},$$

d'où l'on tire

$$\frac{l}{a} = \frac{\varpi}{2} \sqrt{\frac{E}{3.q}};$$

si $q = 20^{kg}$. $E = 20000^{kg}$ par millimètre carré.

$$l = 28.a.$$

Ainsi, une barre carrée d'acier, ayant une longueur inférieure à vingt-huit fois le côté de sa section, supportera sans fléchir un effort de compression inférieur à 20^{kg} par millimètre carré.

En faisant $l = 3a$, on a

$$q = \frac{E \varpi^2}{12 \times 9} > 1000^{kg}.$$

Une barre d'acier ayant une longueur égale à trois fois le côté de sa section ne fléchirait pas sous un effort égal à 1000^{kg} par millimètre carré; mais cet effort est bien supérieur à la limite d'élasticité, et nous avons vu, par expérience (n°s 26, 27), que de telles barres se courbent sous des charges beaucoup plus faibles en prenant des formes analogues aux sinusoïdes représentées par les *fig.* 76, 77; mais alors ce n'est plus une flexion élastique, ni même une flexion simple qui se produit.

45. *Tension d'un fil ou d'une membrane courbe.* — On appelle *fil* un corps dont les dimensions transversales sont extrêmement petites et la longueur relativement très grande.

La plus grande tension développée dans un fil fléchi est

$$t = b\,\frac{E}{2\rho}.$$

Elle est de même ordre de grandeur que b, c'est-à-dire très petite, pourvu que le rayon de courbure ρ ne soit pas lui-même très petit.

En général, cette force élastique sera négligeable, et les sections droites pourront être considérées comme sollicitées, en tous leurs points, par une force constante. C'est cette force qu'on appelle *tension du fil;* elle est normale à la section droite ou tangente au fil, au point considéré, et uniformément répartie sur la section; elle se détermine, en grandeur et en direction, en fonction des forces extérieures, par les conditions générales d'équilibre.

On peut en dire autant de la *tension d'une membrane* ou d'une *feuille* courbée dans le sens de sa très petite épaisseur.

CHAPITRE V.

TORSION EXPÉRIMENTALE.

46. *Éprouvette et machine* (¹) (*fig.* 78, *a*, *b*, *c*). — Les éprouvettes de torsion se composent d'un corps C, généralement cylindrique et de 100ᵐᵐ de longueur, et de deux têtes carrées A et B, ayant leur axe dans le prolongement de celui du corps.

La tête A se place dans une mortaise pratiquée dans le pivot d'une grande roue dentée R et reçoit un mouvement de rotation autour de son axe. On fait tourner la roue R au moyen d'une manivelle M, par l'intermédiaire de deux pignons P, P₁ et d'une roue moyenne R₁.

La tête B se place dans une seconde mortaise pratiquée dans le pivot d'un balancier D, dont les extrémités sont liées par deux ficelles *f*, *f₁* à deux ressorts *r*, *r₁*.

Les *fig.* 78, *a*, *b*, *c* représentent l'ensemble de la machine et la *fig.* 78 *d* le détail des attaches des ficelles au balancier et aux ressorts.

Un bâti en fonte E, boulonné sur une table en bois T, porte les paliers *p*, *p*, ... des différents axes et les plaques d'encastrement des ressorts.

En agissant sur la manivelle, on fait tourner les roues

(¹) La machine décrite ici se trouve à la fonderie de canons de Bourges, où nous l'avons construite avec l'autorisation du Directeur, le regretté colonel de Labitolle.

C'est dans cet établissement que nous avons fait (1874-1879) toutes les expériences dont il est question dans cet Ouvrage.

Coupe abcd. — Fig. 78 (*a*).

Plan. — Fig. 78 (*c*).

Élévation latérale. — Fig. 78 (*b*).

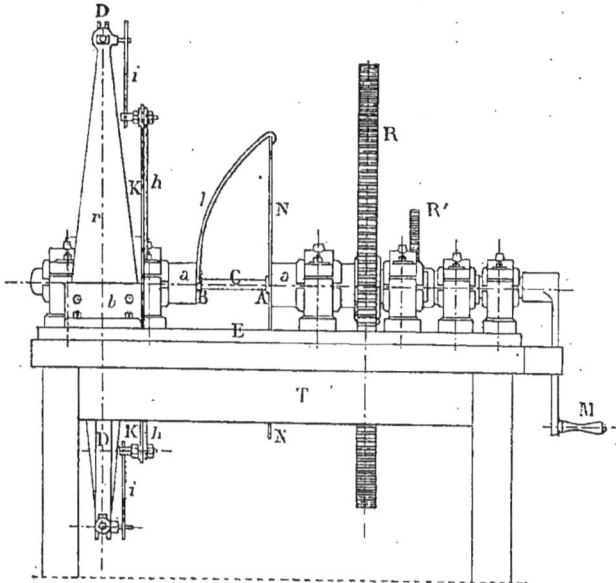

Attaches des ficelles. — Fig. 78 (*d*).

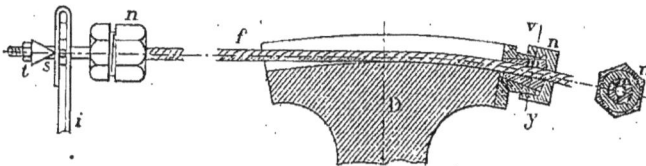

Légende.

Éprouvette : C, corps de l'éprouvette; A et B, têtes de l'éprouvette. — Roues dentées : R, grande roue (diamètre primitif, 600ᵐᵐ); R', roue intermédiaire (diamètre primitif, 200ᵐᵐ); P, pignon de la roue R (diamètre primitif, 75ᵐᵐ); P', pignon de la roue R' (diamètre primitif, 80ᵐᵐ). — Attaches des ficelles : m, n, cône et écrou de serrage; s, couteau; t, écrou de réglage. — f, f, ficelles; r, r, ressorts; b, b, plaques d'encastrement; K, K, cadrans gradués indiquant les efforts F; h, h, aiguilles de ces cadrans; M, manivelle; D, balancier; N, cercle gradué indiquant les arcs de torsion n; l, aiguille de ce cercle; i, fourchette liée au ressort et faisant fonctionner l'aiguille des efforts; E, bâti en fonte; T, table en bois; p, p, paliers; a, a, axes.

et la tête A, qui tend à entraîner dans son mouvement de rotation l'éprouvette et le balancier D. Les ressorts se bandent et s'opposent au mouvement du balancier D et de la tête B; les deux têtes éprouvent par suite un mouvement relatif de rotation; l'éprouvette est tordue.

Les flèches des ressorts indiquent à chaque instant l'effort de flexion p; le produit de cet effort par le diamètre du balancier se nomme *moment de torsion*,

$$\mathfrak{M} = p\mathrm{D}.$$

Pour qu'il n'y ait pas de frottement ou de pression sur l'axe du balancier et qu'ainsi les forces extérieures de torsion se réduisent bien au couple $\mathfrak{M}$, il faut :

1° Que les ficelles f, f_1 soient constamment parallèles et également tendues, et, pour cela, que les ressorts r, r_1 soient placés symétriquement et aient même flexibilité;

2° Que les attaches des ficelles au balancier soient symétriques par rapport à l'axe. Si cette condition n'était pas remplie, les pressions des bouts de ficelle appliqués dans les gorges du balancier ne se détruiraient pas.

Pour graduer la machine et s'assurer de l'identité des ressorts, on place le bâti verticalement et l'on produit la flexion de chacun des ressorts, individuellement, au moyen de poids attachés aux ficelles f ou f_1 et variant de cinq en cinq kilogrammes (*fig.* 79). On vérifie ainsi que les mêmes efforts produisent les mêmes flèches sur chacun des ressorts. Les flèches sont indiquées sur deux cadrans k, k_1 par des aiguilles multiplicatrices h, h_1; une variation de 1^{kg} produit en moyenne un déplacement de $0^m,003$.

La graduation faite, le bâti est placé horizontalement et les ficelles sont attachées au balancier. Pendant la marche, les aiguilles doivent indiquer constamment le même effort sur les deux cadrans. Si cette condition n'est pas remplie, on tend la ficelle du ressort qui se trouve en retard sur l'autre, au moyen du petit *écrou de réglage t*.

La machine ainsi *graduée* et *réglée*, le produit $\mathfrak{M} = p\,\mathrm{D}$

Fig. 79.

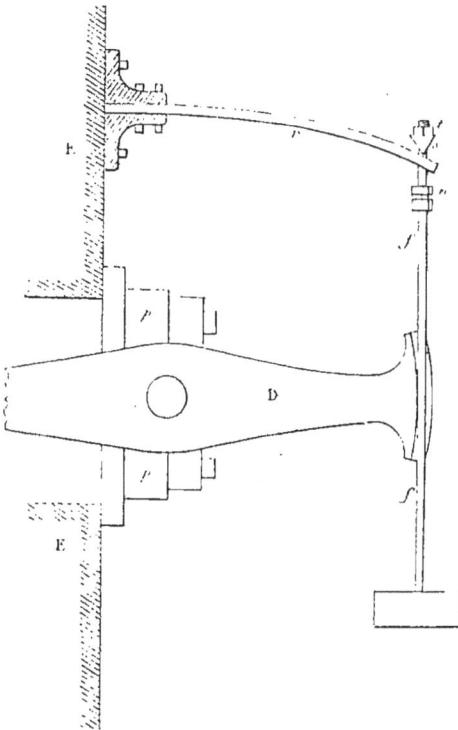

indique exactement la valeur du moment des efforts extérieurs qui agissent sur l'éprouvette.

Pour mesurer la déformation, c'est-à-dire *l'angle de torsion* ou la fraction de tour correspondant à un *moment de torsion* $\mathfrak{M}$, on a fixé au pivot du balancier une aiguille l, dont la pointe se meut sur un cercle gradué N, vissé sur l'axe de la grande roue R. Sur ce cercle est gravée une circonférence de $0^m,200$ de rayon, divisée en *arcs* de $0^m,020$ de longueur. Chaque division correspond donc à un arc de $\frac{20}{200} = \frac{1}{10}$.

Quelques divisions, destinées à la mesure des petites

Fig. 80.

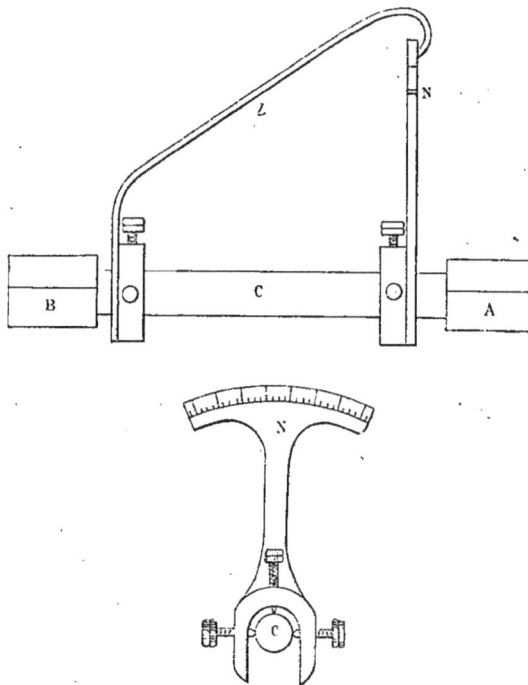

torsions élastiques, sont subdivisées en arcs de $0^m,002$ de longueur; chaque subdivision correspond ainsi à un arc de $\frac{1}{100}$. Un tour complet équivaut à $2\varpi \times 10 = 62,8$ divisions.

Pour certaines expériences qui exigent une très grande précision, on monte sur le corps même de l'éprouvette une aiguille et un cadran, maintenus par des vis de pression à pointes (*fig.* 80); on évite ainsi les petites erreurs qui pourraient provenir de la déformation des têtes.

Un seul observateur, assis devant la table, peut produire la torsion en agissant sur la manivelle, lire sur les cadrans K l'effort p et sur le cercle gradué N le nombre de divisions n, et avoir ainsi à chaque instant la valeur du moment de torsion $\mathfrak{M} = p\mathrm{D}$ correspondant à un arc de torsion $\alpha = \dfrac{n}{10}$.

47. *Résultats des expériences de torsion.* — La forme et les dimensions d'un solide de révolution tordu autour de son axe sont invariables, quelque grande que soit la torsion.

La longueur, la section et, par conséquent, le volume et la densité sont constants.

Toute droite perpendiculaire à l'axe reste droite et normale à l'axe pendant la torsion. Pour le prouver par expérience, nous avons tordu des éprouvettes cylindriques, en fer, cuivre ou acier doux, dans lesquelles des petits trous

Fig. 81.

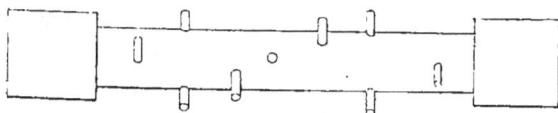

avaient été percés, perpendiculairement à l'axe; ces trous étaient traversés par des aiguilles qui sont restées parfaitement droites, quelque grande que fût la torsion (*fig.* 81).

Il résulte de là que les sections droites restent planes et normales à l'axe, et que la torsion ne produit sur les corps de révolution qu'une simple rotation des sections droites autour de l'axe de symétrie, rotation infiniment petite d'une section relativement à une section infiniment voisine, rotation finie d'une section relativement à une autre située à une distance finie.

On peut en dire autant de la torsion d'un corps quelconque, d'un prisme par exemple, autour de son axe de symétrie; mais il y a dans ce cas une légère déformation des sections droites. La *fig.* 82 représente un prisme carré tordu autour de son axe; on reconnaît, en tronçonnant ce prisme, que les sections droites sont très sensiblement carrées; on remarque seulement une petite déformation

Fig. 82.

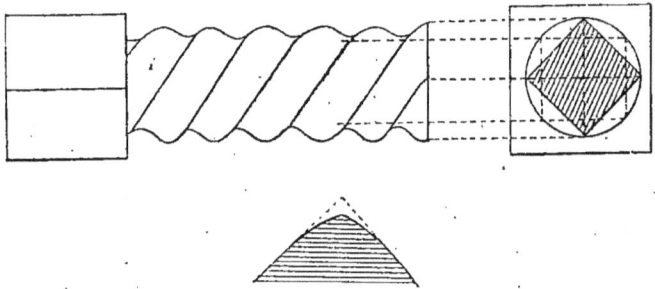

dans le voisinage des angles, qui sont devenus plus obtus; les diagonales sont légèrement raccourcies; les arêtes rectilignes sont transformées en hélices très régulières, si la matière est homogène; la surface peut être considérée comme engendrée par les quatre côtés d'un carré dont les sommets se meuvent sur quatre hélices parallèles.

En traçant à la surface des éprouvettes cylindriques des génératrices rectilignes, on reconnaît que ces droites sont transformées en hélices par la torsion. Il résulte de là que toute section droite tourne, relativement à une autre, d'un angle proportionnel à la distance des deux sections.

L'angle de torsion, mesuré sur une éprouvette de longueur l, étant α, l'angle de torsion rapporté à l'unité de longueur sera

$$\frac{\alpha}{l} = \frac{n}{10\,l} \quad \text{ou} \quad \alpha = \frac{n}{10} \text{ pour } 100,$$

si l'éprouvette a une longueur égale à cent unités.

L'inclinaison β des génératrices rectilignes transformées en hélices est liée à l'angle de torsion par une relation très simple. Soient, en effet ($fig.$ 83), r le rayon du cylindre

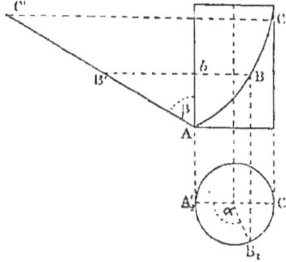

Fig. 83.

de révolution sur lequel est située l'hélice AB, AB′ le développement rectiligne de l'hélice sur un plan tangent au cylindre; on aura

$$Ab = l, \quad bB' = r\alpha, \quad \beta = bAB',$$

$$\tan g\,\beta = \frac{r\alpha}{l} = r\alpha',$$

α' étant l'angle de torsion rapporté à l'unité de longueur.

Le pas de l'hélice a pour valeur

$$h = \frac{2\varpi r}{\tan g\,\beta} = \frac{2\varpi r}{r\alpha'} = \frac{2\varpi}{\alpha'}.$$

48. *Courbe des angles en fonction des moments de torsion.* — En prenant pour abscisses les moments de torsion ou les efforts exercés aux extrémités d'un même bras de levier et pour ordonnées les angles de torsion corres-

Fig. 84.

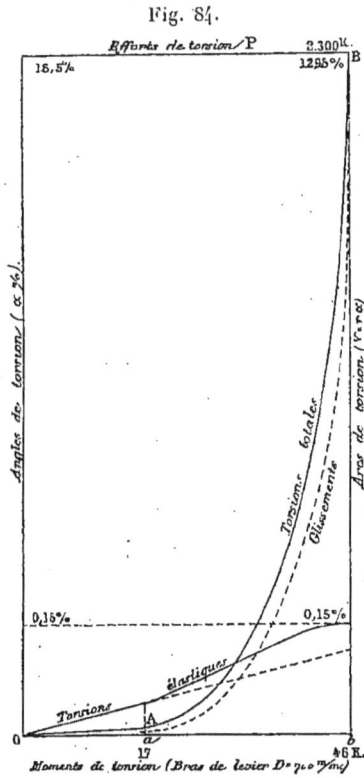

pondants, on obtient des courbes qui ressemblent beaucoup, comme forme générale, aux courbes de traction. Elles se composent d'une droite OA (*fig.* 84) et d'une courbe AB tournant sa concavité vers l'axe des angles de torsion.

La droite OA représente la torsion entièrement élastique; les petits angles sont sensiblement proportionnels aux moments de torsion.

Le point A correspond à la *limite d'élasticité;* l'abscisse Oa est égale au *moment limite d'élasticité,* et l'ordonnée Aa à l'angle de torsion correspondant.

Le point B correspond à la *rupture;* il est plus ou moins rapproché de A, suivant la roideur de la matière; l'abscisse Ob est égale au *moment de rupture* et l'ordonnée bB à la *torsion extrême.*

Au delà de la limite élastique, les torsions croissent plus vite que les moments; pour les corps doux, les grandes torsions extrêmes se produisent sous l'action d'un moment sensiblement constant, égal au moment de rupture; la courbe se termine dans ce cas par une branche à peu près rectiligne et parallèle à l'axe des torsions.

Tout moment supérieur au moment limite d'élasticité produit une *torsion totale* α, qui se compose d'une *torsion élastique* α' et d'une *torsion permanente* α''. Les efforts de torsion cessant d'agir, la barre se détend ou se *détord* d'un angle α' et conserve une torsion permanente α''. Si l'on fait agir de nouveau les mêmes efforts, l'équilibre s'établissant dans les mêmes conditions, l'angle total de torsion sera α. Mais la barre avait conservé une torsion α'': le moment $\mathfrak{M}$, dans sa seconde action, n'a donc produit qu'une torsion $\alpha' = \alpha - \alpha''$. Le moment $\mathfrak{M}$ cessant de nouveau d'agir, la torsion α' disparaît complètement. Il résulte de là qu'un corps tordu primitivement par un moment $\mathfrak{M}$ supérieur à la limite élastique naturelle a une nouvelle limite élastique artificielle, précisément égale au moment qui a produit la déformation primitive.

Les *torsions élastiques* ou *détorsions* croissent plus vite que les moments lorsque la limite d'élasticité est dépassée; elles sont à peu près constantes lorsque les torsions permanentes correspondantes sont très grandes.

La *fig.* 84 représente les torsions totales et, à une échelle plus grande, les torsions élastiques d'une éprouvette d'acier doux de $0^m,014$ de diamètre et de $0^m,100$ de longueur, ayant, à la traction en éprouvette de mêmes dimensions, 36^{kg} de limite d'élasticité et 62^{kg} de résistance par millimètre carré.

Le moment limite d'élasticité de torsion
est égal à...................... $17^{kg} \times 0^m,700$.
Le moment de rupture est égal à..... $46^{kg} \times 0^m,700$.

Pour éliminer les dimensions de la machine employée, nous supposerons les efforts de torsion appliqués à la surface de l'éprouvette, et nous appellerons *efforts de torsion* proprement dits les valeurs de P déterminées par l'équation

$$\mathfrak{M} = p \mathrm{D} = \mathrm{P}\, d,$$

p étant l'effort indiqué par la machine, D le bras de levier de la machine ($\mathrm{D} = 0^m,700$), d le diamètre de l'éprouvette cylindrique.

Dans le cas actuel, $d = 0^m,014$, $\mathrm{P} = 50p$; les efforts limites d'élasticité et de rupture sont 850^{kg} et 2300^{kg}.

Nous désignerons aussi par γ les *arcs de torsion* mesurés à la surface de l'éprouvette :

$$\gamma = r\alpha = 7\frac{n}{10}.$$

L'angle de torsion extrême étant $\alpha = 18,5$ pour 100, l'arc correspondant sera égal à $\gamma = 131,5$ pour 100. L'éprouvette a, dans ce cas, fait un nombre de tours égal à

$$\frac{\alpha}{2\pi} = \frac{18,5}{6,28} = 2^{4},95.$$

Inutile d'ajouter que les matières plus douces, comme le cuivre, le fer et l'acier très doux, sont susceptibles de torsions plus grandes, qu'au contraire les corps roides, comme la fonte, l'acier à outil, ne peuvent éprouver que de très petites torsions permanentes.

49. Torsion élastique. Limite d'élasticité et résistance à la torsion. — Lorsque la limite d'élasticité n'est pas dépassée et que l'éprouvette est un cylindre de révolution :

L'angle absolu de torsion est proportionnel, au moment de torsion, à la longueur et inversement proportionnel à la quatrième puissance du diamètre de l'éprouvette (lois de Coulomb) :

$$\alpha_1 = \frac{1}{k} \frac{\mathfrak{M}}{r^4} l.$$

L'angle relatif de torsion est indépendant de la longueur :

$$\alpha = \frac{\alpha_1}{l} = \frac{1}{k} \frac{\mathfrak{M}}{r^4}.$$

Cette équation peut se mettre sous les formes suivantes, en ayant égard aux définitions du paragraphe précédent :

$$\mathfrak{M} = 2 P r, \quad \alpha = \frac{2}{k} \frac{P}{r^3},$$

$$\gamma = r \alpha, \quad \gamma = \frac{2}{k} \frac{P}{r^2}.$$

Elle montre ainsi que :

Les angles relatifs de torsion sont proportionnels

aux efforts de torsion P *et inversement proportionnels au cube du rayon.*

Les arcs de torsion γ sont proportionnels aux efforts de torsion et inversement proportionnels au carré du rayon ou à la section de l'éprouvette.

Les arcs de torsion γ correspondant à la limite d'élasticité et les arcs extrêmes correspondant à la rupture sont indépendants du diamètre de l'éprouvette.

Les angles absolus de torsion α₁, *correspondant soit à la limite élastique, soit à la rupture, sont donc proportionnels à la longueur et inversement proportionnels au diamètre de l'éprouvette.*

L'effort et le moment limite d'élasticité, indépendants de la longueur, sont inversement proportionnels, le premier au carré, le second au cube du diamètre :

$$P_1 = \frac{k}{2} r^2 \gamma_1,$$

$$\mathfrak{M}_1 = \frac{k}{2} r^3 \gamma_1.$$

Le moment de rupture est inversement proportionnel au cube du diamètre :

$$\mathfrak{M}_2 = h \gamma_2 r^3, \quad P_2 = h \gamma_2 r^2.$$

50. *Cassure.* — La cassure est généralement une section droite, *plane, lisse* et *brillante;* elle se produit progressivement de la surface au centre. Telles sont les cassures d'éprouvettes, cylindriques ou prismatiques, de cuivre, de bronze, de laiton, de fers et d'aciers homogènes et un peu doux.

La cassure présente un *œil,* qui semble être le centre de rotation et qui pourtant se trouve rarement sur l'axe de l'éprouvette. Il est bien évident que pendant la torsion la rotation a lieu autour de l'axe, puisque l'éprouvette reste cylindrique; mais, à partir de l'instant où la rupture commence à se produire, dans une petite zone a ($fig.$ 85), la rotation ne se fait plus autour de l'axe O, mais autour d'un axe O' plus éloigné de a. On comprend ainsi que la rotation pendant la rupture puisse être excentrique. L'*œil* ne se trouvera sur l'axe que dans le seul cas où, la matière

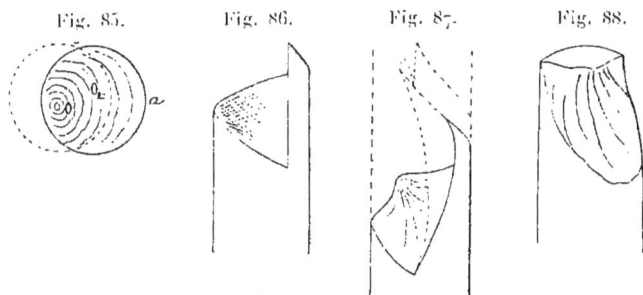

Fig. 85.   Fig. 86.   Fig. 87.   Fig. 88.

étant parfaitement homogène, la rupture se produira à la fois en tous les points du contour.

Les corps très roides, qui ne prennent que de faibles torsions, présentent des cassures hélicoïdales, d'aspect granuleux, ou des cassures mixtes, partie plane, normale à l'axe, lisse et brillante, partie hélicoïdale et granuleuse; il y a souvent, dans ce cas, plus de deux morceaux, et il est bon de placer sur l'éprouvette un chiffon, pour éviter la projection des éclats. La *fig.* 86 représente une cassure de fonte truitée de Ruelle; les *fig.* 87, 88 représentent des cassures d'aciers à outils.

CHAPITRE VI.

GLISSEMENT.

51. *Définitions.* — Soit ABCD un prisme matériel, ayant une base AC fixe (*fig.* 89).

Supposons que chaque section droite parallèle à AC se déplace dans la direction ACZ ; le déplacement relatif de

Fig. 89.

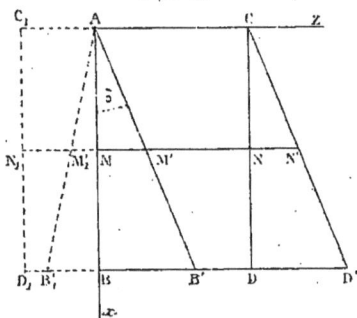

deux sections infiniment voisines sera infiniment petit, dz, s'il n'y a pas rupture. On appelle *glissement relatif* (γ) le rapport du déplacement dz à la distance dx des deux sections :

$$\gamma = \frac{dz}{dx}.$$

Le glissement relatif de deux sections situées à une distance finie x l'une de l'autre sera

$$z = \int dz = \int \gamma \, dx \quad \text{ou} \quad z = \gamma \int dx = \gamma x,$$

dans le cas où γ est le même pour toutes les sections.

$\gamma = \dfrac{z}{x}$ est alors le *glissement rapporté à l'unité de longueur*, ou le glissement pour 100 (γ pour 100) si la distance x est égale à 100 unités.

Dans ces conditions, le profil ABCD prend la forme d'un
parallélogramme AB′D′C et la tangente trigonométrique
de l'angle BAB′ $= \delta$ est égale au glissement γ :

$$\gamma = \tang \delta.$$

La base AC étant fixe, le *glissement absolu* d'une section quelconque MN est proportionnel à la distance AM.

$$MM' = \gamma AM.$$

Que ce genre de déformation puisse ou non être réa-
lisé pratiquement, on conçoit très bien qu'un prisme matériel ainsi déformé offre une résistance en sens inverse du
mouvement des sections droites. Si ces sections ne sont
soumises à l'action d'aucune force normale, tension ou
compression, elles seront sollicitées seulement par une
force tangentielle ou *force de glissement* F, qui sera
fonction du glissement γ. Si ce glissement est le même en
tous les points d'une section, la force élastique développée
sera aussi la même en tous les points, et F sera proportionnelle à la superficie ω de la section. La *force de glissement rapportée à l'unité de surface* sera

$$g = \frac{F}{\omega}.$$

Lorsque la section sera réduite à un élément infiniment
petit $d\omega$, on pourra toujours supposer que le glissement γ
est le même en tous ses points; l'effort de glissement agissant sur cet élément sera

$$dF = g \, d\omega;$$

g ne dépendra que de la grandeur du glissement γ.

Nous nous proposons de déterminer la fonction

$$g = f(\gamma).$$

52. *Glissement dans la torsion. Équation d'équilibre.* — Dans la torsion d'un cylindre de révolution $AC_1 D_1 B$ (*fig.* 89), les sections droites restent planes et n'éprouvent qu'un simple mouvement de rotation autour de l'axe de symétrie; la longueur et les dimensions transversales ne varient pas. Il n'y a donc ni pression ni tension normale agissant sur les sections droites; il y a seulement déplacement de chaque élément normal à l'axe dans son plan, ou *glissement.*

La déformation d'une couche infiniment mince, comprise entre les cylindres de rayons ρ et $\rho + d\rho$, et supposée développée sur un plan tangent, est absolument la même que celle du prisme rectangle ABCD, transformé, par le glissement des sections droites, en un parallélépipède AB'D'C (*fig.* 89). La génératrice AMB s'est courbée en hélice $AM'_1 B'_1$, dont le développement est AM'B'; le glissement $MM'_1 = \rho\alpha$, α étant l'angle relatif de torsion, est égal à $MM' = \gamma$.

Soit MN_1 une section droite faite dans la couche infiniment mince considérée: chacun de ses éléments sera sollicité par une force de glissement $dF = g\, d\omega$, dirigée dans son plan perpendiculairement au rayon ρ. Le moment de cette force relativement à l'axe du cylindre sera

$$\rho . dF = \rho g\, d\omega.$$

La somme des moments de toutes les forces qui sollicitent la section annulaire MN_1, comprise entre les rayons ρ et $\rho + d\rho$ sera

$$\int g\rho\, d\omega = g\rho \int d\omega = g\rho . 2\varpi\rho\, d\rho = 2\varpi\rho^2 g\, d\rho.$$

Considérons maintenant le cylindre tordu par un couple extérieur dont le moment est $\mathfrak{M}$, et, dans ce cylindre, la partie AC_1MN_1 comprise entre la base AC_1 à laquelle est appliqué le couple $\mathfrak{M}$ et une section droite quelconque MN_1. Cette partie est en équilibre sous l'action du couple $\mathfrak{M}$ et des forces de glissement développées dans l'ensemble de la section circulaire MN_1; il faut donc que la somme des moments de toutes ces forces soit nulle, d'où l'équation d'équilibre

$$\mathfrak{M} = \int_0^r 2\varpi \rho^2 g\, d\rho,$$

r étant le rayon extérieur du cylindre.

g, la force de glissement correspondant au glissement γ, est une fonction de $\gamma = \rho\alpha$ ou de ρ et de α.

53. *Courbe du glissement*. — Pour une torsion donnée α, $\mathfrak{M}$ a une valeur déterminée par la courbe de torsion et γ ne dépend que de ρ.

On a donc

$$\gamma = \rho\alpha, \quad \rho = \frac{\gamma}{\alpha}, \quad d\rho = \frac{d\gamma}{\alpha},$$

et l'équation d'équilibre peut se mettre sous la forme

$$\mathfrak{M} = \frac{2\varpi}{\alpha^3} \int_0^{\gamma_1} g\gamma^2\, d\gamma,$$

$\gamma_1 = r\alpha$ étant le glissement à la surface extérieure de rayon $\rho = r$.

Soit oma (*fig.* 90) la courbe qui représente $g = f(\gamma)$; un élément de surface mm' a pour valeur $ds = g\, d\gamma$, et son moment d'inertie par rapport à l'axe og est

$$ds\gamma^2 = g\gamma^2\, d\gamma.$$

Le moment d'inertie I de toute la surface oaa' comprise entre l'axe $o\gamma$, la courbe oma et la droite aa', située à une distance $oa' = \gamma_1$ de og, est donc

$$I = \int_0^{\gamma_1} g\gamma_1^2 \, d\gamma_1,$$

et l'équation d'équilibre devient

$$\mathfrak{M} = \frac{2\varpi}{a^3} I \quad \text{ou} \quad 2\varpi I = a^3 \mathfrak{M}.$$

Lorsque α varie, $\mathfrak{M}$ et I varient en même temps et d'une façon continue ; $\mathfrak{M}$ et I sont donc des fonctions continues

Fig. 90.

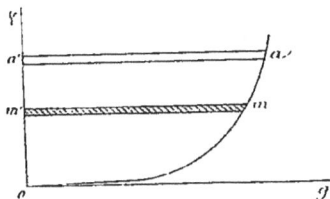

de α, et l'on obtient, en différentiant l'équation précédente par rapport à α,

$$2\varpi \frac{dI}{d\alpha} = 3\alpha^2 \mathfrak{M} + \alpha^3 \frac{d\mathfrak{M}}{d\alpha}.$$

Mais, lorsque α devient $\alpha + d\alpha$, I devient $I + dI$ et varie de

$$dI = G \, d\gamma_1 \gamma_1^2 = G r^3 \alpha^2 \, d\alpha,$$

G étant l'effort de glissement correspondant à $oa' = \gamma_1 = r\alpha$; on aura donc, en égalant les deux valeurs de $\dfrac{dI}{d\alpha}$,

$$2\varpi G r^3 \alpha^2 = 3\alpha^2 \mathfrak{M} + \alpha^3 \frac{d\mathfrak{M}}{d\alpha}$$

ou

$$\frac{2}{3}\varpi r^3 G = \mathfrak{M} + \frac{\alpha}{3}\frac{d\mathfrak{M}}{d\alpha}.$$

Telle est l'équation qui donne la valeur de G correspon-dant à $\gamma_1 = r\alpha$ en fonction de $\mathfrak{M}$ et de α; elle permet de déduire, par une construction très simple, la courbe du glissement $G = f(\gamma_1)$ ou $g = f(\gamma)$ de la courbe de torsion.

Soit ab (*fig.* 91) la courbe de torsion d'un cylindre de révolution de rayon r :

$$Oa' = \mathfrak{M}, \quad aa' = \alpha.$$

Prolongeons aa' du tiers de sa longueur

$$ac = \frac{aa'}{3} = \frac{\alpha}{3};$$

menons la droite cd, parallèle à l'axe $O\mathfrak{M}$, jusqu'à sa ren-contre avec la tangente ad au point a à la courbe de tor-sion, et enfin par les points d et a les droites dA, aA, parallèles aux axes de coordonnées.

Fig. 91.

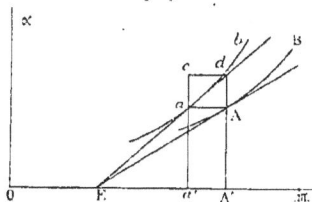

Les coordonnées du point de rencontre A de ces deux droites sont

$$x = OA' = Oa' + a'A' = Oa' + aA$$

$$= Oa' + dA \tan(daA) = \mathfrak{M} + \frac{\alpha}{3}\frac{d\mathfrak{M}}{d\alpha},$$

$$y = AA' = aa' = \alpha,$$

ou

$$x = \frac{2}{3}\varpi r^3 G,$$

$$y = \frac{\gamma_1}{r}.$$

Le lieu des points A est donc la courbe du glissement $G = f(\gamma_1)$ à une échelle particulière, les ordonnées sont divisées par r et les abscisses multipliées par $\frac{2}{3}\varpi r^3$.

Il est facile de voir que les tangentes aux deux courbes ab, AB aux points correspondants se coupent sur l'axe $O\mathfrak{M}$.

Inversement, la courbe de torsion se déduira de la courbe de glissement par la construction suivante : prolonger A'A de A$d = \frac{AA'}{3}$, joindre le point d à la trace E de la tangente AE sur l'axe OG, et mener Aa parallèle à cet axe; le lieu des points de rencontre a des droites Ed et Aa est la courbe de torsion.

Si donc la courbe de glissement est véritablement une *courbe spécifique* de la matière, représentant la fonction $g = f(\gamma)$, *les torsions de tous les cylindres de révolution seront représentées par la même courbe, les échelles des abscisses et des ordonnées étant choisies convenablement,* fait que nous avons vérifié par expérience et qui peut s'exprimer ainsi :

Les moments de torsion produisant sur des cylindres de même matière et de dimensions différentes un même glissement maximum ($\gamma = r\alpha$), *entre autres le moment limite d'élasticité et le moment de rupture, sont entre eux comme les cubes des diamètres.*

Les glissements correspondant à la limite d'élasticité

et à la rupture sont indépendants du diamètre; les angles relatifs de torsion sont inversement proportionnels aux rayons.

(Nous avons représenté *fig.* 84 la courbe de glissement d'un acier doux à côté de la courbe de torsion.)

54. *Coefficient et limite d'élasticité de glissement. Résistance au glissement.* — Lorsque la limite d'élasticité n'est pas dépassée, les moments sont proportionnels aux angles de torsion; on a donc, dans ce cas,

$$\frac{d\mathfrak{M}}{d\alpha} = \frac{\mathfrak{M}}{\alpha},$$

et l'équation générale d'équilibre devient

$$\frac{2}{3}\varpi r^3 G = \mathfrak{M} + \frac{\alpha}{3}\frac{d\mathfrak{M}}{d\alpha} = \mathfrak{M} + \frac{\alpha}{3}\frac{\mathfrak{M}}{\alpha} = \frac{4}{3}\mathfrak{M}$$

ou

$$\mathfrak{M} = \frac{1}{2}\varpi r^3 G, \quad G = \frac{2\mathfrak{M}}{\varpi r^3}.$$

La droite O *a* (*fig.* 92) représentant les angles de torsion

Fig. 92.

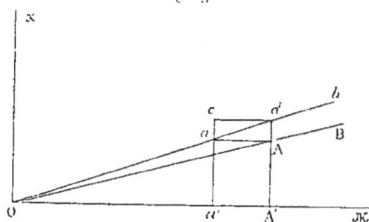

élastique, la droite OA représentera les glissements élastiques; le rapport constant des efforts aux glissements élastiques se nomme *coefficient de glissement* :

$$\mu = \frac{G}{\gamma}.$$

Notre machine ne permet pas de mesurer avec précision ce coefficient; nous pouvons dire seulement que, pour les fers et aciers, il est d'environ 7000^{kg} par millimètre carré (le coefficient d'élasticité de traction admis pour ces matériaux est $E = 20\,000^{kg}$).

L'équation d'équilibre, pour les torsions élastiques, devient

$$\mathfrak{M} = \frac{1}{2}\varpi r^3 G = \frac{1}{2}\varpi r^3 \mu\gamma = \frac{\varpi}{2}\mu r^4 \alpha,$$

identique à l'équation du n° 49 :

$$\mathfrak{M} = k r^4 \alpha,$$

$$k = \frac{\varpi\mu}{2}.$$

La limite d'élasticité de glissement G correspondant au moment limite d'élasticité de torsion $\mathfrak{M}_1$ aura pour valeur

$$G = \frac{2\mathfrak{M}_1}{\varpi r^3}, \quad \mathfrak{M}_1 = \frac{\varpi r^3}{2}G = 1,57\, r^3 G;$$

par exemple, dans le cas particulier d'un acier doux cité au n° 48 et ayant une limite d'élasticité de traction $\mathcal{L} = 36^{kg}$,

$$r = 0^m,700 \quad \mathfrak{M}_1 = 17^{kg} \times 0^m,700,$$

$$G = 2\frac{17 \times 700}{\varpi \times 7^3} = 2\frac{17^{kg}}{\varpi \times 7^2} \times 100 = 200\frac{17^{kg}}{154} = 22^{kg}.$$

Le rapport des limites d'élasticité de glissement et de traction est

$$\frac{G}{\mathcal{L}} = \frac{22}{36} = 0,61.$$

Nous avons déterminé ce rapport par de nombreuses expériences de traction et de torsion sur les métaux; nous avons constaté qu'il était toujours très voisin de 0,6.

La résistance au glissement G sera déterminée par l'équation générale d'équilibre, dans laquelle $\mathfrak{M}$ représentera le moment de rupture par torsion et α l'angle de torsion extrême.

Lorsque la matière est douce, les grandes torsions se produisent sous un effort sensiblement constant; la courbe des torsions est, à son extrémité, à peu près parallèle à l'axe des angles; pour cette partie de la courbe, on a donc

$$\frac{d\mathfrak{M}}{d\alpha} = 0$$

et

$$\frac{2}{3}\varpi r^3 G = \mathfrak{M}, \quad G = \frac{3}{2}\frac{\mathfrak{M}}{\varpi r^3}, \quad \mathfrak{M} = 2,094\, r^3 G.$$

Pour l'acier déjà cité;

$$\mathfrak{M} = 46^{kg} \times 700, \quad G = \frac{3}{2}\frac{46}{\varpi r^2} \times \frac{700}{r} = \frac{46 \times 150}{154} = 44^{kg},8.$$

L'angle de torsion extrême étant

$$\alpha = 18,5 \text{ pour } 100,$$

le glissement extrême sera

$$\gamma = r\alpha = 7 \times 18,5 \text{ pour } 100 = 129,5 \text{ pour } 100 = 1,3.$$

55. *Torsion et détorsion. Torsion* dextrorsum *et* sinistrorsum. — Tout *glissement total* se compose d'un *glissement élastique* et d'un *glissement permanent*, ce dernier étant nul lorsque la limite d'élasticité n'est pas dépassée. Les *glissements élastiques* sont généralement très petits relativement aux *glissements permanents*. Nous

11

admettrons que dans ce cas, lorsqu'il s'agira des métaux, par exemple, les *glissements élastiques sont proportion- nels aux efforts de glissement*, regardant comme une démonstration suffisante la vérification expérimentale des conséquences de cette hypothèse.

Soit O *amb* (*fig.* 93) une courbe de glissement, O *b'* étant le glissement total correspondant à un effort *bb'* supérieur à la limite d'élasticité. Cette courbe pourra représenter les

Fig. 93.

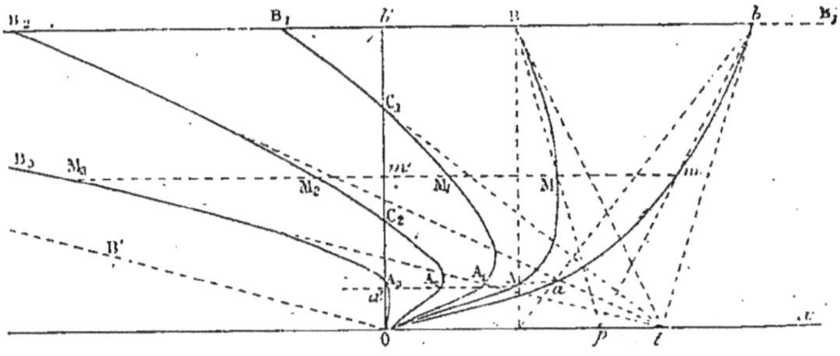

efforts de glissement aux différents points d'une barre ronde tordue ou les glissements élastiques proportionnels à ces efforts. En effet, soit O *b'* le rayon de l'éprouvette à une échelle convenable ; les glissements totaux étant pro- portionnels aux distances à l'axe O et le glissement en *b'* étant O *b'*, le glissement en *m'* sera O *m'*, et l'effort de glis- sement développé en *m'*, *mm'*.

La courbe O *amb* représentera donc en ordonnées les rayons ou les glissements totaux et en abscisses les efforts de glissement ou les glissements élastiques.

Supposons maintenant que la barre se détende ou se *détorde* d'un angle β ; la section considérée O *b'* tournera d'un angle β relativement à une autre section située à l'unité de distance. Le glissement élastique dans cette détorsion sera, à la surface,

$$bB = r\beta = O\,b' \times \beta,$$

en un point quelconque,

$$mM = O\,m' \times \beta,$$

et la courbe des glissements élastiques actuels ou des efforts de glissement après cette détorsion partielle sera OAMB.

La relation $\dfrac{mM}{bB} = \dfrac{O\,m'}{O\,b'}$ montre que les cordes homologues bm, BM se coupent sur l'axe Ox, perpendiculaire à $O\,b'$; il en est de même des tangentes bt, Bt aux points homologues. De là un procédé facile de construction de la courbe OAMB lorsqu'on en connaîtra un point.

(Au point de vue géométrique, ces courbes sont *homologiques*. Si l'on fait tourner la courbe $O\,amb$ autour de $O\,b'$, elle viendra en $O\,a_1\,m_1\,b_1$, et les droites m_1M, b_1B seront parallèles. Les courbes OAMB sont donc des projections obliques ou perspectives cavalières de la courbe $O\,amb$.)

L'équilibre, après la détorsion partielle, aura lieu sous l'action d'un couple dont le moment sera égal au moment d'inertie de la courbe OAMB relativement à l'axe Ox :

$$\mathfrak{M} = 2\varpi \int_0^r g\,\rho^2\,d\rho.$$

Ce moment d'inertie sera nul lorsque la détorsion sera complète; la courbe homologique de $O\,amb$ aura alors la forme $OA_1M_1C_1B_1$; elle coupera l'axe $O\,b'$ en C_1, et les moments d'inertie de B_1C_1b' et de OA_1C_1 seront égaux et de signes contraires.

Il résulte de là que, lorsqu'une barre tordue au delà de sa limite élastique se sera détordue librement, les couches intérieures seront sollicitées par des efforts de glissement positifs et les couches extérieures par des efforts de glissement négatifs, ces couches étant séparées par une *couche cylindrique neutre,* lieu des points C_1.

L'angle total de torsion étant représenté par $O\,b'$, la torsion élastique ou détorsion complète sera représentée par $b\mathrm{B}$ ou $b'\mathrm{B}'_1$ (*fig.* 94); en sorte que, $O\,ab$ représentant les glissements en fonction des efforts ou $O\,mb$ les torsions totales en fonction des moments, la courbe

Fig. 94.

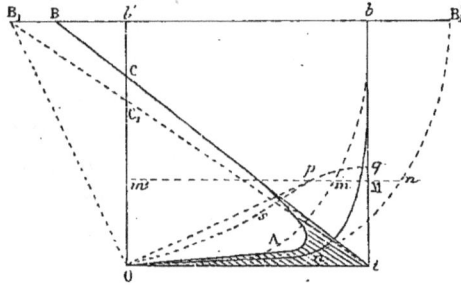

$O\,n\mathrm{B}'_1$ représentera les torsions élastiques en fonction des torsions totales; la courbe $O\,spq$, déduite des précédentes, représentera les détorsions totales en fonction des moments de torsion.

Par exemple,

$$O\,m' = \gamma, \quad m'\mathrm{M} = g;$$
ou $\quad O\,m' = \alpha, \quad mm' = \mathfrak{M}, \quad nm' = \alpha'$ (détorsion),
ou $\quad O\,m' = \alpha', \quad m'p = \mathfrak{M}.$

La forme de la courbe $O\,spq$ est exactement celle que nous avons trouvée par expérience (*fig.* 84), et cela suffit à justifier l'hypothèse de la proportionnalité des glissements élastiques aux efforts de glissement supérieurs ou inférieurs à la limite d'élasticité.

Si, après avoir tordu une éprouvette dans un sens, *dextrorsum* par exemple, on la laisse se détendre, et qu'ensuite on la torde en sens contraire, *sinistrorsum*, on développera, aux différents points de $O b'$ (*fig.* 93), des glissements qui seront encore représentés par des courbes homologiques de $O amb$, $O A_2 C_2 B_2$ par exemple. Le moment de torsion *sinistrorsum* ($- \mathfrak{M}$) sera égal, dans ce cas, à la différence des moments d'inertie de $B_2 C_2 b'$ et de $O A_2 C_2$.

Le moment limite d'élasticité *sinistrorsum* sera déterminé par la condition que $b' B_2$ soit égal à la limite d'élasticité naturelle aa', en admettant que la torsion primitive n'ait pas fait varier cette limite. Le point B_2 pourra être, dans certains cas, très rapproché de B_1; le moment limite d'élasticité de torsion *sinistrorsum* serait alors très faible; on conçoit même facilement qu'il puisse être absolument nul.

Dans cette deuxième torsion, en sens inverse de la première, les glissements ne seront pas proportionnels à la distance à l'axe O, puisqu'ils sont représentés par une courbe; mais, comme cette courbe, $O A_3 B_3$ par exemple, est toujours comprise entre la droite $t B_3$ et la droite parallèle OB', elle différera d'autant moins d'une droite que $t B_3$ et OB' seront plus rapprochées ou que le point B_3 sera plus éloigné; aussi les grands glissements seront-ils à peu près proportionnels à la distance à l'axe.

Les grandes torsions des matières douces se produisent sous l'action d'un moment sensiblement constant; il faut, pour que cela arrive, que la courbe du glissement $O ab$ se confonde très sensiblement avec le rectangle $O tb$ (*fig.* 94).

La courbe homologique qui représentera les glissements après détorsion complète, OACB, se confondra aussi très sensiblement avec les droites Ot et tB. Les superficies comprises entre ces courbes et les droites, desquelles elles diffèrent très peu, seront très petites, et leurs moments d'inertie, relativement à l'axe Ox, seront tout à fait négligeables, vu la petite distance de ces surfaces à l'axe. On obtiendra donc, avec une grande approximation, la valeur de l'angle de détorsion, $\beta = \dfrac{b\mathrm{B}}{Ob'}$, en égalant les moments d'inertie des deux triangles $Bb'C$ et OtC :

$$\frac{\mathrm{B}b' \times \mathrm{C}b'}{2}\left[\frac{\mathrm{C}b'^2}{18} + \left(\mathrm{OC} + \frac{2}{3}\mathrm{C}b'\right)^2\right]$$
$$= \frac{Ot \times \mathrm{OC}}{2}\left[\frac{\overline{\mathrm{OC}}^2}{18} + \left(\frac{\mathrm{OC}}{3}\right)^2\right],$$

ou, en posant $k = \dfrac{Ot}{Bb'} = \dfrac{\mathrm{OC}}{\mathrm{C}b'}$,

$$k^4 = 6k^2 + 8k + 3,$$
$$k = 3, \quad \mathrm{OC} = 3\mathrm{C}b'.$$

Le point C se trouve donc au quart de Ob', à partir de b', et l'angle de détorsion est

$$\beta = \frac{b\mathrm{B}}{Ob'} = \frac{4}{3}\frac{bb'}{Ob'}.$$

Dans l'exemple cité aux n^os **54** et **48**, l'effort maximum proportionnel à bb' est 45^{kg} par millimètre carré, la limite élastique est égale à 22^{kg}, et la plus grande détorsion à $\beta = 0,15$ pour 100 ; l'angle de torsion correspondant à la limite élastique doit donc être

$$\alpha = \beta\,\frac{22}{\frac{4}{3}45} = 0,055 \text{ pour } 100,$$

ce qui est entièrement conforme au résultat de l'expérience, qui a montré que α était compris entre 0,05 et 0,06 pour 100.

Après la détente, le glissement négatif à la surface est

$$\gamma = B\,b' = \tfrac{1}{3}\,bb' = \tfrac{1}{3}\,\tfrac{45}{22}\,\gamma_1 = 0,7\cdot\gamma_1,$$

$\gamma_1 = r\alpha$ étant le glissement correspondant à la limite d'élasticité naturelle.

Il suffira donc de produire à la surface un glissement $BB_1 = \tfrac{1}{3}\gamma_1$ pour atteindre la limite d'élasticité. On peut, par suite, calculer le moment limite d'élasticité de torsion *sinistrorsum* $\mathfrak{M}_1$, en prenant la différence des moments d'inertie de $B_1 C_1 b'$ et de $O t C_1$ (*fig.* 94), différence qui est égale au moment d'inertie du triangle $t BB_1$, puisque les moments d'inertie de $BC b'$ et de $O t C$ sont égaux.

Si la barre n'avait pas subi primitivement une torsion *dextrorsum*, le moment limite d'élasticité serait représenté par le moment d'inertie $\mathfrak{M}$ du triangle $O b' B_1$, puisque $b' B_1 = \gamma_1$; on aurait donc

$$\frac{\mathfrak{M}_1}{\mathfrak{M}} = \frac{I(t BB_1)}{I(O B_1 b')} = \frac{BB_1}{B_1 b'} = 0,3.$$

Dans le cas actuel,

$$\mathfrak{M} = 16^{kg} \times 0^m,700.$$
$$\mathfrak{M}_1 = 0,3\,\mathfrak{M} = 4^{kg},8 \times 0^m,700.$$

L'expérience démontre que $\mathfrak{M}_1$ est inférieur à

$$2^{kg} \times 0^m,700;$$

il résulte de là que non seulement *la limite d'élasticité de torsion est abaissée et presque annulée*, mais encore que la *limite d'élasticité de glissement est diminuée par une torsion ou un glissement primitif en sens contraire.*

56. *Torsion d'un cylindre creux.* — Soient r_1, r_2 les rayons extérieur et intérieur d'un cylindre creux de révolution.

L'équation d'équilibre de torsion sous l'action du moment des forces extérieures $\mathfrak{M}$ est

$$\mathfrak{M} = \int_{r_1}^{r_2} 2\varpi \rho^2 \, d\rho \, g,$$

ou, en répétant les raisonnements du n° 53,

$$\mathfrak{M} = \frac{2\varpi}{\alpha^3} \int_{\gamma_1}^{\gamma_2} \gamma^2 g \, d\gamma = \frac{2\varpi}{\alpha^3} \, \mathrm{I}$$

et

$$2\varpi \frac{d\mathrm{I}}{d\alpha} = 3\alpha^2 \mathfrak{M} + \alpha^3 \frac{d\mathfrak{M}}{d\alpha},$$

I étant le moment d'inertie, par rapport à Og, de la surface $mm'a'a$ (*fig.* 90),

$$Om' = \gamma_1 = r_1 \alpha, \quad Oa' = \gamma_2 = r_2 \alpha,$$
$$mm' = G_1, \qquad aa' = G_2.$$

La torsion α devenant $\alpha + d\alpha$, le moment d'inertie de la surface $mm'aa'$ augmenté de

$$G_2 \, d\gamma_2 \gamma_2^2 = G_2 r_2^3 \alpha^2 \, d\alpha$$

et diminue de

$$G_1 \, d\gamma_1 \gamma_1^2 = G_1 r_1^3 \alpha^2 \, d\alpha,$$

d'où

$$d\mathrm{I} = \alpha^2 (G_2 r_2^3 - G_1 r_1^3) \, d\alpha,$$

et l'équation d'équilibre devient

$$\frac{2}{3}\varpi (G_2 r_2^3 - G_1 r_1^3) = \mathfrak{M} + \frac{\alpha}{3} \frac{d\mathfrak{M}}{d\alpha}.$$

Connaissant la courbe du glissement pour toute valeur de α, on aura celles de γ_1, γ_2, G_1, G_2 et de $(G_2 r_2^3 - G_1 r_1^3)$; on en déduira la courbe de $\mathfrak{M}$ en fonction de α par une construction géométrique analogue à celle que nous avons indiquée (n° 53).

Dans le cas où G_2 est inférieur à la limite élastique de glissement, on a

$$g = \mu\gamma = \mu\rho\alpha$$

et

$$\mathfrak{M} = \int_{r_1}^{r_2} 2\varpi\rho^2 \, d\rho \, g = \int_{r_1}^{r_2} 2\varpi\rho^3 \, d\rho \, \mu\alpha = \frac{\varpi\mu}{2}\alpha(r_2^4 - r_1^4),$$

$$\alpha = \frac{2}{\varpi\mu} \frac{\mathfrak{M}}{r_2^4 - r_1^4}.$$

Les angles de torsion élastique sont proportionnels aux moments de torsion et inversement proportionnels à la différence des quatrièmes puissances des diamètres extérieur et intérieur.

Le moment limite d'élasticité sera donné par la condition

$$G_2 = \mathcal{G}, \quad \gamma_2 = r_2\alpha = \frac{G_2}{\mu} = \frac{\mathcal{G}}{\mu},$$

$\mathcal{G}$ étant la limite d'élasticité de glissement, et aura pour valeur

$$\mathfrak{M} = \frac{\varpi}{2}\mu\alpha(r_2^4 - r_1^4) = \frac{\varpi}{2}\mathcal{G}\frac{r_2^4 - r_1^4}{r_2} = \frac{\varpi}{2}\mathcal{G}(r_2^2 - r_1^2)\frac{r_2^2 + r_1^2}{r_2};$$

à égalité de section, il sera d'autant plus grand que le tube sera plus mince.

Le moment de rupture, dans le cas où la matière sera assez douce pour qu'on puisse considérer G_1 et G_2 comme égaux, sera

$$\mathfrak{M} = \frac{2}{3}\varpi\mathcal{G}(r_2^3 - r_1^3),$$

$\mathcal{G}$ étant la résistance au glissement.

57. *Torsion d'un prisme.* — Nous avons vu que dans la torsion d'un prisme les sections droites tournaient autour de l'axe en se déformant légèrement dans le voisi-nage des angles ; nous allons calculer le moment de torsion en supposant que ces petites déformations n'existent pas. La vérification expérimentale des résultats ainsi obtenus nous montrera l'importance des erreurs résultant de cette hypothèse.

Soient $d\omega$ un élément plan de section droite d'un prisme ou d'un cylindre tordu autour de son axe de symétrie, ρ la distance du centre de gravité de l'élément à l'axe.

L'équation d'équilibre est

$$\mathfrak{M} = \int g\,\rho\,d\omega,$$

la somme étant étendue à toute la surface de la section droite.

α étant l'angle de torsion correspondant au moment $\mathfrak{M}$ et γ le glissement correspondant à l'effort g, on a

$$\gamma = \rho\alpha.$$

Si en chaque point on élève une normale égale à g, on déterminera une surface lieu des extrémités de ces nor-males, et le moment de torsion sera égal au moment, par rapport à l'axe, du volume compris entre cette surface et la section droite.

Si la limite d'élasticité n'est pas dépassée, on aura

$$g = \mu.\rho\alpha,$$
$$\mathfrak{M} = \mu\alpha \int \rho^2\,d\omega = \mu\alpha\mathrm{I},$$

I étant le *moment d'inertie polaire,* moment d'inertie de la section relativement à la normale à son plan passant par son centre de gravité.

Soient x, y les coordonnées d'un point de la section,

rapportées à deux axes rectangulaires situés dans son plan
et passant au centre de gravité; on aura

$$x^2 + y^2 = \rho^2,$$
$$\rho^2 d\omega = x^2 d\omega + y^2 d\omega,$$
$$\int \rho^2 d\omega = \int x^2 d\omega + \int y^2 d\omega,$$
$$I = I_x + I_y.$$

Le moment d'inertie polaire d'une aire plane est égal à la
somme des moments d'inertie pris par rapport à deux
droites rectangulaires situées dans le plan de l'aire et ren-
contrant l'axe polaire.

Pour une section rectangulaire, a, b, c étant les côtés
et la diagonale,

$$I = \frac{ab^3}{12} + \frac{ba^3}{12} = \frac{ab(a^2 + b^2)}{12} = \frac{abc^2}{12}.$$

L'équation d'équilibre de torsion élastique d'un prisme
rectangle est donc

$$\mathfrak{M} = \mu \alpha I = \mu \alpha \frac{abc^2}{12} = \frac{g}{\left(\frac{c}{2}\right)} \frac{abc^2}{12} = \frac{abc}{6} g = \frac{ab\sqrt{a^2 + b^2}}{6} g,$$

g étant le plus grand glissement développé.

Le moment limite d'élasticité est

$$\mathfrak{M} = \frac{abc}{6} \mathcal{G},$$

et, pour un prisme carré,

$$\mathfrak{M} = \frac{a^3\sqrt{2}}{6} \mathcal{G} = 0,235 \, a^3 \mathcal{G} = \frac{2}{3} r^3 \mathcal{G} = 0,66 \, r^3 \mathcal{G},$$

$\mathcal{G}$ étant la limite d'élasticité de glissement, r le rayon du
cercle circonscrit.

(D'après la théorie de M. de Saint-Venant,

$$\mathfrak{M} = 0,208\, a^3 \mathfrak{G}.)$$

Le moment de rupture, dans le cas où la matière est assez douce pour qu'on puisse considérer g comme constant dans toute l'étendue de la section, est

$$\mathfrak{M} = G \int \rho \, d\omega.$$

Soient AB (*fig.* 95) un côté de la section droite du prisme, $OO' = h$ la perpendiculaire élevée du centre de

Fig. 95.

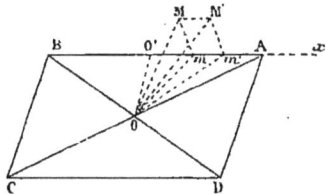

gravité O sur le côté AB, $mm' = dx$ un élément linéaire du côté AB, situé à une distance $O'm = x$ du point O'.

Il est facile de voir que l'intégrale $\int \rho \, d\omega$ relative au triangle Omm' est égale au volume de la pyramide Omm'MM', les lignes mM, m'M' étant normales au plan de la section et égales à Om, Om'. Ce volume a pour valeur

$$\frac{1}{3} OO' \times mm' \times m M = \frac{1}{3} OO' mm' \times O m = \frac{h}{3} \sqrt{h^2 + x^2}\, dx.$$

L'intégrale $\int \rho \, d\omega$ relative au triangle $OO'm$ sera donc

$$\int \rho \, d\omega = \frac{h}{3} \int_0^x \sqrt{h^2 + x^2}\, dx$$
$$= \frac{h}{6} \left[x\sqrt{h^2 + x^2} + h^2 \mathrm{L}\left(x + \sqrt{h^2 + x^2} \right) - h^2 \mathrm{L} h \right];$$

étendue à toute la surface d'un rectangle, elle aura pour valeur

$$\frac{b}{3}\left(\frac{a}{2}\frac{\sqrt{b^2+a^2}}{2}+\frac{b^2}{4}L\frac{a+\sqrt{a^2+b^2}}{b}\right)$$

$$+\frac{a}{3}\left(\frac{b}{2}\frac{\sqrt{a^2+b^2}}{2}+\frac{a^2}{4}L\frac{b+\sqrt{a^2+b^2}}{a}\right)$$

ou

$$\frac{abc}{6}+\frac{1}{12}\left(a^3L\frac{b+c}{a}+b^3L\frac{a+c}{b}\right).$$

Le moment de rupture sera donc

$$\mathfrak{M}=\frac{G}{6}\left(abc+\frac{a^3}{2}L\frac{b+c}{a}+\frac{b^3}{2}L\frac{a+c}{b}\right),$$

et dans le cas du prisme carré,

$$\mathfrak{M}=G\frac{a^3}{6}\left[\sqrt{2}+L\left(1+\sqrt{2}\right)\right]$$

$$=Ga^3\frac{1,414+L.2,414}{6}=0,382\,Ga^3=1,08\,Gr^3.$$

Dans le cas où la matière du prisme ne sera pas très douce, le moment de rupture sera compris entre $0,235\,Ga^3$ et $0,382\,Ga^3$.

Lorsque le prisme aura pour section droite un triangle équilatéral, la torsion étant produite autour de l'axe passant par le centre de gravité, on aura

$$\int \rho\,d\omega = 6\times\frac{h}{6}\left(x\sqrt{h^2+x^2}+h^2L\frac{x+\sqrt{h^2+x^2}}{h}\right),$$

formule dans laquelle on fera x égal à la moitié du côté c

du triangle, $x = \dfrac{c}{2}$ et $h = \dfrac{c}{2\sqrt{3}}$, d'où

$$\sqrt{h^2 + x^2} = 2\,h = \frac{c}{\sqrt{3}}$$

et

$$\int \rho\, d\omega = \frac{c}{2\sqrt{3}} \left[\frac{c}{2}\,\frac{c}{\sqrt{3}} + \frac{c^2}{12} L\left(2 + \sqrt{3}\right) \right] = 0,11\,c^3 = 0,66\,r^3,$$

$$M = 0,66\,r^3\,G,$$

M étant le moment de rupture du prisme triangulaire inscrit dans un cercle de rayon r, et G la résistance au glissement.

Quant au moment limite d'élasticité, il a pour valeur

$$\mathfrak{M} = \mu \alpha l = \mu \gamma \frac{1}{r} = \mathfrak{G}\frac{1}{r}.$$

Il est facile de trouver la valeur de I d'après les remarques
suivantes. Le moment d'inertie polaire du triangle équilatéral ABC (*fig.* 96) relativement à l'axe O, passant par le

Fig. 96.

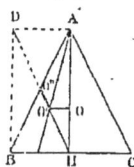

centre de gravité, est égal à deux fois celui du triangle ABH
par rapport au même axe.

Le centre de gravité de ABH étant O′, et O″ le milieu du
côté AB, on a

$$OO' = \tfrac{1}{3} BH = \tfrac{1}{6} BC = \tfrac{1}{6} AB, \quad O'O'' = \tfrac{1}{3} O''H = \tfrac{1}{6} HD = \tfrac{1}{6} AB,$$
$$OO' = O'O''.$$

Les points O et O'' étant à égale distance du centre de gravité O', les moments d'inertie polaire du triangle ABH relativement à O ou à O'' seront les mêmes; donc le moment d'inertie de ABC relativement à O est égal à deux fois celui de ABH relativement à O'' ou au moment d'inertie du rectangle AHBD par rapport au même axe O''. Ce moment a pour valeur $I = \dfrac{abc^2}{12}$, formule dans laquelle c représente la diagonale du rectangle ou le côté du triangle, a la moitié du côté et b la hauteur. On aura donc, en faisant

$$a = \frac{c}{2}, \quad b = \frac{c\sqrt{3}}{2}, \quad I = \frac{c^4\sqrt{3}}{48} = \frac{g\sqrt{3}\,r^4}{48}, \quad \frac{1}{r} = \frac{3\sqrt{3}\,r^3}{16},$$

$$\mathfrak{M} = 0,324\,G\,r^3.$$

58. *Résultats d'expériences sur la torsion des prismes.* — La *fig.* 97 représente les torsions de trois éprouvettes d'un même acier, ayant des sections droites circulaire, carrée et triangulaire. Le Tableau ci-joint indique les résultats bruts d'expérience. Le prisme triangulaire régulier avait un cylindre circonscrit du même diamètre, $0^m,014$, que celui de l'éprouvette de révolution; la diagonale du prisme carré avait seulement $13^{mm},7$; la longueur était égale à $0^m,095$.

Nous avons trouvé (n° 57) les formules suivantes :

	Moment limite d'élasticité.	Moment de rupture.
Cylindre de révolution...	$\mathfrak{M} = 1,57\,r^3\,G$	$M = 2,094\,r^3\,G$
Prisme carré...........	$\mathfrak{M}_1 = 0,66\,r_1^3\,G$	$M_1 = 1,08\ r_1^3\,G$
Prisme triangulaire régulier...............	$\mathfrak{M}_2 = 0,324\,r_2^3\,G$	$M_2 = 0,66\ r_2^3\,G$

ou, dans le cas où $r = r_1 = r_2$,

$$\mathfrak{M}_1 = 0,42\,\mathfrak{M}, \quad M_1 = 0,51\,M,$$
$$\mathfrak{M}_2 = 0,2\,\mathfrak{M}, \quad M_2 = 0,31\,M.$$

Dans le cas particulier qui nous occupe, les efforts de torsion sont constamment exercés aux extrémités d'un même bras de levier égal à $0^m,700$; les moments de torsion relatifs peuvent donc être représentés par les efforts. On a trouvé

$$\mathfrak{M} = 11^{kg}, \quad M = 39^{kg};$$

on aura donc, d'après les formules précédentes : pour $2r_1 = 13^{mm},7, \; 2r = 14^{mm}$,

$$\mathfrak{M}_1 = 0,42\,\mathfrak{M}\left(\frac{13,7}{14}\right)^3 = 0,39\,\mathfrak{M} = 4^{kg},3, \quad M_1 = 0,48\,M = 18^{kg},7;$$

pour $2r^2 = 2r = 14^{mm}$,

$$\mathfrak{M}_2 = 0,2\,\mathfrak{M} = 2^{kg},2, \quad M_2 = 0,31\,M = 12^{kg}.$$

D'après l'expérience, les efforts correspondant à la limite élastique et à la rupture sont :

	Limite élastique comprise entre	Résistance.
Prisme carré.......	4^{kg} et $5^{kg}(4^{kg},3)$	$18^{kg}(18^{kg},7)$
Prisme triangulaire.	2^{kg} et $3^{kg}(2^{kg},2)$	$9^{kg},5(12^{kg})$

Ce désaccord n'a rien de surprenant, la théorie de la torsion des prismes étant seulement approximative, à cause de la variation de la section droite, qui se déforme un peu dans le voisinage des angles, d'autant plus que les angles sont plus aigus, de la manière que nous avons indiquée (n° 47, *fig.* 82).

Le diamètre du cercle circonscrit à la section, parfaitement constant dans le cas où l'éprouvette est cylindrique, s'est réduit de $13^{mm},7$ à $13^{mm},4$ dans le prisme carré et de 14^{mm} à $13^{mm},6$ dans le prisme triangulaire; de là la différence entre la résistance calculée et la résistance effective, différence très légère dans le cas où les angles sont droits, bien plus grande dans le cas où les angles sont aigus, mais qui serait tout à fait insensible si la résistance était calculée sur la section finale et non sur la section initiale, au moins pour le prisme carré.

Les génératrices tracées à la surface des éprouvettes cylindriques et les arêtes des prismes ont pris, par la torsion, la forme d'hélices très régulières, dont les pas étaient, après la rupture, de 36^{mm}, 40^{mm}, 43^{mm}; la tangente de l'inclinaison ou le glissement extrême, l'inclinaison et la dilatation linéaire (a) des génératrices ou des arêtes ont donc les valeurs suivantes :

Cylindre de révolution.......
$$\gamma = \tan g\,\beta = \frac{\varpi \times 14}{36} = 120 \text{ pour } 100,$$
$$\beta = 51^\circ, \quad a = 60 \text{ pour } 100.$$

Prisme carré.....
$$\gamma_1 = \tan g\,\beta_1 = \frac{\varpi \times 13,4}{40} = 105 \text{ pour } 100,$$
$$\beta_1 = 46^\circ, \quad a_1 = 48 \text{ pour } 100.$$

Prisme triangulaire régulier......
$$\gamma_2 = \tan g\,\beta_2 = \frac{\varpi \times 13,6}{43} = 99 \text{ pour } 100,$$
$$\beta_2 = 45^\circ, \quad a_2 = 43 \text{ pour } 100.$$

La limite d'élasticité et la résistance au glissement,

déduites de la torsion des éprouvettes cylindriques, sont

$$\mathcal{G} = \frac{11^{kg} \times 700}{1,53 \times 73} = 14^{kg},7,$$

$$G = \frac{39^{kg} \times 700}{2,094 \times 73} = 39^{kg} \text{ par millimètre carré.}$$

L'angle de torsion limite élastique est, pour toutes les éprouvettes, très voisin de 0,03 pour 100, et le glissement élastique limite $\gamma = 7 \times 0,03$ pour $100 = \dfrac{21}{10\,000}$.

Le coefficient de glissement a donc une valeur d'environ 7000^{kg} :

$$\mu = 1000 \frac{14^{kg},7}{21} = 7000^{kg} \text{ par millimètre carré.}$$

Les résultats de la traction opérée sur des éprouvettes de même acier, ayant 0^m,014 de diamètre sur 0^m,100 de longueur, sont les suivants :

Limite d'élasticité de traction, $\mathcal{L} = 23^{kg}$ par millimètre carré.

Charge maxima rapportée à la section primitive, $P = 52^{kg}$.

Allongement total, 0^m,017, soit 17 pour 100.

Réduction maximum du diamètre, $14^{mm} - 11^{mm} = 3^{mm}$.

Striction relative, $\dfrac{3}{14} = 21$ pour 100.

L'allongement élémentaire maximum moyen se déduit de la relation suivante,

$$\varpi \cdot \overline{14}^2 \, dx = \varpi \cdot \overline{11}^2 (dx + \Delta dx),$$

et a pour valeur

$$i = \left(\frac{14}{11} \right)^2 - 1 = 62 \text{ pour 100.}$$

Résultats de la torsion de cylindres et de prismes découpés dans un bloc d'acier Bessemer forgé et recuit après le forgeage.

Fig. 97.

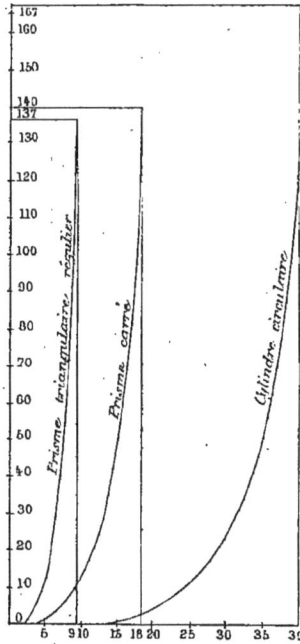

Longueur de la partie tordue, 0^m,095. — Diamètres des cylindres circonscrits, 0^m,014, 0^m,0137, 0^m,014.

p, efforts de torsion indiqués par la machine. — Moments de torsion, $\mathfrak{M} = p \times 0^m,700$.

n, arcs de torsion indiqués par la machine. — Angles de torsion, $\alpha = \dfrac{n}{10}$ pour 0^m,095 de longueur ou $\alpha = \dfrac{n}{10} \dfrac{100}{95}$ pour 100.

CYLINDRE CIRCULAIRE.		PRISME CARRÉ.		PRISME TRIANGULAIRE.	
$p.$	$n.$	$p.$	$n.$	$p.$	$n.$
kg		kg		kg	
0	0,00	0	0,00	1	0,15
3	0,10	1	0,10	2	0,30
5	0,15	0	0,00	3	3,3
7	0,20	2	0,20	4	10
0	0,00	0	0,00	5	15
9	0,25	3	0,30	6	35
0	0,00	0	0,00	7	55
10	0,28	4	0,40	8	80
0	0,00	0	0,00	9	110
11	0,30	5	0,50	9,5	137
0	0,00	0	0,05		
12	0,35	6	2,00		
0	0,05	0	1,4		
13	0,40	7	3,2		
0	0,10	8	5,2		
14	0,70	9	9		
0	0,35	10	12		
15	1,30	11	17		
0	0,95	12	23		
16	2,00	13	30		
18	3,80	14	45		
20	5,30	15	60		
23	9	16	85		
25	11	17	110		
28	18	18	140		
30	24				
33	34				
35	50				
36	65				
37	80				
38	105				
39	143				
39	167				

59. *Cisaillement et poinçonnage. Effort tranchant. Expérience de M. Tresca.* — La plupart des auteurs qui ont traité la résistance des matériaux admettent que

les rivets qui réunissent les plaques de tôle, les boulons d'assemblage des chaînes plates, les axes de poulies, etc., sont exposés à être rompus par *glissement* ou par *cisaillement transversal;* que la *résistance à l'effort tranchant*, au *cisaillement* ou encore à l'*arrachement par glissement* est proportionnelle à l'aire de la section des boulons ou rivets; que cette résistance est à peu près égale à celle d'une barre de même section soumise à un *effort de traction* longitudinal.

Le *poinçonnage* ne diffère du cisaillement proprement dit qu'en ce que la surface de cisaillement est cylindrique au lieu d'être plane.

On admet que le poinçonnage, comme le cisaillement, est un simple glissement, tel que nous l'avons défini au n° 51. L'exposition des résultats de deux expériences suffira, pensons-nous, à montrer l'inexactitude de cette hypothèse et fera bien comprendre la grande complexité des phénomènes divers désignés sous le nom de *cisaillement*.

Le Tableau suivant indique les résultats d'essais faits par l'ingénieur anglais Kirkaldy sur le *cisaillement à la manière des axes des chaînes Galle* (*fig.* 98), d'aciers suédois de différentes qualités :

MARQUES (teneurs en carbone).	T, EFFORT de cisaillement par millimètre carré.	R, EFFORT de traction par millimètre carré.	$\dfrac{T}{R}$.	REFOULEMENT (flèche).
	kg	kg		mm
1,2	42,8	60	0,73	4,8
0,9	55,5	71	0,75	6,3
0,6	50,5	71,6	0,69	7,1
0,3	31,6	43	0,74	8,4

Chaque partie cisaillée avait 1 pouce carré, soit 2 pouces pour les deux.

Le rapport de la résistance au cisaillement à la résistance à la traction est égal à $\frac{3}{4}$ environ.

Il y a une légère flexion et, par suite, une sorte de flèche (refoulement).

Les barres les plus dures sont peu cisaillées; elles sont brisées en un grand nombre de fragments; la cassure est en grande partie à grains, avec une petite partie lisse. Les

Fig. 98.

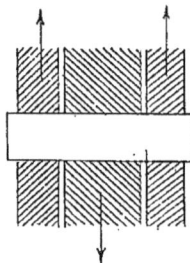

plus douces sont plus cisaillées et plus courbées; la majeure partie de la cassure est lisse et ressemble à la cassure par torsion.

Voici maintenant les résultats de l'expérience très remarquable de M. Tresca sur le poinçonnage.

Un bloc de plomb de $0^m,064$ d'épaisseur, serré entre deux plaques d'appui, étant poinçonné au moyen d'une presse hydraulique poussant un poinçon de $0^m,020$ de diamètre, la *débouchure* est un cylindre de $0^m,020$ de diamètre ayant seulement $0^m,031$ de hauteur. La densité du plomb restant invariable, il faut donc que la matière se soit *écoulée* latéralement pendant le poinçonnage.

M. Tresca obtint le même résultat en poinçonnant un bloc formé de seize plaques de plomb de $0^m,004$ d'épais-

seur, et put étudier les déformations individuelles de ces
plaques en faisant, dans le bloc et dans la débouchure,
une section diamétrale après le poinçonnage (*fig.* 99). Il
observa ainsi que les premières feuilles cisaillées étaient
devenues très minces, tandis que les feuilles inférieures

Fig. 99.

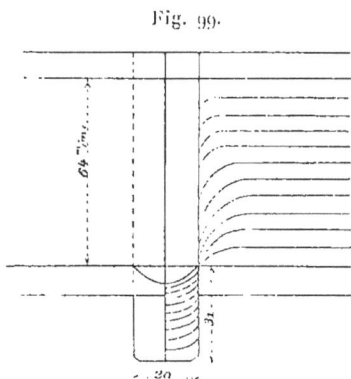

avaient sensiblement conservé leur épaisseur. Chacune des
feuilles avait pris dans la débouchure la forme d'une cou-
pelle, et, sur les bords du trou formé dans le bloc, la forme
d'un entonnoir dont les lèvres vont en s'amincissant de
plus en plus ([1]).

Des phénomènes du même genre se produisent dans le
poinçonnage et aussi dans le cisaillement des divers matériaux; on peut les observer dans la fabrication ordinaire
des bandages de roues.

En présence de ces résultats, il est inutile d'insister sur
l'exactitude des hypothèses généralement admises; concluons donc :

([1]) *Mémoire sur l'écoulement des corps solides*, de M. Tresca (*Annales du Conservatoire des Arts et Métiers*, t. VI; 1865-1866).

Le cisaillement, loin d'être un simple glissement, est un phénomène très compliqué, une sorte de flexion, mais pas une flexion simple. Toute section droite est sollicitée par des forces obliques. La perpendicularité constante des sections droites, qui autorise à négliger, dans la flexion simple, l'effet des composantes tangentielles n'existe plus. Quand même on négligerait l'effet des composantes normales, rien n'autoriserait à considérer les forces de glissement comme uniformément réparties sur la surface. Le cisaillement n'est donc ni une flexion simple ni un simple glissement. Il est clair, quelle que soit la complexité du phénomène de cisaillement, que la résistance opposée par deux rivets égaux, placés dans les mêmes conditions, est deux fois plus grande que celle d'un seul rivet; mais il n'est pas du tout évident qu'un rivet résiste deux fois plus qu'un autre ayant une section moitié moindre.

M. Tresca, à la suite d'expériences nombreuses (que nous regrettons de ne pas connaître dans tous leurs détails), a trouvé que la résistance était proportionnelle à la surface de cisaillement ou de poinçonnage.

CHAPITRE VII.

DÉFORMATION DU RESSORT HÉLICOIDAL.

60. *Considérations géométriques sur les déformations d'une pièce* (¹). — On appelle *pièce* un solide engendré par une surface plane dont le centre de gravité se meut sur une courbe quelconque, la surface génératrice pouvant se déformer, mais restant constamment normale à la direc-

Fig. 100.

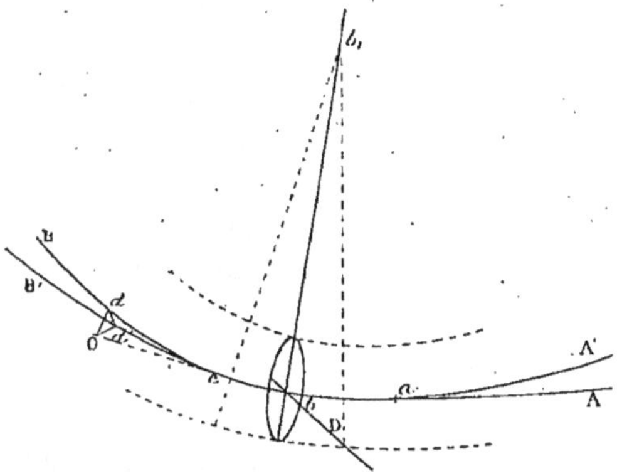

trice qui prend le nom de *fibre moyenne;* les différentes positions de la génératrice sont les *sections droites* de la pièce.

Considérons une pièce à fibre moyenne plane AB (*fig.* 100); la courbure de cette ligne en un point quel-

---

(¹) D'après l'étude de l'*Équilibre du ressort à boudin,* de M. Resal (*Annales des Mines;* 1871).

conque b est celle du *cercle osculateur* passant par b et deux points infiniment voisins a et c; le *rayon de courbure bb_1*, dirigé suivant la normale au point b, est le rayon du cercle osculateur. Si la pièce subit, en b, une *simple flexion*, c'est-à-dire si les sections infiniment voisines de b éprouvent seulement une rotation autour d'une droite telle que bD, normale au plan de la fibre moyenne et passant par leur centre de gravité, il y aura développement de tensions et de compressions normales à la section b, le rayon de courbure ρ_0 deviendra ρ, et le *moment de flexion* sera

$$\mathfrak{M} = \mathrm{EI}\left(\frac{1}{\rho} - \frac{1}{\rho_0}\right) = \mathrm{I}\frac{t}{x},$$

I étant le moment d'inertie de la section b relativement à bD, t la tension ou compression développée en un point de la section situé à la distance x de bD.

Si la pièce subit, en b, une *simple torsion*, si les sections voisines de b éprouvent seulement une rotation relative autour d'une droite bc, passant par leur centre de gravité et normale à leur plan, il y aura développement de forces tangentielles et le *moment de torsion* aura pour valeur

$$\mathfrak{M} = \mu\mathrm{I}_1\alpha = \mathrm{I}_1\frac{g}{y},$$

I_1 étant le moment d'inertie polaire ou relatif à la droite bc, α l'angle de torsion rapporté à l'unité de longueur, g la force de glissement en un point de la section situé à la distance y du centre de gravité.

La fibre moyenne sera *gauchie* par cette torsion; en effet, les trois points infiniment voisins a, b, c peuvent toujours être considérés comme étant dans un même plan; mais il n'en est pas de même d'un quatrième point d, que la rotation autour de bc amène en d'. La courbe plane $abcd$ devient une courbe gauche $abcd'$.

Le plan abc qui passe par trois points infiniment voisins se nomme *plan osculateur* de la courbe gauche, au point b. La *courbure* de cette ligne est la même que celle de toute ligne plane ayant avec elle trois points communs, et, en particulier, que celle du *cercle osculateur*. Le *rayon de courbure* est le rayon du cercle osculateur; il est dirigé suivant la normale à la courbe située dans le plan osculateur et qui porte le nom de *normale principale*.

Le plan osculateur en b est abc; le plan osculateur en c est bcd'; ces plans font entre eux un angle dOd'. On appelle *rayon de torsion* ou *de cambrure* (de Saint-Venant) la limite du rapport $\dfrac{bc}{dOd'}$ lorsque bc tend vers zéro, par analogie avec le rayon de courbure, qui est la limite du rapport de bc à l'angle de deux tangentes infiniment voisines. dOd' est l'angle total de rotation du point d autour de bc; α étant l'angle de torsion par unité de longueur, on aura, en rapportant la torsion au plan de la section b,

$$dOd' = \alpha \times bO = \alpha \times 2bc$$

et le rayon de cambrure τ et le moment de torsion auront pour valeurs

$$\tau = \frac{bc}{dOd'} = \frac{1}{2\alpha},$$

$$\mathfrak{M} = \mu I_1 \alpha = \mu I_1 \frac{1}{2\tau}.$$

Si nous considérons maintenant une pièce gauche ayant en un point une courbure $\dfrac{1}{\rho_0}$ et une cambrure $\dfrac{1}{\tau_0}$, subissant soit une simple flexion, soit une simple torsion telle que les rayons de courbure ou de cambrure, au point considéré, deviennent ρ ou τ, les moments correspondants de flexion ou de torsion auront pour valeurs

$$\mathfrak{M} = EI\left(\frac{1}{\rho} - \frac{1}{\rho_0}\right) = 1\frac{l}{x},$$

$$\mathfrak{M} = \frac{\mu}{2}l_1\left(\frac{1}{\tau} - \frac{1}{\tau_0}\right) = \mu l_1(x - x_0) = l_1\frac{g}{y}.$$

Les *ressorts hélicoïdaux* sont des pièces à section droite constante, ayant pour fibre moyenne une *hélice*.

L'*hélice* est une ligne à double courbure constante; elle est située sur un cylindre de révolution et coupe toutes les génératrices sous le même angle.

β étant le complément de cet angle et R le rayon du

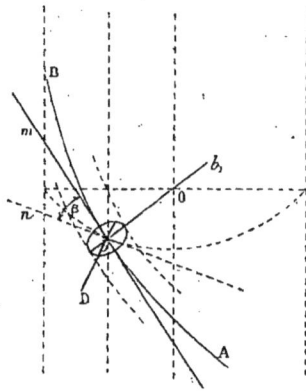

Fig. 101.

cylindre, le *rayon de courbure de l'hélice* a pour valeur

$$\rho = \frac{R}{\cos^2\beta}$$

et est dirigé suivant le rayon bO (*fig.* 101) de la section droite du cylindre.

Le *plan osculateur* mbO passe par la tangente mb et la *normale principale* bO; il a sur les sections droites du cylindre une inclinaison constante β.

Le *rayon de torsion ou de cambrure de l'hélice* a pour valeur

$$\tau = \frac{R}{\sin \beta \cos \beta}.$$

61. *Décomposition des déformations du ressort héli-coïdal.* — Nous ne considérons que le cas où le ressort déformé conserve la forme hélicoïdale; les sections droites restent planes et normales à la fibre moyenne et sont également inclinées sur l'axe du ressort.

L'angle β_0 que font avec les sections droites du cylindre les tangentes mb de l'hélice devient, après la déformation, $\beta = mbn$. Les angles β et β_0 sont les mêmes en tous les points; par conséquent, les tangentes mb et les sections droites du ressort, qui sont normales à mb, ont tourné d'un même angle $(\beta - \beta_0)$ autour du rayon de courbure bO. Il n'y a donc pas, dans la déformation du ressort, de rotation, autour de bO, d'une section droite relativement à la section infiniment voisine. Il n'y a évidemment pas non plus de translation relative dans la direction du rayon de courbure.

La section droite b du ressort étant considérée comme fixe, le mouvement d'une section infiniment voisine se réduit ainsi à une *rotation* autour d'une droite située dans le plan tangent mbn normal à bO et à une *translation* parallèle à cette droite, ou bien encore à :

1º Une rotation autour de la tangente mb, ou une *simple torsion*.

2º Une rotation autour de la droite bD, normale au plan osculateur, intersection de la section droite du ressort avec le plan tangent au cylindre, ou une *simple flexion.*

3° Une translation parallèle à *mb,* d'où *traction* ou *compression simple,* uniformément répartie sur la section.

4° Une translation parallèle à *b*D, ou *simple glissement* perpendiculairement au plan osculateur.

62. *Équations d'équilibre.* — Les efforts extérieurs appliqués aux extrémités du ressort et capables de produire la déformation hélicoïdale doivent être symétriquement disposés par rapport à l'axe, ou se réduire à deux couples $\mathfrak{M}$ perpendiculaires à l'axe et à deux forces P égales, de sens contraires et dirigées suivant l'axe.

Dans ces conditions, l'équilibre pourra avoir lieu de la façon suivante :

Les forces développées sur une section droite du ressort faisant équilibre aux efforts appliqués à l'une des extrémités, savoir :

Les forces de traction ou de compression, à la composante $P \sin \beta$, projection de P sur la tangente *mb.*

Les forces de glissement, à la composante $P \cos \beta$, projection de P sur le plan de la section dirigé suivant *b*D.

Le couple de flexion, aux projections $\mathfrak{M} \cos \beta$ du couple $\mathfrak{M}$ et $PR \cos \beta$ du couple PR sur le plan osculateur *mb*O.

Le couple de torsion, aux projections $\mathfrak{M} \cos \beta$ et $PR \sin \beta$ sur le plan de la section.

Les équations d'équilibre seront :

Simple traction... $P \sin \beta = t_1 \omega$

Simple glissement. $P \cos \beta = g_1 \omega$

Simple flexion.... $\mathfrak{M} \cos \beta + PR \sin \beta = 1 \dfrac{l_2}{x}$

$$= \text{EI} \left(\frac{1}{\rho} - \frac{1}{\rho_0} \right) = \text{EI} \left(\frac{\cos^2 \beta}{R} - \frac{\cos^2 \beta_0}{R_0} \right)$$

Simple torsion....
$$\mathfrak{M}\sin\beta + PR\cos\beta = l_1\frac{g_2}{\gamma}$$
$$= \frac{\mu}{2}l_1\left(\frac{1}{\tau} - \frac{1}{\tau_0}\right)$$
$$= \frac{\mu l_1}{2}\left(\frac{\cos\beta\sin\beta}{R} - \frac{\cos\beta_0\sin\beta_0}{R_0}\right).$$

ω représente la superficie de la section droite du ressort.

$\mathfrak{M}$, P, R_0, β_0 étant connus, les dernières équations déterminent d'abord R et β, et ensuite la tension l_2 et le glissement g_2 provenant de la flexion et de la torsion. Les deux premiers déterminent l_1 et g_1.

En un point quelconque de la section ayant pour coordonnées x et y, rapportées aux axes mb, bd, il y a tension ou compression et glissement, ou développement d'une *force élastique oblique* ayant pour composantes, lorsque l_1 et l_2, g_1 et g_2 auront la même direction et le même sens,

$$l = l_1 + l_2,$$
$$g = g_1 + g_2,$$

pour intensité,

$$f = \sqrt{l^2 + g^2},$$

et pour inclinaison sur l'élément de section droite qu'elle sollicite ∂,

$$\tan g\,\partial = \frac{l}{g},$$

l'intensité et l'inclinaison variant d'un point à l'autre de la section.

63. *Spiral cylindrique.* — Lorsque le ressort hélicoïdal est sollicité seulement par des couples perpendiculaires à l'axe, il prend le nom de *spiral cylindrique*. La

déformation se réduit, dans ce cas, à une flexion et une torsion simultanées, et les équations d'équilibre sont

$$\mathfrak{M} \cos \beta = EI \left(\frac{1}{\rho} - \frac{1}{\rho_0} \right) = EI \left(\frac{\cos^2 \beta}{R} - \frac{\cos^2 \beta_0}{R_0} \right) = l \frac{t}{x},$$

$$\mathfrak{M} \sin \beta = \mu I_1 (\alpha - \alpha_0) = \frac{\mu}{2} I_1 \left(\frac{\cos \beta \sin \beta}{R} - \frac{\cos \beta_0 \sin \beta_0}{R_0} \right) = I_1 \frac{g}{y}.$$

Les spiraux cylindriques employés en horlogerie ont généralement une section droite rectangulaire; soient a, b, c les côtés et la diagonale de la section, b étant le plus petit côté, dirigé suivant le rayon de courbure; les valeurs de I et I₁ seront

$$l = \frac{ab^3}{12}, \quad l_1 = \frac{abc^2}{12}.$$

Le maximum de x est $x = \frac{b}{2}$, et la plus grande tension ou compression développée, soit à la surface extérieure, soit à la surface intérieure, est

$$t = \mathfrak{M} \cos \beta \frac{b}{2l} = \frac{6 \mathfrak{M} \cos \beta}{ab^2}.$$

Le maximum de y est $y = \frac{c}{2}$, le plus grand glissement développé, perpendiculairement aux arêtes du ressort, est

$$g = \mathfrak{M} \sin \beta \frac{c}{2l_1} = \frac{6 \mathfrak{M} \sin \beta}{abc}.$$

Les plus grandes forces élastiques obliques, sollicitant les éléments des sections droites, sont appliquées aux arêtes et ont pour intensité

$$f = \sqrt{t^2 + g^2} = \frac{6 \mathfrak{M}}{ab} \sqrt{\frac{\cos^2 \beta}{b^2} + \frac{\sin^2 \beta}{a^2 + b^2}} = \frac{6 \mathfrak{M}}{b^2 c^2} \sqrt{\cos^2 \beta + \frac{b^2}{a^2}};$$

leur inclinaison sur la section droite est

$$\tan g\, \delta = \frac{l}{g} = \frac{\cos\beta\, c}{b \sin\beta} = \frac{c}{b \tan g\beta}.$$

Lorsque les spires du ressort se touchent, l'angle β est toujours très petit, et l'on aura une solution pratique très approchée en supposant

$$\sin\beta = o \quad \text{ou} \quad \tan g\beta = o, \quad \cos\beta = 1.$$

Dans ce cas, $\delta = 90°$, $g = o$, et le ressort peut être considéré comme un *ressort de flexion* dont l'équation d'équilibre est

$$\mathfrak{M} = l\, \frac{ab^2}{6} = \mathrm{EI} \left(\frac{1}{R} - \frac{1}{R_0} \right).$$

Le *moment limite d'élasticité* sera donné par l'équation précédente, dans laquelle on fera $l = \mathcal{L}$, *limite d'élasticité de traction*,

$$\mathfrak{M} = \mathcal{L}\, \frac{ab^2}{6},$$

à la condition que l'angle β reste constamment très petit.

Cette équation montre encore que la courbure $\frac{1}{R}$ ou le rayon R varie beaucoup pendant la déformation du spiral; la longueur d'une spire, $l = \frac{2\varpi R}{\cos\beta}$, ou à peu près $2\varpi R$, varie comme R. La longueur totale étant constante, le nombre des spires augmente ou diminue suivant que le ressort se contracte ou se gonfle transversalement.

La variation de courbure est sensiblement proportionnelle à l'intensité du moment $\mathfrak{M}$.

64. *Ressort à boudin.* — Lorsque le ressort hélicoï-

dal est déformé par des efforts dirigés suivant son axe, il prend le nom de *ressort à boudin;* il peut être allongé ou raccourci; dans ce dernier cas, le ressort doit être guidé par un cylindre intérieur ou extérieur, s'il est long; sans cette précaution il se courberait.

Les équations d'équilibre du ressort à boudin sont les suivantes :

$$P \sin \beta = t_1 \omega,$$

$$P \cos \beta = g_1 \omega,$$

$$PR \sin \beta = 1 \frac{t_2}{x} = EI \left(\frac{\cos^2 \beta}{R} - \frac{\cos^2 \beta_0}{R_0} \right),$$

$$PR \cos \beta = I_1 \frac{g_2}{y} = \mu I_1 (x - \alpha_0) = \frac{\mu I_1}{2} \left(\frac{\cos \beta \sin \beta}{R} - \frac{\cos \beta_0 \sin \beta_0}{R_0} \right).$$

La déformation générale se compose d'une torsion et d'une flexion simples, d'une traction ou compression et d'un glissement.

Les ressorts à boudin ont généralement une section circulaire; r étant le rayon, sensiblement invariable, de cette section, on a

$$\omega = \varpi r^2, \quad 1 = \frac{\varpi r^4}{4}, \quad I_1 = \frac{\varpi r^4}{2},$$

et les valeurs maxima de t_2 et de g_2 pour $x = y = r$ sont

$$t_2 = \frac{PR \sin \beta}{1} x = 4 \frac{PR \sin \beta}{\varpi r^4} r = 4 \frac{P}{\varpi r^2} \sin \beta \frac{R}{r},$$

$$g_2 = \frac{PR \cos \beta}{1_1} y = 2 \frac{PR \cos \beta}{\varpi r^4} r = 2 \frac{P}{\varpi r^2} \cos \beta \frac{R}{r}.$$

t_1 et t_2 ont toujours la même direction, mais non pas le même sens; lorsque le ressort est étiré, la courbure augmente; la tension maximum $t = t_1 + t_2$ a lieu à l'extérieur.

g_1 et g_2 n'ont la même direction et le même sens qu'aux différents points d'un rayon dirigé suivant le rayon de courbure ; le maximum de $g = g_1 + g_2$ a lieu à l'intérieur, que le ressort soit étiré ou comprimé.

Dans les ressorts à boudin, r est très petit par rapport à R, et l'inclinaison β est toujours très faible ; on aura donc une solution très approchée en supposant

$$\sin \beta = 0, \quad \cos \beta = 1.$$

Le ressort est alors un *ressort de glissement*, dont les équations d'équilibre sont

$$\left. \begin{aligned} g_1 &= \frac{P}{\varpi r^2} = p \\ g_2 &= 2 \frac{P}{\varpi r^2} \frac{R}{r} = p \frac{2R}{r} \end{aligned} \right\} \quad g = p \frac{2R + r}{r},$$

et la limite d'élasticité

$$p = G \frac{r}{2R + r},$$

ou, approximativement,

$$p = G \frac{r}{2R},$$

G étant la *limite élastique de glissement*.

L'équation $\quad PR \sin \beta = EI \left(\dfrac{\cos^2 \beta}{R} - \dfrac{\cos^2 \beta_0}{R_0} \right)$, dans laquelle $\cos^2 \beta$ et $\cos^2 \beta_0$ diffèrent très peu de l'unité, montre que la variation de courbure est de l'ordre de grandeur de $\sin \beta$, c'est-à-dire très petite ; aussi peut-on regarder comme constants le rayon de courbure, le rayon du cylindre enveloppe du ressort, la longueur et le nombre des spires.

Les spires du ressort se touchant primitivement, on aura

$\sin \beta_0 = 0$, l'équation d'équilibre sous l'action d'un effort P sera

$$PR \cos \beta = \frac{\mu \varpi R^4}{4} \frac{\cos \beta \sin \beta}{R}$$

ou

$$p = \frac{\mu}{4} \frac{r^2}{R^2} \sin \beta = \frac{\mu}{4} \frac{r^2}{R^2} \frac{h}{L},$$

L étant la longueur totale et h la hauteur du ressort.

Le glissement g_1 fait bien varier la longueur L, mais cette longueur $L = n.2\varpi R \cos \beta$ diffère très peu de $n.2\varpi R$ et peut être considérée comme constante lorsque l'angle β est très petit. On a, dans ces conditions,

$$\Delta p = \frac{\mu}{4} \frac{r^2}{R^2} \frac{\Delta h}{L}.$$

Les allongements ou raccourcissements du ressort à boudin sont proportionnels aux efforts exercés sur ses extrémités, loi qui est vérifiée par l'expérience.

Le coefficient de glissement μ peut être déterminé au moyen du ressort à boudin, comme le coefficient d'élasticité de traction E au moyen des ressorts de flexion. En considérant le ressort comme composé de n spires complètes, on aura très approximativement

$$L = n.2\varpi R$$

et

$$\mu = 4 \frac{R^2}{r^2} \frac{\Delta p}{\Delta \frac{h}{L}} = 8n \frac{R^3}{r^4} \frac{\Delta P}{\Delta h}.$$

63. *Spiral conique et spiral plat.* — Le *ressort spiral plat*, comme nous l'avons dit au n° **43**, est une pièce à section constante dont la fibre moyenne est une *spire plane;* déformé par des couples égaux et de sens contraires, appliqués à ses extrémités, il constitue un *ressort de simple flexion* dont la courbure, en chaque point, varie proportionnellement au moment des couples extrêmes Son équation d'équilibre est

$$\mathfrak{M} = EI \left(\frac{1}{\rho} - \frac{1}{\rho_0} \right).$$

On emploie fréquemment comme ressort de choc, dans les wagons, les *spiraux coniques*, qui diffèrent du spiral plat en ce que la spire moyenne n'est pas plane; de plus, la section droite varie généralement d'un point à l'autre.

Pour fabriquer ces ressorts, on confectionne, à chaud, un spiral plat à section constante ou variable et on le rend *conique* en l'allongeant suivant son axe, on le trempe et on le recuit.

Dans le service, ces ressorts sont comprimés par des efforts dirigés suivant l'axe, et qui tendent à le ramener à la forme du spiral plat.

Si l'on suppose que les sections droites restent planes et normales à la fibre moyenne, pendant la déformation, on pourra considérer un élément de ce ressort comme un élément de ressort à boudin, ayant la même courbure et la même cambrure. Les équations d'équilibre seront celles du paragraphe précédent, dans lesquelles R et β seront variables d'un point à l'autre.

Lorsque le ressort sera complètement aplati, on aura

$$\beta = 0,$$
$$PR = g_1 \frac{I_1}{y},$$
$$P = g_2 \omega,$$

et les glissements maxima, dans le cas ordinaire ou le

spiral est à section rectangulaire, seront

$$g_1 = \frac{6PR}{abc} \left.\vphantom{\frac{P}{ab}}\right\} \quad g < g_1 + g_2 = \frac{P}{ab} \cdot \frac{6R+c}{c}.$$
$$g_2 = \frac{P}{ab}$$

Le ressort sera d'égale résistance, au moment de l'aplatissement, si on le construit de telle façon que $\dfrac{6R+c}{abc}$ soit constant.

b est généralement petit relativement à a, et c diffère peu de a; on remplira donc approximativement la condition précédente en construisant le ressort avec une lame à

Fig. 102.

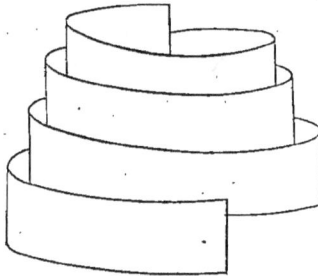

largeur constante et à épaisseur proportionnelle à R, ou avec une lame d'épaisseur constante et une largeur proportionnelle à $\sqrt{R}$.

Pour que la limite d'élasticité ne soit pas dépassée, il faudra que

$$\frac{6R+c}{abc} < \frac{G}{P},$$

G étant la limite d'élasticité de glissement.

Ces conditions sont suffisantes pour la construction du ressort plat; mais celui-ci, lorsqu'il sera allongé en cône, devra avoir une hauteur assez faible pour que les charges inférieures à celle de l'aplatissement ne produisent pas de déformations permanentes.

RÉSUMÉ ET CONCLUSIONS.

I. Nous avons exposé, dans cette première étude, la description des procédés d'expérimentation et d'investigation, des machines et des instruments employés aux expériences, les résultats de l'expérience, les faits qui confirment ou infirment les idées généralement admises et peuvent servir de base à l'établissement de nouvelles théories, enfin certaines théories particulières dont nous apprécions plus loin la valeur.

II. Les *limites d'élasticité de traction et de glissement simples* ont été mesurées avec toute la précision désirable; leur rapport est constant pour tous les fers et aciers homogènes. La *limite élastique de simple compression*, au contraire, n'a pu être mesurée directement; sa valeur, appréciée dans l'étude de la flexion, est beaucoup plus élevée que celle de la limite élastique de traction.

Ces résultats d'expérience infirment absolument les idées généralement admises *a priori*, d'après lesquelles les trois limites élastiques de traction, de compression et de glissement sont considérées comme égales.

III. La *résistance au glissement* peut être déduite très exactement de la *résistance à la torsion* d'une éprouvette cylindrique quelconque; au contraire, la résistance à la

rupture par *traction* ou *compression* dépend essentiellement de la dimension des éprouvettes employées à sa mesure.

IV. La limite élastique d'un corps primitivement déformé d'une façon permanente par un système d'efforts (F)
ayant agi pendant un temps assez long est justement
égale à (F) lorsque le corps est soumis de nouveau, et
dans les mêmes conditions, à l'action des mêmes efforts.

V. La limite d'élasticité n'a et ne peut avoir aucun rapport déterminé avec la résistance à la rupture.

VI. Quelque grandes que soient les déformations
subies par un corps solide non poreux, son *volume* et sa
densité varient très peu. Le rapport de la variation de
volume aux variations linéaires peut avoir une valeur considérable lorsque la déformation est très petite; mais il
peut être considéré comme nul dans le cas des grandes
déformations. Dans la torsion, le volume et la densité sont
absolument invariables, pourvu que la déformation soit
produite assez lentement pour que le corps ne s'échauffe
pas.

VII. Les phénomènes qui accompagnent les déformations des solides, comme tous les phénomènes physiques,
ne diffèrent entre eux que par degré.

Les déformations d'un même ordre de grandeur, qu'elles
soient élastiques ou permanentes, sont de même espèce;
nous avons cité, à ce sujet, les déformations du plomb,
de l'acier, du caoutchouc.

VIII. Il y a lieu de distinguer les *déformations exté-*

rieures et les *déformations intérieures,* et, parmi les premières, les *déformations longitudinales* et les *déformations transversales.* L'étude de la compression nous a montré un genre particulier que nous avons nommé *plissement;* c'est le développement d'une partie de la surface latérale dans le plan des bases; le plissement peut être élastique ou permanent, suivant la forme du corps comprimé et la qualité de la matière qui le constitue.

Les déformations intérieures les plus intéressantes sont celles des *sections droites,* qui n'éprouvent dans la torsion qu'un simple déplacement, qui se déforment sans se gauchir dans la flexion simple, et qui dans la traction et la compression peuvent éprouver de grandes déformations en tous sens.

IX. Lorsqu'un corps a été déformé au delà de sa limite d'élasticité, il est incapable de reprendre sa forme primitive, de *se détendre* complètement; dans la détente partielle, toutes les forces élastiques ne peuvent s'évanouir à la fois. Nous avons étudié l'état particulier d'équilibre après la détente de torsion et de flexion.

X. Les courbes de traction sont habituellement construites en prenant pour coordonnées les allongements pour 100 et les efforts rapportés à la section primitive; on pourrait, tout aussi bien et mieux, prendre pour coordonnées les efforts rapportés à la section minima actuelle et les allongements élémentaires maxima correspondants. L'idée qu'on peut se faire de la *qualité* de la matière à l'inspection de la courbe de traction varie beaucoup avec le mode de représentation adopté et aussi avec les dimensions des éprouvettes employées.

Dans l'appréciation de la qualité par l'épreuve de traction, la *striction* doit toujours être considérée en même temps que la *résistance à la rupture*.

XI. Ce que nous avons dit au sujet des résultats de la traction et de l'analyse chimique des fers et aciers, nous pouvons l'étendre aux résultats d'une épreuve mécanique quelconque. Les déformations, les limites d'élasticité, les résistances dépendent essentiellement du travail mécanique subi à froid par la matière, de son état moléculaire, et sont complètement indépendantes de la composition chimique quantitative. Deux coefficients seulement peuvent être comparés aux résultats de l'analyse chimique : ce sont les *résistances à la rupture par glissement* ou par *traction opérée sur des éprouvettes très courtes*.

XII. Quant à la forme et à l'aspect des *cassures*, nous nous contenterons actuellement de faire remarquer leur grande variabilité avec le genre d'efforts de rupture et avec les dimensions des éprouvettes. A ceux qui voient dans la cassure la *texture cachée* de la matière, nous montrerons trois éprouvettes d'un même acier, brisées par traction, par flexion et par torsion, la première en forme de coupe à lèvres lisses et brillantes, avec un fond gris, terne, spongieux, la seconde tout à grains cristallins, la dernière plane, lisse et brillante, et nous demanderons laquelle des trois représente la *structure moléculaire*.

XIII. Notre théorie de la flexion, comme la théorie classique de la flexion élastique, est basée sur ce fait que les sections droites restent planes et normales à la surface extérieure, d'où l'on conclut que les divers éléments de ces sections sont sollicités par des forces élastiques normales. Mais il est bien évident que, sauf le cas où les efforts extérieurs se réduisent à des couples, les forces qui agissent sur une section quelconque doivent avoir une résultante oblique, et que, par conséquent, les forces élastiques ont généralement une composante tangentielle. Nous avons négligé les forces tangentielles agissant sur les éléments des sections droites, précisément parce que l'expérience constate que ces sections planes restent normales à la surface extérieure ; si ces forces avaient une action sensible, elles produiraient un glissement relatif des sections droites, et le fait constaté n'existerait pas. Cela montre dans quelles conditions la flexion peut être simple.

Il n'y aura pas de glissement sensible, les sections droites pourront rester normales à la surface extérieure, lorsque leur superficie sera très grande relativement à la projection, sur leur plan, des efforts exercés, lorsque les forces extérieures se réduiront à des couples, ou bien encore lorsque la barre fléchie sera longue. Dans le cas contraire, les efforts transversaux auront une valeur considérable relativement à la surface des sections droites, les composantes tangentielles ne seront plus négligeables, la déformation ne sera plus une flexion simple. Tel est, par exemple, le cas des déformations produites par la compression des prismes de moyenne longueur. Lorsque la barre ou la distance des points d'application des efforts est très courte, la déformation, très compliquée, prend la dénomination mal définie de *cisaillement,* et c'est bien à tort qu'on la considère comme un simple glissement.

Dans les théories classiques on considère séparément les composantes normales et les *efforts tranchants,* qu'on suppose gratuitement répartis d'une manière uniforme sur les sections ; à notre avis, au contraire, on peut né-

gliger complètement les composantes tangentielles lorsque
la flexion est simple, car, de deux choses l'une : ou la
flexion est simple et les glissements sont négligeables,
ou bien il est nécessaire de tenir compte des forces tangentielles et alors la flexion n'est plus simple. C'est ce qui
arrive lorsque les extrémités des pièces ont des sections
très réduites, dans le cas des solides d'égale résistance
par exemple.

XIV. La théorie de la flexion ne s'applique pas au cas
des très grandes déformations transversales, qui sont accompagnées d'un développement de forces élastiques,
agissant sur les éléments normaux aux sections droites et
dont l'effet doit être pris en considération.

De même, lorsque, dans la traction, l'éprouvette ne
conserve plus sa forme cylindrique ou prismatique, lorsque
le *fuseau* se forme, les forces élastiques longitudinales
cessent d'être parallèles à l'axe et uniformément réparties
sur les sections; il y a, de plus, développement de forces
élastiques transversales; la déformation n'est plus une
simple traction.

XV. Lorsque l'on compare l'étude de la *torsion* des cylindres de révolution à celles de la flexion, de la compression ou de la traction, on est frappé de sa simplicité et de
son caractère de généralité. Cette simplicité, toute géométrique, de la torsion n'a d'égale que celle de la traction
simple, limitée à l'apparition du fuseau. Plus de restric-
tions relatives aux dimensions ou à la grandeur des efforts
ou des déformations dans la théorie de la torsion; la même
courbe représente, en fonction des moments, les torsions
de tous les cylindres de même matière, quelle que soit
leur longueur, quel que soit leur diamètre. La *courbe*

du glissement, comme la *courbe de simple traction,* est une véritable *courbe spécifique* de la matière expérimentée.

Les résultats des essais de torsion se prêtent naturellement à la classification des matériaux homogènes et peuvent être considérés comme l'expression de leur qualité.

XVI. Nous ferons remarquer, enfin, la facilité d'observation des phénomènes de torsion, les faibles dimensions de la machine d'épreuve et l'exactitude des résultats qu'elle permet d'obtenir, la possibilité de produire la torsion dans les deux sens et de faire varier, dans des limites très étendues, la durée de l'expérience. Tenant dans la main la manivelle motrice, l'expérimentateur, seul, sans aides, produit la torsion et observe la marche des aiguilles indicatrices des déformations et des efforts, faisant ainsi usage de deux sens, le toucher et la vue : remarque dont l'importance n'échappera pas à ceux qui ont l'habitude des recherches expérimentales et qui savent combien il est différent d'expérimenter soi-même, de lire la description d'une expérience ou d'examiner les résultats obtenus par des aides-opérateurs.

XVII. La théorie de la torsion des prismes n'a pas le caractère de généralité de celle de la torsion des cylindres de révolution ; comme la théorie de la flexion, elle ne fournit que des résultats approximatifs.

XVIII. Dans l'étude, plus géométrique que physique, du ressort hélicoïdal, nous avons montré comment une déformation, dans certaines circonstances, peut être décomposée en déformations plus simples. En ne considérant que les déformations, indépendamment des efforts qui les

produisent et des forces élastiques développées, au point
de vue purement cinématique, cette étude est fort inté-
ressante et à l'abri de tout reproche; elle satisfait l'esprit
en expliquant nettement un phénomène très complexe.
Mais, au point de vue statique, on ne peut en dire autant,
car on admet, *a priori*, que les moments de flexion et de
torsion correspondant à une variation donnée de courbure
et de cambrure sont les mêmes, que la flexion et la torsion soient produites simultanément ou successivement.
Aussi la théorie du ressort hélicoïdal n'a-t-elle de valeur
réellement positive que dans le cas où l'hélice moyenne
est très peu inclinée, la déformation se réduisant alors soit
à une flexion, soit à une torsion, suivant que le ressort
est soumis à l'action de forces dirigées suivant l'axe ou de
couples normaux à l'axe.

XIX. Toutes les théories spéciales sont d'ailleurs in-
complètes, car elles ne s'occupent que des forces élastiques
qui sollicitent les sections droites et nullement de celles
qui agissent sur les éléments situés dans d'autres plans.
Cela n'a pas grand inconvénient lorsque les sections droites
sont sollicitées soit par des forces tangentielles, soit par
des forces normales, pourvu que, dans ce dernier cas,
les éléments normaux aux sections droites ne soient
soumis à l'action d'aucune force. En dehors de ces conditions, les résultats obtenus ont peu de valeur. Si, par
exemple, dans un tube circulaire soumis à des pressions
exercées à la surface intérieure ou extérieure, on ne considère que les forces élastiques normales aux plans diamé-
traux, en négligeant celles qui sont situées dans ces plans,
on n'arrive qu'à des conséquences inexactes, comme la loi
de Barlow. Dans le cas où les sections droites sont sollicitées par des forces obliques, comme cela arrive, en gé-

néral, dans le ressort hélicoïdal, on admet gratuitement
que la déformation totale est la résultante des déformations qui seraient produites par les composantes normales
et tangentielles des forces obliques, agissant séparément; les résultats n'auront de valeur qu'après la vérification expérimentale.

XX. Parmi les effets, les déformations qui accompagnent le développement de forces élastiques, il y a lieu
de distinguer les effets permanents, des effets qui n'ont
que la durée de l'action des efforts, les déformations entièrement élastiques, des déformations en partie permanentes.

Le système des forces élastiques, agissant sur un élément solide, et correspondant à la déformation élastique
extrême, représente la *limite d'élasticité*.

Tous les auteurs qui se sont occupés de la limite d'élasticité, admettent que, un élément plan O étant sollicité
par une force oblique O*m*, la limite élastique est dépassée
seulement lorsqu'une des composantes normale ou tan-

Fig. 103.

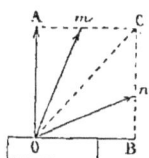

gentielle de O*m* est supérieure à la limite d'élasticité de
simple traction OA = ℒ ou de glissement OB = 𝒢; en
sorte que toutes les droites OA, O*m*, OC, O*n*, OB,
limitées au contour du rectangle ACB, représentent des
forces limites élastiques. Ils admettent ainsi bien plus
que l'indépendance des effets des forces élastiques, puis-

14

qu'ils regardent la force totale comme produisant le même effet que si l'une des composantes n'existait pas.

XXI. Dans l'étude générale qui formera la seconde Partie de notre travail, nous rechercherons les effets des forces obliques et de toutes les forces agissant, soit successivement, soit simultanément, sur un corps.

Dans l'étude particulière que nous venons de faire, nous avons présenté des résultats d'expériences, des faits; les uns n'ont pas encore été interprétés, les autres ont été reliés par des théories spéciales. Ces théories n'ont de valeur réellement positive que dans le cas particulier où la déformation étudiée se réduit à une simple traction, à une simple flexion, à un glissement ou à une simple torsion.

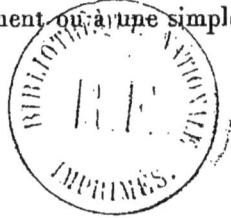

FIN DE LA PREMIÈRE PARTIE.

TABLE DES MATIÈRES.

Ire PARTIE.

STATIQUE SPÉCIALE.

CHAPITRE I.

PRINCIPES GÉNÉRAUX ET DÉFINITIONS.

CHAPITRE II.

TRACTION EXPÉRIMENTALE.

CHAPITRE III.

COMPRESSION EXPÉRIMENTALE.

CHAPITRE IV.

FLEXION.

FIN DE LA TABLE DES MATIÈRES DE LA PREMIÈRE PARTIE.

6249   Paris. — Imp. de GAUTHIER-VILLARS, quai des-Augustins, 55.

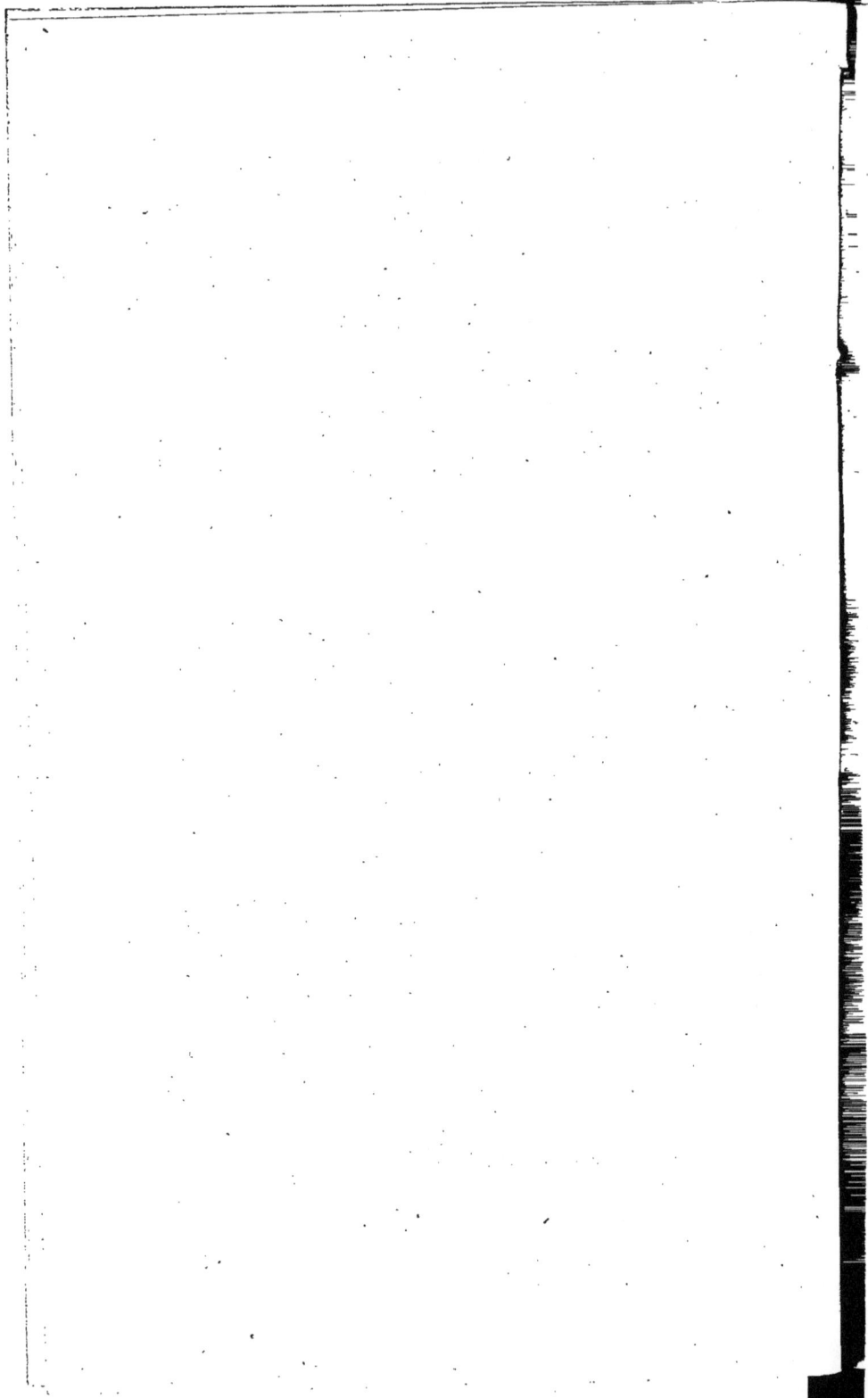

EXTRAIT DU CATALOGUE

DE LA

LIBRAIRIE GAUTHIER-VILLARS,

SUCCESSEUR DE MALLET-BACHELIER.

DIVISIONS SCIENTIFIQUES.

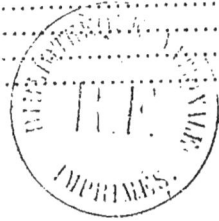

EXTRAIT DU CATALOGUE

DE LA

LIBRAIRIE GAUTHIER-VILLARS

SUCCESSEUR DE MALLET-BACHELIER,

IMPRIMEUR-LIBRAIRE

DU BUREAU DES LONGITUDES; — DES OBSERVATOIRES DE PARIS, MONTSOURIS, BORDEAUX, MARSEILLE, NICE ET TOULOUSE; — DU BUREAU CENTRAL MÉTÉOROLOGIQUE; — DE L'ÉCOLE POLYTECHNIQUE; — DE L'ÉCOLE CENTRALE DES ARTS ET MANUFACTURES; — DU DÉPÔT DES FORTIFICATIONS; — DE LA SOCIÉTÉ MÉTÉOROLOGIQUE; — DU COMITÉ INTERNATIONAL DES POIDS ET MESURES; ETC.

PARIS,

GAUTHIER-VILLARS, IMPRIMEUR-LIBRAIRE,

Quai des Grands-Augustins, 55.

—

1881

PUBLICATIONS PÉRIODIQUES.

(Les abonnements sont annuels et partent de Janvier.)

†**ANNALES SCIENTIFIQUES DE L'ÉCOLE NORMALE SUPÉRIEURE.** In-4; mensuel. 2e série, t. X; 1881.

> Paris, 30 fr. — Dép. et Union postale, 35 fr. — Autres pays, 40 fr.
> Les 7 volumes de la 1re Série, 1864-1870 se vendent............. **150 fr.**

BULLETIN DE LA SOCIÉTÉ FRANÇAISE DE PHOTOGRAPHIE. Grand in-8 mensuel; 27e année; 1881.

> Paris et les départements, 12 fr. — Étranger, 15 fr.

> On peut se procurer à la même Librairie les *années antérieures*, sauf les années 1855 et 1856, au prix de 12 fr. l'une, — les *numéros séparés* au prix de 1 fr. 50 c. — et la **Table décennale** par ordre de matières et par noms d'auteurs des tomes I à X (1855 à 1864), au prix de 1 fr. 50 c.

BULLETIN DE LA SOCIÉTÉ MATHÉMATIQUE DE FRANCE, publié par les Secrétaires. Grand in-8; 6 numéros par an. T. IX; 1881.

> Paris, 15 fr. — Dép. et Union postale, 16 fr. — Autres pays, 18 fr.

BULLETIN HEBDOMADAIRE DE L'ASSOCIATION SCIENTIFIQUE DE FRANCE, fondé par LE VERRIER, publié sous la direction du Président de la Société. In-8, 2e série, t. II et III.

> Paris, 15 fr. — Dép. et Union postale, 17 fr. — Autres pays, 23 fr.

> Les abonnements sont reçus au Secrétariat de l'Association, à la Sorbonne. Adresser par lettre affranchie un mandat de poste.

†**BULLETIN DES SCIENCES MATHÉMATIQUES ET ASTRONOMIQUES**, rédigé par MM. DARBOUX, HOÜEL et TANNERY avec la collaboration de plusieurs savants, sous la direction de la Commission des Hautes Études. Gr. in-8; mensuel. 2e SÉRIE, tome V (en deux Parties); 1881.

> Paris, 18 fr. — Dép. et Union postale, 20 fr. — Autres pays, 24 fr.
> La **1**^{re} Série, tomes I à XI, 1870 à 1876, se vend................ **90 fr.**

COMPTES RENDUS HEBDOMADAIRES DES SEANCES DE L'ACADÉMIE DES SCIENCES. In-4; hebdomadaire. T. XCII et XCIII; 1881.

> Paris, 20 fr. — Dép., 30 fr. — Union postale, 34 fr. — Autres pays, 65 fr.

JOURNAL DE L'ÉCOLE POLYTECHNIQUE. In-4°; semestriel. Cahiers XLIX et L; 1881.

> Prix d'un cahier : Paris, France et Étranger : 12 fr.

†**JOURNAL DE L'INDUSTRIE PHOTOGRAPHIQUE**; *organe de la Chambre syndicale de la Photographie.* Grand in-8, mensuel, 2e année; t. II; 1881.

> Paris, France et Étranger, 7 fr.

†**JOURNAL DE MATHÉMATIQUES PURES ET APPLIQUÉES**, fondé par M. *Liouville* et rédigé par M. *Resal*, depuis 1875. In-4; mensuel. 3e Série, tome VII; 1881.

> Paris, 30 fr. — Dép. et Union postale, 35 fr. — Autres pays, 40 fr.
> **1**^{re} **Série**, 20 volumes in-4, années 1836 à 1855 (au lieu de 600 fr.) **400 fr.**
> Chaque volume pris séparément (au lieu de 30 fr.).......... **25 fr.**
> **2**^e **Série**, 19 volumes in-4, années 1856 à 1874 (au lieu de 570 fr.) **380 fr.**
> Chaque volume pris séparément (au lieu de 30 fr.)................ **25 fr.**

JOURNAL DE PHYSIQUE THÉORIQUE ET APPLIQUÉE, fondé par *d'Almeida* et publié par MM. *E. Bouty, A. Cornu, E. Mascart, A. Potier*, avec la collaboration de plusieurs savants. Grand in-8, mensuel. T. X; 1881.

> Paris, 12 fr. — Dép. et Union postale, 14 fr. — Autres pays, 17 fr.

†**NOUVELLES ANNALES DE MATHÉMATIQUES**, rédigées par MM. *Gerono* et *Brisse.* In-8; mensuel. 2e Série, t. XX; 1881.

> Paris, 15 fr. — Dép. et Union postale, 17 fr. — Autres pays, 20 fr.
> **1**^{re} Série, 20 vol. in-8, années 1842 à 1861.................... **300 fr.**

AMERICAN JOURNAL OF MATHEMATICS PURE AND APPLIED. Editor in chief SYLVESTER. Grand in-4; trimestriel. Tome III; 1880.

> Paris et Union postale, 30 fr.

MATHÉSIS, *Recueil mathématique à l'usage des Écoles spéciales et des Établissements d'instruction moyenne*, publié par *P. Mansion* et *J. Neuberg.* Grand In-8, mensuel. T. I; 1881.

> Paris, France et Etranger, 9 fr.

EXTRAIT DU CATALOGUE

DE LA

LIBRAIRIE GAUTHIER-VILLARS,

Successeur de Mallet-Bachelier,

QUAI DES GRANDS-AUGUSTINS, 55, A PARIS.

ARITHMÉTIQUE.

†**BACHET**, sieur de **MÉZIRIAC**. — **Problèmes plaisants et délectables qui se font par les nombres.** 4ᵉ édition, revue, simplifiée et augmentée par *A. Labosne,* Professeur de Mathématiques. Petit in-8, caractères elzévirs, titre en deux couleurs; 1879.
    Tirage sur papier vélin............................ 6 fr.
    Tirage sur papier vergé............................ 8 fr.

†**BOURDON**, ancien Examinateur d'admission à l'École Polytechnique. — **Éléments d'Arithmétique**; 36ᵉ édit., rédigée conformément aux *nouveaux Programmes* de l'enseignement. In-8; 1878. (*Adopté par l'Université.*)...... 4 fr.

†**FATON** (le **P.**). — **Traité d'Arithmétique théorique et pratique,** terminé par une petite Table de Logarithmes. Chaque théorie est suivie d'un choix d'Exercices gradués de calcul et d'un grand nombre de Problèmes. 9ᵉ édition. In-12; 1879. (*Autorisé par l'Université.*) Broché.............. 2 fr. 75 c.
    Cartonné............ 3 fr. 20 c.

†**FATON** (le **P.**). — **Premiers éléments d'Arithmétique,** à l'usage des classes inférieures de grammaire. 7ᵉ édition. In-12; 1881. Broché..... 1 fr. 50 c.
    Cartonné.... 1 fr. 90 c.

FINANCE (**Ch.**), Officier d'Académie, Professeur au Collège de Saint-Dié. — **Arithmétique,** à l'usage des Élèves des Écoles normales primaires, des Collèges, des Lycées, des Pensions, comprenant les matières exigées *pour le brevet d'instituteur* et *pour l'admission aux Écoles des Arts et Métiers.* Nouvelle édition, revue et augmentée. In-12; 1874...................... 2 fr. 50 c.

†**LIONNET** (**E.**), Examinateur suppléant à l'École Navale.—**Éléments d'Arithmétique.** (*Autorisé par l'Université.*) 3ᵉ édition. In-8; 1857....... 4 fr.

†**LIONNET** (**E.**). — **Complément des Éléments d'Arithmétique,** comprenant les **Approximations numériques,** à l'usage des Candidats aux Écoles du Gouvernement et au Baccalauréat ès Sciences. (*Autorisé par l'Université.*) 2ᵉ édition, in-8; 1857........................... 2 fr. 50 c.
    Les **Approximations numériques** se vendent séparément.......... 1 fr.

†**SERRET** (**J.-A.**), Membre de l'Institut. — **Traité d'Arithmétique,** à l'usage des candidats au Baccalauréat ès Sciences et aux Écoles spéciales. 6ᵉ édit., revue et mise en harmonie avec les derniers programmes officiels par **J.-A. Serret** et par **Ch. de Comberousse,** Professeur de Cinématique à l'École Centrale et de Mathématiques spéciales au Collège Chaptal. In-8; 1875..... 4 fr. 50 c.

†**VIEILLE.** — **Théorie générale des approximations numériques,** à l'usage des Candidats aux Écoles spéciales du Gouvernement. In-8; 2ᵉ édit.; 1854. 3 fr. 50 c.

ALGÈBRE.

*****AMADIEU** (**P.-F.**). — **Notions élémentaires d'Algèbre,** exigées pour l'admission à l'École Navale, à l'École de Saint-Cyr et à l'École Forestière. In-12 avec figures, 3ᵉ édition; 1867................................. 3 fr.

†**BENOIT** (**P.-M.-N.**), Ingénieur civil. — **La Règle à calcul expliquée, ou Guide du calculateur** à l'aide de la Règle logarithmique à tiroir. Fort volume in-12, avec pl.; 1853............................. 5 fr.
    In-8 : S.

La **Règle à calcul** (*Instrument par Gravet-Lenoir*) se vend séparément. 7 fr.

†**BIEHLER**, Directeur des Études à l'École préparatoire du Collège Stanislas. — **Sur la théorie des équations** (Thèse). In-4; 1879 .... 5 fr.

BOSET, Professeur à l'Athénée royal de Namur. — **Traité élémentaire d'Algèbre.** In-8; 1880........................ 7 fr. 50 c.

†**BOURDON.** — Éléments d'Algèbre, avec Notes de M. *Prouhet.* 15ᵉ édit. In-8; 1877. (*Adopté par l'Université.*)...................... 8 fr.

CAMPOU (de), Professeur au Collège Rollin. — **Théorie des quantités négatives.** In-8, avec figures dans le texte; 1879.................. 1 fr. 50.

†**CHOQUET**, Docteur ès Sciences, ancien Répétiteur à l'École d'Artillerie de la Flèche. — **Traité d'Algèbre.** In-8; 1856. (*Autorisé.*)..... 7 fr. 50 c.

†**DESBOVES.** — **Mémoire sur la résolution en nombres entiers de l'équation** $aX^m + bY^m = cZ^n$. In 8; 1879...................... 1 fr. 50 c.

†**LABOSNE** (A.). — Instruction sur la **Règle à calcul**, contenant les applications de cet instrument au calcul des expressions numériques, à la résolution des équations du deuxième et du troisième degré, et aux principales questions de Trigonométrie. In-8; 1872............................ 2 fr.

†**LACROIX** (S.-F.). — Éléments d'Algèbre, à l'usage des candidats aux Écoles du Gouvernement. 24ᵉ édition, revue, corrigée et annotée conformément aux *nouveaux Programmes* de l'enseignement dans les Lycées, par M. *Prouhet*, Professeur de Mathématiques. In-8; 1879. (*Autorisé par décision ministérielle.*).... 6 fr.

†**LACROIX** (S.-F.). — **Complément des Éléments d'Algèbre** à l'usage de l'École centrale des Quatre-Nations. 7ᵉ édition. In-8; 1863........ 4 fr.

†**LAGUERRE.** — **Notes sur la résolution des équations numériques.** In-8; 1880 .... 2 fr.

†**LAURENT** (H.), Répétiteur d'Analyse à l'École Polytechnique. — **Traité d'Algèbre** à l'usage des Candidats aux Écoles du Gouvernement. 3ᵉ édit., revue et mise en harmonie avec les derniers programmes. 3 vol. in-8....... 12 fr.

On vend séparément :

Iʳᵉ Partie, **Algèbre élémentaire**, à l'usage des *Classes de Mathématiques élémentaires*; 1879.................................. 4 fr.

IIᵉ Partie, **Analyse algébrique**, à l'usage des *Classes de Mathématiques spéciales*; 1880.................................... 4 fr.

IIIᵉ Partie, **Théorie des équations**, à l'usage des *Classes de Mathématiques spéciales*; 1881.................................. 4 fr.

LEFÉBURE DE FOURCY. — Leçons d'Algèbre. 9ᵉ édition; 1880. 7 fr. 50 c.

†**LEMONNIER** (H.), Docteur ès Sciences, Professeur de Mathématiques spéciales au Lycée Henri IV. — **Mémoire sur l'élimination.** In-4; 1879. 6 fr.

†**LIONNET.** — Algèbre élémentaire, à l'usage des candidats au Baccalauréat ès Sciences et aux Écoles du Gouvernement. 3ᵉ édition. In-8; 1868. 4 fr.

†**ROUCHÉ** (E.), ancien Élève de l'École Polytechnique, Professeur au Lycée Charlemagne. — **Éléments d'Algèbre**, à l'usage des candidats au Baccalauréat ès Sciences et aux Écoles spéciales. In-8, avec 28 fig.; 1857... 4 fr.

†**SERRET** (J.-A.), Membre de l'Institut. — **Cours d'Algèbre supérieure.** 4ᵉ édition. 2 forts volumes in-8; 1877-1878...................... 25 fr.

GÉOMÉTRIE.

†**CHASLES**, Membre de l'Institut. — **Traité de Géométrie supérieure.** 2ᵉ édition. Grand in-8, avec 12 planches; 1880.................. 24 fr.

†**CHASLES**, Membre de l'Institut. — **Aperçu historique sur l'origine et le développement des méthodes en Géométrie**, particulièrement de celles qui se rapportent à la Géométrie moderne, suivi d'un *Mémoire de Géométrie sur deux principes généraux de la Science, la Dualité et l'Homographie.* 2ᵉ édition, conforme à la première. Un beau volume in-4 de 850 pages; 1875... 35 fr.

†**CHASLES.** — **Traité des sections coniques**, faisant suite au **Traité de Géométrie supérieure.** *Première Partie.* In-8, avec 5 planches; 1865...... 9 fr.

COMPAGNON (P.-F.), ancien Professeur de l'Université. — **Éléments de Géométrie.** Cet Ouvrage est surtout destiné aux jeunes gens qui se préparent aux Écoles du Gouvernement. 2ᵉ édition. In-8, avec figures; 1876..... 7 fr.

COMPAGNON (P.-F.). — **Abrégé des Éléments de Géométrie.** Cet Ouvrage s'adresse plus particulièrement aux Élèves des différentes classes de Lettres, aux candidats au Baccal. ès Lettres ou ès Sc., et aux Élèves de l'Enseignement secondaire spécial. 2e édition. In-8, avec fig.; 1876. (*Autorisé par le Conseil supérieur de l'Enseignement secondaire spécial.*)...... 4 fr. 5o c.

†**COMPAGNON (P.-F.).** — **Questions proposées sur les Éléments de Géométrie,** divisées en Livres, Chapitres et paragraphes, et contenant quelques indications *sur la manière de résoudre certaines questions.* In-8, avec figures dans le texte; 1877................................ 5 fr.

†**CREMONA (L.),** Directeur de l'École d'application des Ingénieurs, à Rome. — **Éléments de Géométrie projective;** traduits par *Ed. Dewulf,* Chef de bataillon du Génie. Un beau volume in-8, 216 figures sur cuivre, en relief, dans le texte; 1875................................ 6 fr.

†**DOSTOR (G.).** — **Théorie générale des polygones étoilés.** In-4; 1881, 2 fr.

FLYE SAINTE-MARIE, Capitaine d'Artillerie. — **Études analytiques sur la théorie des parallèles.** In-8, avec 8 planches; 1871................ 5 fr.

FOLIE (F.), Administrateur-Inspecteur de l'Université de Liège. — **Recherches de Géométrie supérieure.** — Évolution. — Synthèse des théorèmes de Pascal et de Brianchon. — Rapport anharmonique et involution du $n^{ième}$ ordre. In-8; 1878................................ 1 fr. 5o

FOLIE (F.). — **Fondements d'une Géométrie supérieure cartésienne.** In-4, avec planche; 1872................................ 5 fr.

†**HOÜEL (J.),** Professeur de Mathématiques pures à la Faculté des Sciences de Bordeaux. — **Essai critique sur les principes fondamentaux de la Géométrie élémentaire** ou **Commentaire sur les XXXII premières propositions des Éléments d'Euclide.** In-8, avec figures; 1867............. 2 fr. 5o c.

†**LACROIX (S.-F.).** — **Éléments de Géométrie,** suivis de *Notions sur les courbes usuelles.* 21e édition, conforme aux *Programmes* de l'enseignement dans les Lycées, revue et corrigée par M. *Prouhet,* Répétiteur à l'École Polytechnique. In-8, avec 220 fig. dans le texte; 1880. (*Autorisé par décision ministérielle.*) 4 fr.

†**LALANNE (Léon),** Inspecteur général des Ponts et Chaussées, Membre de l'Académie des Sciences. — **De l'emploi de la Géométrie pour résoudre certaines questions de moyennes et de probabilités.** In-4, avec figures; 1879. 2 fr.

†**MARIE (F.-C.-M.).** — **Géométrie stéréographique, ou Reliefs des polyèdres** pour faciliter l'étude des corps, en 25 pl. gravées dont 24 sur carton et découpées, d'après l'Ouvrage anglais de *Cowley.* In-8; 1835....... 5 fr.

NÉEL. — **Les applications de Blanchet. Théorèmes, lieux géométriques et problèmes.** In-8, avec 73 planches intercalées dans le texte. Louvain; 1879................................ 3 fr. 5o c.

PETERSEN (Julius), Membre de l'Académie royale danoise des Sciences, Professeur à l'École royale polytechnique de Copenhague. — **Méthodes et théories pour la résolution des problèmes de constructions géométriques,** *avec application à plus de 400 problèmes.* Traduit par *O. Chemin,* Ingénieur des Ponts et Chaussées. Petit in-8, avec figures; 1880.................... 4 fr.

PONCELET, Membre de l'Institut. — **Traité des propriétés projectives des figures.** 2e édition, 2 volumes in-4, avec de nombreuses planches gravées sur cuivre; 1865-1866................................ 40 fr.
  Le IIe Volume se vend séparément .... 20 fr.

†**ROUCHÉ (E.),** Professeur à l'École Centrale, Répétiteur à l'École Polytechnique, etc., et **DE COMBEROUSSE (Ch.),** Professeur à l'École Centrale et au Collège Chaptal, etc. — **Traité de Géométrie,** conforme aux Programmes officiels, renfermant un très-grand nombre d'exercices et plusieurs Appendices consacrés à l'exposition des PRINCIPALES MÉTHODES DE LA GÉOMÉTRIE MODERNE. 4e édition, revue et notablement augmentée. In-8 de XXXVIII-900 pag., avec 616 fig. dans le texte et 1085 *Questions proposées*; 1878-1879. 14 fr.
  On vend séparément :
  Ire Partie (*Géométrie plane.*)................................ 6 fr.
  IIe Partie (*Géométrie dans l'espace, courbes et surfaces usuelles*)...... 8 fr.

†**ROUCHÉ (E.)** et **DE COMBEROUSSE (Ch.).** — **Éléments de Géométrie** rédigés conformément aux Programmes d'enseignement des classes de troi-

sième, de seconde, de rhétorique et de philosophie, suivis d'un COMPLÉMENT A L'USAGE DES ELÈVES DE MATHÉMATIQUES ÉLÉMENTAIRES ET DE MATHÉMATIQUES SPÉ-CIALES, et de *Notions sur le lever des plans, l'arpentage et le nivellement.* 3ᵉ édi-tion, revue et augmentée. In-8, avec fig. dans le texte; 1881............ 6 fr.

†SERRET (Paul), Docteur ès Sciences, Membre de la Société philomathique. — Géométrie de direction. APPLICATION DES COORDONNÉES POLYÉDRIQUES. *Propriété de dix points de l'ellipsoïde, de neuf points d'une courbe gauche du quatrième ordre, de huit points d'une cubique gauche.* In-8, avec fig. dans le texte; 1869... 10 fr.

†TARNIER, Inspecteur de l'Instruction primaire à Paris. — Éléments de Géo-métrie pratique, conformes au Programme de l'enseignement secondaire spé-cial (année préparatoire, Sciences), à l'usage des Écoles primaires et des divers établissements scolaires. In-8, avec figures dans le texte, accompagné d'un Atlas in-folio contenant 1 planche typographique et 7 belles planches coloriées gravées sur acier; 1872.

Prix du texte broché, avec l'Atlas en feuilles dans une couvert. imprimée. 6 fr.
Prix du texte cartonné et de l'Atlas cartonné sur onglets...... 8 fr. 75 c.

On vend séparément :

Le texte, broché.... 2 fr. 50 c.   Le texte, cartonné....... 3 fr. 25 c.
L'Atlas, en feuilles . 3 fr. 50 c.   L'Atlas, cart. sur onglets. 5 fr. 50 c.
Les 8 planches collées sur toile, et formant une *grande carte murale*, vernie, avec gorge et rouleau... 12 fr.
Les 8 planches collées séparément sur carton, avec anneau....... 10 fr.

†VIANT (J.). — Notions sur quelques courbes usuelles, à l'usage des candidats aux Écoles et au Baccalauréat. In-8, avec pl.; 1864.. 2 fr. 50 c.

TRIGONOMÉTRIE.

†BOURDON. — Trigonométrie rectiligne et sphérique. 2ᵉ édition, revue et annotée par M. *Brisse*, Agrégé de l'Université, Professeur au Lycée Fontanes. In-8 avec figures dans le texte; 1877. (*Adopté par l'Université.*)........ 3 fr.

†CARÊME. — Trigonométrie rectiligne. In-8, avec fig.; 1869... 2 fr. 50 c.

†DELISLE, Examinateur de la Marine, et GERONO, Professeur de Mathéma-tiques. — Éléments de Trigonométrie rectiligne et sphérique. 7ᵉ édition, revue et augmentée. In-8, avec planches; 1876................ 3 fr. 50 c.

†LACROIX (S.-F.) — Traité élémentaire de Trigonométrie rectiligne et sphérique et d'application de l'Algèbre à la Géométrie. 11ᵉ édit., revue et corrigée. In-8, avec planches; 1863............................. 4 fr.

LEFÉBURE DE FOURCY. — Éléments de Trigonométrie, contenant la Trigonométrie rectiligne, la Trigonométrie sphérique et quelques appli-cations à l'Algèbre. 12ᵉ édition. In-8, avec planche; 1879........... 2 fr.

*LE COINTE (I.-L.-A.), de la Compagnie de Jésus, Professeur au Collège Sainte-Marie, à Toulouse. — Leçons sur la théorie des fonctions circulaires et la Trigonométrie 1 vol. in-8, avec figures dans le texte; 1858... ... 4 fr.

†SERRET (J.-A.), Membre de l'Institut. — Traité de Trigonométrie. 6ᵉ éd. In-8, avec fig. dans le texte; 1880. (*Autorisé par décision ministérielle.*) 4 fr.

APPLICATION DE L'ALGEBRE A LA GÉOMÉTRIE.

BOSET, Professeur à l'Athénée royal de Namur. — Traité de Géométrie ana-lytique, précédé des *Éléments de la Trigonométrie rectiligne et sphérique.* In-8, avec 322 figures dans le texte; 1878.............................. 12 fr.

†BOURDON. — Application de l'Algèbre à la Géométrie, comprenant la Géométrie analytique à deux et à trois dimensions. 9ᵉ édition, revue et anno-tée par M. *Darboux.* In-8, avec pl.; 1880. (*Adopté par l'Université.*)..... 9 fr.

CARNOY, Professeur à l'Université de Louvain. — Cours de Géométrie ana-lytique. 2 volumes grand in-8, avec figures dans le texte............. 21 fr.

On vend séparément :
Géométrie plane. 3ᵉ édition; 1880................... 10 fr.
Géométrie de l'espace. 3ᵉ édition; 1881............. (*Sous presse.*)

CLEBSCH (Alfred). — Leçons sur la Géométrie, recueillies et complétées par *Ferdinand Lindemann,* Professeur à l'Université de Fribourg en Brisgau, et traduites par *Adolphe Benoist,* Docteur en droit. 3 vol. grand in-8, avec figures dans le texte; 1879-1880.

Tome Ier. — Traité des sections coniques et Introduction à la théorie des formes algébriques .... 12 fr.

Tome II. — Courbes algébriques en général et courbes du troisième ordre. 14 fr.

Tome III. — Intégrales abéliennes et connexes................. (*Sous presse.*)

†**DELISLE et GERONO.** — **Géométrie analytique.** In-8, avec pl.; 1854. 5 fr.

DOSTOR (G.), Docteur ès Sciences, Professeur à l'Université catholique de Paris. — **Nouvelle détermination analytique des foyers et des directrices dans les sections coniques** représentées par leurs équations générales; précédée des *Expressions générales des divers éléments* que l'on distingue dans les courbes du second degré, et suivie de la *Détermination des coniques à centre* par leur centre et les extrémités de deux demi-diamètres conjugués. Grand in-8; 1879.. 2 fr.

LEFÉBURE DE FOURCY. — **Leçons de Géométrie analytique.** 9e édition; 1871... 7 fr. 50 c.

PONCELET. — **Applications d'Analyse et de Géométrie** qui ont servi de principal fondement au **Traité des propriétés projectives des figures.** 2 forts volumes in-8, avec figures dans le texte; 1862-1864 .... 20 fr.

Chaque Volume se vend séparément .... 10 fr.

†**SALMON.** — **Traité de Géométrie analytique** (*Sections coniques*); traduit de l'anglais par M. *Resal,* Ingénieur des Mines, et M. *Vaucheret,* ancien Élève de l'École Polytechnique. 2e édition française. In-8............... (*Sous presse.*)

TABLES DE LOGARITHMES, D'INTÉRÊTS, ETC.

†**CHARLON (H.).** — **Théorie mathématique des opérations financières.** 2e édition. Grand in-8, avec Tables numériques relatives aux emprunts par obligations, Tables numériques relatives aux calculs d'intérêts composés et d'annuités, et Tables logarithmiques de Fedor Thoman relatives aux calculs d'intérêts composés et d'annuités; 1878.......................... 12 fr. 50 c.

CHARLON (H.). — **Théorie élémentaire des opérations financières.** Grand in-8, avec Tables; 1880..................................... 6 fr. 50 c.

†**DORMOY (E.).** — **Théorie mathématique des assurances sur la vie.** 2 vol. grand in-8; 1878.. 20 fr.

Chaque Volume se vend séparément .... 10 fr.

†**DORMOY (E.).** — **Traité du jeu de la bouillotte,** avec une Préface par *Francisque Sarcey.* Grand in-8; 1880...................... 1 fr. 75 c.

GALEZOWSKI (Joseph), Sous-Chef de bureau au Crédit foncier de France, ancien Professeur à l'Académie militaire de Saint-Pétersbourg. — **Tables des annuités calculées d'après la méthode de Fédor Thoman** et précédées d'une *Instruction sur l'emploi de cette méthode.* In-8; 1880.......... 2 fr.

†**HOÜEL (J.).** — **Tables de logarithmes à CINQ DÉCIMALES pour les nombres et les lignes trigonométriques,** suivies des logarithmes d'addition et de soustraction ou Logarithmes de Gauss et de diverses Tables usuelles. Nouvelle édition. Grand in-8; 1881. (*Autorisé par décision ministérielle.*) 2 fr.

†**HOÜEL (J.).** — **Recueil de formules et de Tables numériques,** formant le complément des *Tables de logarithmes à cinq décimales* du même Auteur. 2e édition. Grand in-8; 1868............................... 4 fr. 50 c.

†**LACOMBE.** — **Nouveau manuel de l'escompteur, du banquier, du capitaliste et du financier,** ou **Nouvelles Tables de calculs d'intérêts simples,** avec le calendrier de l'escompteur. Nouvelle édition, précédée d'une *Instruction sur les calculs d'intérêts et l'usage des Tables,* par M. LAAS D'AGUEN, éditeur des Tables de Violeine, et terminée par un Exposé des lois sur les intérêts, les rentes, les effets de commerce, les chèques, etc., par M. B., Docteur en Droit. Un fort vol. in-18 jésus; 1877 ..... 6 fr.

†**LALANDE.** — **Tables de logarithmes pour les nombres et les sinus à CINQ DÉCIMALES,** revues par le baron *Reynaud.* Edition augmentée de *Formules pour la résolution des triangles,* par M. *Bailleul,* typographe, et d'une *Nouvelle Introduction.* In-18; 1880. (*Autorisé par décision ministérielle.*). 2 fr.

Cartonné... 2 fr. 40 c.

†**LALANDE.** — Tables de logarithmes, étendues à **SEPT DÉCIMALES,**
par *F.-C.-M. Marie,* précédées d'une Instruction, par le baron *Reynaud.* Nouvelle édition, augmentée de *Formules pour la résolution des triangles,* par
M. *Bailleul,* typographe. In-12; 1881 .... 3 fr. 50 c.
     Cartonné .... 3 fr. 90 c.

†**LEONELLI.** — Supplément logarithmique, précédé d'une NOTICE SUR L'AU-
TEUR, par M. J. *Hoüel,* Professeur de Mathématiques pures à la Faculté des
Sciences de Bordeaux. 2ᵉ édition, réimprimée conformément à l'édition origi-
nale de l'an XI. In-8; 1876 .... 4 fr.

NAMUR. — Tables de logarithmes à douze décimales jusqu'à **434** mil-
liards, avec preuves, précédées d'une *Notice sur l'usage des Tables,* par P. MANSION,
Professeur à l'Université de Gand. (Publiées par l'Académie royale de Belgique.) Grand in-8; 1877 .... 1 fr.

†**NOURY.** — Tarifs d'après le système métrique décimal pour cuber les
bois carrés en grume ou ronds, et tous les corps solides quelconques, ainsi
que les colis ou ballots, caisses, etc. 3ᵉ édition. In-8; 1877. (*Approuvé par
les Ministres de l'Intérieur et de la Marine.*) .... 4 fr.

PEREIRE (E.). — Tables de l'intérêt composé, des annuités et des rentes
viagères. 2ᵉ éd., augmentée de 8 *Tableaux graphiques.* In-4; 1873 ... 10 fr.

†**SCHRÖN** (L.). — Tables de logarithmes à sept décimales pour les nombres
depuis **1** jusqu'à **108000** et pour les lignes trigonométriques de dix secondes en dix secondes, et **Table** d'interpolation pour le calcul des parties proportionnelles; précédées d'une **Introduction** par J. *Hoüel,* Professeur à la Faculté des Sciences de Bordeaux. 2 beaux volumes, grand in-8 jésus,
tirés sur vélin collé. Paris, 1881.

	PRIX :	
	Broché.	Cartonné.
Tables de logarithmes	8 fr.	9 fr. 75 c.
Table d'interpolation	2	3. 25
Tables de logarithmes et Table d'interpolation réu- nies en un seul volume	10	11. 75

‡**THOMAN** (Fedor). — **Théorie des intérêts composés et des annuités,**
suivie de Tables logarithmiques. Ouvrage traduit de l'anglais par M. l'abbé
Bouchard, et précédé d'une préface de M. *J. Bertrand,* Secrétaire perpétuel de
l'Académie des Sciences. (Cette édition française renferme plusieurs Tables
inédites de *Fedor Thoman.*) Grand in-8; 1878 .... 10 fr.

VASQUEZ QUEIPO, Membre de l'Académie royale des Sciences de Madrid.
— Tables de logarithmes à **SIX DÉCIMALES,** pour les nombres depuis 1
jusqu'à 20000, et pour les lignes trigonométriques, le rayon étant pris égal
à l'unité; suivies de plusieurs Tables très utiles. 2ᵉ édition française. In-8;
1876 .... 3 fr.

VASSAL (le major Vladimir), ancien Ingénieur. — **Nouvelles Tables** donnant avec cinq décimales les logarithmes vulgaires et naturels des nombres
de 1 à 10800 et des fonctions circulaires et hyperboliques, pour tous les
degrés du quart de cercle de minute en minute. Un beau volume in-4, imprimé sur vélin; 1872 .... 12 fr.

†**VIOLEINE** (A.-P.), Chef de bureau au Ministère des Finances. — **Nouvelles
Tables** pour les calculs d'intérêts composés, d'annuités et d'amortisse-
ment. 3ᵉ édition (nouveau tirage), revue et développée par M. *Laas d'Aguen*
gendre de l'Auteur. In-4; 1876 .... 15 fr.

GÉOMÉTRIE DESCRIPTIVE ET APPLICATIONS.

BREITHOF (N.), Professeur à l'Université de Louvain, Membre des Académies royales des Sciences de Madrid, de Lisbonne, etc. — **Traité de Géométrie
descriptive, Applications et Suppléments,** publié en trois Parties, comprenant 6 Volumes. Chaque Volume se vend séparément.

Iʳᵉ PARTIE — **Traité de Géométrie descriptive.** 2ᵉ édit. 2 volumes; 1880-1881.
     Tome I. — *Point, droite, plan.* Grand in-8, avec Atlas de 31 pl. 8 fr. 50 c.
     Tome II. — *Surfaces courbes.* Grand in-8, avec Atlas .... (*Sous presse.*)
II PARTIE. — **Applications de Géométrie descriptive.** *Perspective axonomé-*

trique et perspective cavalière. Grand in-4 lithographié, avec 73 figures dans le texte; 1879... 5 fr.

IIIᵉ Partie. — **Supplément au Traité de Géométrie descriptive.** 3 vol.; 1877-1878-1879.

Tome I. — *Les projections axonométriques*. Grand in-4 lithographié, avec 92 figures dans le texte.............................. 3 fr. 5o c.

Tome II. — *Les projections obliques*. Grand in-4 lithographié, avec 121 figures dans le texte.................................. 3 fr. 5o c.

Tome III. — *Les projections centrales*. Grand in-4 lithographié, avec 13o figures dans le texte.................................. 3 fr. 5o c.

Les 3 Volumes composant cette IIIᵉ Partie se vendent ensemble...... 9 fr.

*CABANIÉ, Charpentier, Professeur de Trait de charpente, de Mathématiques, etc. — **Charpente générale théorique et pratique.** 2 volumes in-folio, avec planches. 2ᵉ édition....................................... 5o fr.

On vend séparément : le Tome Iᵉʳ, **Bois droit**................. 25 fr.
le Tome II, **Bois croche**............... 25 fr.

Pour recevoir l'Ouvrage *franco*, ajouter 2 fr. 5o c. par Volume.

†GOURNERIE (de la), Membre de l'Institut. — **Traité de Géométrie descriptive.** In-4, publié en *trois Parties*, avec Atlas................ 3o fr.
Chaque Partie se vend séparément............................... 1o fr.

La Iʳᵉ Partie (2ᵉ édit., 1873) contient tout ce qui est exigé pour l'admission à l'École Polytechnique. Elle est suivie d'un Supplément contenant la solution de deux problèmes et des figures cavalières pour l'explication des constructions les plus difficiles. La IIᵉ Partie (2ᵉ éd., 188o) et la IIIᵉ Partie sont le développement du Cours de Géométrie descriptive professé à l'École Polytechnique.

JULLIEN (A.), Licencié ès Sciences mathématiques et physiques. — **Méthode nouvelle pour l'enseignement de la Géométrie descriptive (perspective et reliefs).**

La Méthode se compose d'un Cours élémentaire et d'une Collection de reliefs, qui se vendent séparément, savoir :

Cours élémentaire de Géométrie descriptive, conforme au programme du Baccalauréat ès Sciences. 2ᵉ édition. In-18 jésus, avec figures et 143 planches intercalées dans le texte; 1878. Cartonné................. 3 fr. 5o c.

Collection de reliefs à pièces mobiles se rapportant aux questions principales du Cours élémentaire :

Petite boîte comprenant 3o reliefs, avec 118 pièces métalliques pour monter les reliefs et une Notice explicative. (*Port non compris.*)............ 1o fr.

Grande boîte, comprenant les mêmes reliefs tout montés. (*Port non compris.*) 15 fr.

LEFÉBURE DE FOURCY. — **Traité de Géométrie descriptive.** 8ᵉ édition. 2 vol. in-8, dont un se compose de 32 planches; 1881.......... 1o fr.

†LEROY (C.-F.-A.), ancien Professeur à l'Ecole Polytechnique et à l'Ecole Normale supérieure. — **Traité de Géométrie descriptive,** suivi de la *Méthode des plans cotés* et de la *Théorie des engrenages cylindriques et coniques*. 11ᵉ édition, revue et annotée par M. *Martelet,* Professeur à l'École Centrale des Arts et Manufactures. In-4, avec Atlas de 71 planches; 1881............ 16 fr.

†LEROY (C.-F.-A.). — **Traité de Stéréotomie,** comprenant les **Applications de la Géométrie descriptive** à la théorie des ombres, la perspective linéaire, la gnomonique, la coupe des pierres et la charpente. 7ᵉ édition, revue et annotée par M. *Martelet.* In-4, avec Atlas de 74 planches in-folio; 1877. 26 fr.

†MANNHEIM (A.), Chef d'escadron d'Artillerie, Professeur à l'École Polytechnique. — **Cours de Géométrie descriptive de l'Ecole Polytechnique,** comprenant les Éléments de la Géométrie cinématique. Grand in-8, illustré de 249 figures dans le texte; 188o.............................. 17 fr.

†VIANT (J.). — **Eléments de Géométrie descriptive, rédigés conformément au nouveau Programme de Saint-Cyr,** à l'usage des candidats à ladite Ecole, à l'Ecole Navale, à l'Ecole Forestière et au Baccalauréat ès Sciences. In-8, avec Atlas de 16 planches; 1862................................. 2 fr. 5o c.

PERSPECTIVE. — DESSIN LINÉAIRE.

BOUCHET (Jules). — **Exercices de Dessin linéaire et de Lavis** à l'usage des aspirants à l'École Centrale des Arts et Manufactures. (*Recueil approuvé par le Conseil des Études.*) In-folio oblong........................... 6 fr.

BREITHOF (**N.**), Professeur à l'Université de Louvain, Membre des Académies royales des Sciences de Madrid, de Lisbonne, etc. — **Traité de perspective cavalière.** Méthode conventionnelle de dessin présentant les avantages de la perspective linéaire et ceux de la méthode des projections orthogonales, à l'usage des Officiers du génie, des Ingénieurs, Architectes, Conducteurs de travaux, Chefs d'atelier, Appareilleurs, Tailleurs de pierre, etc.; des Académies et Écoles de dessin, Écoles industrielles, Écoles des Arts et Métiers, etc. Grand in-8; avec Atlas de 8 planches in-4; 1881............... 3 fr. 75 c.

***CHEVILLARD** (**A.**), Professeur à l'École des Beaux-Arts. — **Leçons nouvelles de Perspective.** 2e édition. In-8, avec Atlas de 32 planches in-4, gravées sur acier; 1878........................... 12 fr.

†**DELAISTRE** (**L.**), Professeur de Dessin général. — **Cours complet de Dessin linéaire, gradué et progressif,** contenant la Géométrie pratique, élémentaire et descriptive; l'Arpentage, la Levée des Plans et le Nivellement; le Tracé des Cartes géographiques; des Notions sur l'Architecture; le Dessin industriel; la Perspective linéaire et aérienne; le tracé des ombres et l'étude du Lavis. Quatre Parties, composées de 60 planches et 74 pages de texte in-4 oblong à deux colonnes, tirées sur jésus. 3e édition; 1880. Prix : cartonné..... 15 fr.

Ouvrage donné en prix, par la Société d'Encouragement pour l'Industrie nationale, aux contre-maîtres des établissements industriels, et choisi par M. le Ministre de l'Instruction publique pour les bibliothèques scolaires.

GOURNERIE (de la). — **Traité de Perspective linéaire.** 1 vol. in-4, avec Atlas in-folio de 45 planches, dont 8 doubles; 1859............... 40 fr.

†**POUDRA,** Officier supérieur d'État-Major, ancien Professeur à l'École d'État-Major, ancien Élève de l'École Polytechnique. — **Traité de Perspective-Relief,** contenant : 1° la construction des bas-reliefs; 2° le tracé des décorations théâtrales; 3° une théorie des apparences, avec les applications aux décorations architecturales; 4° des applications à la décoration des parcs et jardins. In-8, avec atlas de 18 planches; 1862............... 8 fr. 50 c.

†**THIERRY** fils, éditeur du *Vignole de poche.* — **Méthode graphique et géométrique,** ou le **Dessin linéaire appliqué aux arts.** 2e édition, revue et corrigée par M. C.-F.-M. Marie. Grand in-8 oblong, avec 50 pl.; 1846...... 6 fr.

Ouvrage choisi par M. le Ministre de l'Instruction publique pour les bibliothèques scolaires.

TISSOT (**A.**), Examinateur d'admission à l'École Polytechnique. — **Mémoire sur la représentation des surfaces et les projections des cartes géographiques,** suivi d'un *Complément* et de *Tableaux numériques* relatifs à la déformation produite par les divers systèmes de projection. In-8; 1881. 9 fr.

COURS DE MATHÉMATIQUES. — PROBLÈMES. COLLECTIONS DIVERSES.

ARAGO (**F.**). — **Œuvres complètes.** 17 volumes in-8, avec nombreuses figures... 127 fr. 50 c.

On vend séparément :

Astronomie populaire. 4 volumes, avec un portrait d'Arago et 362 figures, dont 80 gravées sur acier et 282 gravées sur bois................. 30 fr.

Notices biographiques. 3 volumes, avec une Introduction aux *Œuvres d'Arago,* par A. DE HUMBOLDT....................................... 22 fr. 50 c.

Notices scientifiques. 5 volumes, avec 35 figures sur bois..... 37 fr. 50 c.

Voyages scientifiques. 1 volume................................ 7 fr. 50 c.

Mémoires scientifiques. 2 volumes, avec 53 figures sur bois........ 15 fr.

Mélanges. 1 volume... 7 fr. 50 c.

Tables analytiques. 1 volume d'environ 900 pages, précédé du Discours prononcé aux funérailles d'Arago et d'une Notice chronologique sur ses Œuvres... 7 fr. 50 c.

†CATALAN (E.), ancien Élève de l'École Polytechnique. — **Manuel des candidats à l'École Polytechnique.** 2 vol. in-18, avec 306 figures...... 9 fr.

Chaque Volume se vend séparément.

Tome Ier : **Algèbre, Trigonométrie, Géométrie analytique à deux dimensions.** In-18, avec 167 figures dans le texte; 1857................ 5 fr.

Tome II: **Géométrie analytique à trois dimensions, Mécanique.** In-18, avec 139 figures dans le texte ; 1858.................................... 4 fr.

†CHEVALLIER et MÜNTZ. — **Problèmes de Mathématiques,** avec leurs solutions développées, à l'usage des candidats au Baccalauréat ès Sciences et aux Écoles du Gouvernement. In-8, lithographié; 1872.............. 4 fr.

†COMBEROUSSE (Ch. de), Ingénieur, Professeur de Mécanique et Examinateur d'admission à l'École Centrale des Arts et Manufactures, Professeur de Mathématiques spéciales au Collège Chaptal. — **Cours de Mathématiques,** à l'usage des candidats à l'École Polytechnique, à l'École Normale supérieure et à l'École Centrale des Arts et Manufactures. 5 volumes in-8, avec figures dans le texte et planches.

Chaque Volume se vend séparément, savoir :

Tome Ier : *Arithmétique, Algèbre élémentaire.* 2e édition; 1876..... 10 fr.

On vend à part : *Arithmétique....................* 4 fr.

Algèbre élémentaire............ 6 fr.

Tome II : *Géométrie élémentaire, plane et dans l'espace, Trigonométrie rectiligne et sphérique.* 2e édition ; 1881.................... (Sous presse.)

Tome III : *Algèbre supérieure.* 2e édition................... (Sous presse.)

Tome IV : *Géométrie analytique, plane et dans l'espace, Éléments de Géométrie descriptive* (avec Atlas). 2e édition................... (Sous presse.)

Tome V : *Éléments de Géométrie supérieure, Notions sur la résolution des problèmes.* 2e édition.............................. (En préparation.)

†DUHAMEL. — **Des méthodes dans les sciences de raisonnement.** 5 volumes in-8.. 27 fr. 50 c.

On vend séparément :

Première Partie : *Des méthodes communes à toutes les sciences de raisonnement.* 2e édition. In-8; 1875.............................. 2 fr. 50 c.

Deuxième Partie : *Application des méthodes à la science des nombres et à la science de l'étendue.* 2e édition. In-8, avec figures; 1877...... 7 fr. 50 c.

Troisième Partie : *Application de la science des nombres à la science de l'étendue.* In-8, avec figures ; 1868..................... 7 fr. 50 c.

Quatrième Partie : *Application des méthodes à la science des forces.* In-8, avec figures ; 1870........................ 7 fr. 50 c.

Cinquième Partie : *Essai d'une application des méthodes à la science de l'homme moral.* In-8; 1873.................................. 2 fr. 50 c.

FOUCAULT (Léon). — **Recueil de ses travaux scientifiques.** (*Voir* p. 32.)

INSTITUT DE FRANCE. — **Comptes rendus hebdomadaires des séances de l'Académie des Sciences.**

Ces **Comptes rendus** paraissent régulièrement tous les dimanches, en un cahier de 32 à 40 pages, quelquefois de 80 à 120. L'abonnement est annuel, et part du 1er janvier.

Prix de l'abonnement, franco :

Pour Paris................ 20 fr. || Pour les départements.. 30 fr.

Pour l'Union postale.................. 34 fr.

La collection complète, de 1835 à 1880, forme 91 volumes in-4. 682 fr. 50 c. Chaque année, sauf 1844, 1845, 1870, 1873, 1874, 1875, 1878, 1880, se vend séparément........................... 15 fr.

Table générale des Comptes rendus des séances de l'Académie des Sciences, par ordre de matières et par ordre alphabétique de noms d'auteurs.

Tables des Tomes I à XXXI (1835-1850). In-4, 1853.............. 15 fr.

Tables des Tomes XXXII à LXI (1851-1865). In-4, 1870.......... 15 fr.

— **Supplément aux Comptes rendus des séances de l'Académie des Sciences.** Tomes I et II, 1856 et 1861, séparément....................... 15 fr.

INSTITUT DE FRANCE. — **Mémoires présentés par divers savants à l'Académie des Sciences,** et imprimés par son ordre. 2e Série. In-4; Tomes I à XXVI, 1827-1879.

Chaque Volume se vend séparément....................... 15 fr.

— **Mémoires de l'Académie des Sciences.** In-4; tomes I à XLI, 1816 à 1879.
Chaque Volume, à l'exception des Tomes ci après indiqués, se vend séparé-
ment.. 15 fr.
Le Tome XXXIII, avec Atlas, se vend séparément.................. 25 fr.
Les Tomes VI et XXI ne se vendent pas séparément.

— **Tables générales des travaux contenus dans les Mémoires de l'Académie
des Sciences et dans les Mémoires présentés par divers Savants,** publiés
par MM. les Secrétaires perpétuels. In-4; 1881.................... 10 fr.

INSTITUT DE FRANCE. — **Recueil de Mémoires, Rapports et Docu-
ments relatifs à l'observation du passage de Vénus sur le Soleil.**
Tome I. — Iʳᵉ Partie: *Procès-verbaux des séances tenues par la Commission.*
In-4; 1877... 12 fr. 50 c.
—IIᵉ Partie, avec Supplément: *Mémoires divers.* In-4, avec 7 planches, dont 3
en chromolithographie; 1876................................. 12 fr. 50 c.
Tome II. — Iʳᵉ Partie: *Mission de Pékin.* Rapport de M. *Fleuriais.* — Mis-
sion de Saint-Paul (Astronomie). Rapport de M. *Mouchez.* In-4, avec 26
planches, dont 13 chromolithographies et 2 photoglypties; 1878. 25 fr.
—IIᵉ Partie: *Mission de Saint-Paul* (Météorologie, Géologie, etc.). Rapport
de M. le Dʳ *Rochefort* et de M. *Ch. Vélain.* — *Mission du Japon.* Rapports
de MM. *Tisserand* et *Picard.* — *Mission de Saïgon.* Rapport de M. *Héraud.*
— *Mission de Nouméa.* Rapport de M. *André.* In-4, avec figures dans le
texte et 34 planches, dont 5 en chromolithographie et 8 photoglypties;
1880... 25 fr.
Tome III. — Iʳᵉ Partie: *Mission de l'île Campbell.* Rapports de M. *Bouquet
de la Grye* et de M. *H. Filhol.* In-4................... (*Sous presse.*)
—IIᵉ Partie: *Mesures des plaques photographiques,* publiées sous la direction de
M. *Fizeau,* par MM. *Cornu, Baille, Mercadier, Gariel* et *Angot.* (*Sous presse.*)

INSTITUT DE FRANCE. — **Mémoires relatifs à la nouvelle maladie de
la vigne,** présentés par divers savants à l'Académie des Sciences. (*Voir pour
le détail de ces Mémoires le* Catalogue général, *ou le* Prospectus spécial *qui
est envoyé sur demande.*)

†**LAGRANGE.** — **Œuvres complètes.** (*Voir* p. 20).

†**LAPLACE.** — **Œuvres complètes.** (*Voir* p. 21).

†**LE COINTE (I.-L.-A.).** — **Solutions développées de 300 problèmes** qui
ont été proposés dans les compositions mathématiques pour l'admission au
grade de Bachelier ès sciences dans diverses Facultés de France. In-8, avec
figures dans le texte; 1865................................... 6 fr.

***LONCHAMPT (A.).** — **Recueil des principaux problèmes posés dans les**
examens pour l'*École Polytechnique* et pour l'*École Centrale des Arts et Manufactures,* ainsi que dans les conférences des *Écoles préparatoires* les plus
importantes. Énoncés et solutions. 1 vol. lithogr., grand in-8; 1865. 8 fr.

†**LONCHAMPT (A.),** Préparateur aux Baccalauréats ès lettres et ès sciences,
et aux Écoles du Gouvernement. — **Recueil de problèmes** tirés des *compositions données à la Sorbonne,* de 1853 à 1875-1876, pour les *Baccalauréats ès
sciences,* suivis des compositions de Mathématiques élémentaires, de Physique,
de Chimie et de Sciences naturelles, données aux *Concours généraux* de 1846 à
1875-1876, 2ᵉ édition. In-18 jésus, avec figures dans le texte et pl.; 1876-1877.

Iʳᵉ Partie: Arithmétique. — Algèbre. — Trigonométrie.		
	Questions....	1 fr. »
	Solutions....	1 fr. 80 c.
IIᵉ Partie: Géométrie..................	Questions....	1 fr. »
	Atlas........	60 c.
	Solutions....	2 fr. 80 c.

IIIᵉ Partie: **Approximations numériques** (théorie et application). —
Maxima et minima (théorie et questions). — **Courbes usuelles,** Géométrie
descriptive, Cosmographie, **Mécanique.** *Théories* et *Questions*..

	Questions..	1 fr. 50 c.
	Solutions..	1 fr. 50 c.

IVᵉ Partie: **Physique.** — **Chimie.** (Les *Solutions* sont précédées d'un *Précis
sur la résolution des Problèmes de Physique*; par M. H. Bertot, ancien Élève
de l'École Polytechnique.

	Questions.	1 fr. »
	Solutions..	2 fr. 50 c.

MOIGNO (l'Abbé). — **Actualités scientifiques.** Volumes in-18 jésus ou petit in-8, se vendant séparément.

1° **Analyse spectrale des corps célestes**; par *Huggins*.......... (*Sous presse.*)
2° **Calorescence. — Influence des couleurs**; par *Tyndall*....... 1 fr. 50 c.
3° **La matière et la force**; par *Tyndall*...................... 1 fr. 50 c.
4° **Les éclairages modernes**; par l'Abbé *Moigno*.............. (*Épuisé.*)
5° **Sept Leçons de Physique générale**; par *A. Cauchy*........ (*Sous presse.*)
6° **Physique moléculaire**; par l'Abbé *Moigno*................. (*Épuisé.*)
7° **Chaleur et froid**; par *Tyndall*........................... (*Sous presse.*)
8° **Sur la radiation**; par *Tyndall*..... .... 1 fr. 25 c.
9° **Sur la force de combinaison des atomes**; par *Hofmann*.... 1 fr. 25 c.
10° **Faraday inventeur**; par *Tyndall*........................ 2 fr. »
11° **Saccharimétrie optique, chimique et mélassimétrique**; par l'Abbé *Moigno*.................................. 3 fr. 50 c.
12° **La Science anglaise, son bilan en 1868** (réunion à Norwich); par l'Abbé *Moigno*................................ 2 fr. 50 c.
13° **Mélanges de Physique et de Chimie pures et appliquées**; par *Frankland, Graham, Macquorn-Rankine, Perkin, Henri Sainte-Claire Deville, Tyndall*.......................... 3 fr. 50 c.
14° **Les aliments**; par *Letheby*............... .... 3 fr. »
15° **Constitution de la matière et ses mouvements**; par le *P. Leray*.. (*Épuisé.*)
16° **Esquisse historique de la théorie dynamique de la chaleur**; par *Tait*..................................... 3 fr. 50 c.
17° **Théorie du vélocipède. — Sur les lois de l'écoulement de la vapeur**; par *Macquorn-Rankine*.................... 1 fr. 25 c.
18° **Les métamorphoses chimiques du carbone**; par *Odling* .... 2 fr. »
†19° **Programme d'un Cours en sept Leçons sur les phénomènes et les théories électriques**; par *Tyndall* (Nouveau tirage.). 1 fr. 50 c.
20° **Géologie des Alpes et du tunnel des Alpes**; par *Élie de Beaumont* et *Sismonda*.............................. 2 fr. »
21° **La Science anglaise, son bilan en 1869** (réunion à Exeter). 3 fr. 50 c.
22° **La lumière**; par *Tyndall*................................. 2 fr.
23° **Recherches sur les agents explosifs modernes et leurs applications**; par l'Abbé *Moigno*...................... 2 fr. »
24° **Religion et Patrie**, vengées de la fausse science et de l'envie haineuse; par l'Abbé *Moigno*........................... 1 fr. 50 c.
†25° **Éléments de Thermodynamique**; par *J. Moutier*.......... (*Épuisé.*)
†26° **Sur la force de la Poudre et des matières explosibles**; par *Berthelot*.................................... 3 fr. 50 c.
27° **Sursaturation des solutions gazeuses**; par *Tomlinson*....... 2 fr. »
28° **Optique moléculaire. Effets de précipitation, de décomposition, d'illumination produits par la lumière**; par l'Abbé *Moigno*................................... 2 fr. 50 c.
*29° **L'Architecture du monde des atomes**, dévoilant la construction des composés chimiques et leur cristallogénie, avec 100 fig. dans le texte; par *Gaudin*................. 5 fr. »
†30° **Étude sur les éclairs**; avec fig. dans le texte; par *Paul Perrin*.. 2 fr. 50 c.
†31° **Manuel pratique militaire des chemins de fer**, avec nombreuses figures dans le texte; par le Capitaine *Issalène*.... 2 fr. 50 c.
†32° **Instruction sur les Paratonnerres**; par *Gay-Lussac* et *Pouillet*. Nouvelle édition, avec 58 figures et planche, adoptée par l'Académie des Sciences....................... 2 fr. 50 c.
†33° **Tables barométriques et hypsométriques pour le calcul des hauteurs**, précédées d'une instruction; par *Radau*. (Nouveau tirage.).............................. 1 fr. 25 c.
†34° **Les passages de Vénus sur le disque solaire**, avec figures; par *Edm. Dubois*.............................. 3 fr. 50 c.
†35° **Manuel élémentaire de Photographie au collodion humide**, avec figures; par *Dumoulin*......................... 1 fr. 50 c.
†36° **Problèmes plaisants et délectables qui se font par les nombres**; par *Bachet*, sieur de *Méziriac*. 4° édition, revue par *Labosne*. Un joli volume petit in-8, elzévir, titre en deux couleurs.................................. 6 fr. »
*37° **La Chaleur**, considérée comme un mode de mouvement; par *Tyndall*, 2e édit. française, avec nombreuses fig. (Nouveau tirage); 1881.................................. 8 fr. »

+83° Le rôle des vents dans les climats chauds; la pression baro-
métrique et les climats des hautes régions; par *R. Radau*. 1 fr. 50 c.

+84° La Photographie sur plaque sèche. Émulsion au coton-
poudre avec bain d'argent; par *Fabre*. 1880............. 1 fr. 75 c.

+85° La machine de Gramme; sa théorie et ses applications,
avec figures; par *Breguet*. 1880................. 2 fr. »

+86° Traité d'analyse chimique complète des potasses brutes et
des potasses raffinées; par *Berth*. 1880................. 1 fr. 50 c.

+87° La Météorologie appliquée à la prévision du temps. Leçon
faite à l'École supérieure de Télégraphie, par M. *E. Mascart*;
recueillie par M *Moureaux*, météorologiste au Bureau central. Avec 16 planches en couleur; 1881.... 2 fr. »

+88° Traité pratique de la Retouche des clichés photographiques,
suivi d'une *Méthode* très détaillée *d'émaillage* et de *Formules*
et *Procédés divers;* par *Piquepé*. Avec deux photoglypties; 1881. 4 fr. 50 c.

+89° Notions élémentaires d'analyse chimique qualitative; par
U. Swarts, avec figures; 1881...................... 1 fr. 50 c.

+90° Le Gaz et l'Électricité comme agents de chauffage, par le
Dr *Siemens;* trad. de l'angl. par *G. Richard*. In-18 jés.; 1881. 1 fr. 50 c.

DEUXIÈME SÉRIE.

La Science illustrée. — *L'Enseignement de tous.*

1° L'art des projections; par M. l'Abbé *Moigno*. Avec 103 figures
dans le texte; 1872..................... 2 fr. 50 c.

2° Photomicrographie en cent Tableaux pour projections. Texte
explicatif avec 29 figures dans le texte; par *J. Girard;* 1872... 1 fr. 50 c.

3° Les accidents; secours à donner en cas d'absence de l'homme
de l'art; par *Smée*. Avec 36 fig.; 1872............. 1 fr. 25 c.

4° L'Anatomie et l'Histologie, enseignées par les projections
lumineuses; par le Dr *Le Bon*............. 1 fr. »

5° Manuel de Mnémotechnie, *Application à l'Histoire;* par
l'Abbé *Moigno*. 1879......................... 3 fr. »

TZAUT (S.), et MORFF, Professeurs à l'École industrielle cantonale à Lau-
sanne. — Exercices et problèmes d'Algèbre (*Première série*); Recueil gradué
renfermant plus de 3800 exercices sur l'Algèbre élémentaire jusqu'aux équations du premier degré inclusivement. In-12; 1877............. 3 fr.
—Réponses aux Exercices et problèmes de la *Première série*. In-12; 1877. 2 fr.

TZAUT (S.). — Exercices et problèmes d'Algèbre (*Deuxième série*); Recueil
gradué renfermant plus de 6200 exercices sur l'Algèbre élémentaire, depuis les
équations du premier degré exclusivement jusqu'au binôme de Newton et aux
déterminants exclusivement. In-12; 1881.............. 3 fr. 50 c.
—Réponses aux Exercices et problèmes de la *Deuxième série*. In-12; 1881.
3 fr. 75 c.

CALCUL DIFFÉRENTIEL ET INTÉGRAL ET ANALYSE MATHÉMATIQUE.

AOUST (l'abbé), Professeur d'Analyse à la Faculté de Marseille. — Analyse
infinitésimale des courbes tracées sur une surface quelconque. In-8, avec
figures dans le texte; 1869.......................... 7 fr.

AOUST (l'abbé). — Analyse infinitésimale des courbes planes, contenant la
résolution d'un grand nombre de problèmes choisis, à l'usage des candidats à
la licence ès sciences. In-8, avec 80 figures dans le texte; 1873. 8 fr. 50 c.

AOUST (l'abbé). — Analyse infinitésimale des courbes dans l'espace. In-8,
avec 40 figures dans le texte; 1876.................... 11 fr.

+ARGAND (R.). — Essai sur une manière de représenter les quantités imaginaires dans les constructions géométriques. 2e édition, précédée d'une
préface par M. *J. Hoüel*. In-8, avec figures dans le texte; 1874. 5 fr.

BELANGER (J.-B.). — Résumé de Leçons de Géométrie analytique et de
Calcul infinitésimal. 2e édition. In-8, avec planches; 1859........ 6 fr.

+BERTRAND (J.), Membre de l'Institut, Prof. à l'École Polyt. et au Collège
de France. — Traité de Calcul différentiel et de Calcul intégral.
CALCUL DIFFÉRENTIEL. In-4; 1864........................ (*Rare.*)

CALCUL INTÉGRAL (*Intégrales définies et indéfinies*); 1870......... 30 fr.
Le troisième volume, CALCUL INTÉGRAL (*Équations différentielles*), est sous presse.

†**BOUCHARLAT (J.-L.).** — Éléments de Calcul différentiel et de Calcul intégral. 8e édition, revue et annotée par M. *H. Laurent*, Répétiteur à l'École Polytechnique. In-8, avec planches; 1881........................... 8 fr.

†**BRIOT (Ch.),** Professeur à la Faculté des Sciences. — **Théorie des fonctions** abéliennes. Un beau volume in-4°; 1879......................... 15 fr.

†**BRIOT (Ch.).** — **Essais sur la théorie mathématique de la lumière.** In-8, avec figures dans le texte; 1864........................... 4 fr.

†**BRIOT (Ch.) et BOUQUET.** — **Théorie des fonctions elliptiques,** 2e éd. In-4, 1875.. 30 fr.

BROCH (Dr O.-J.), Professeur de Mathématiques à l'Université royale de Christiania. — **Traité élémentaire des fonctions elliptiques.** In-8; 1867. 6 fr.

†**CARNOT.** — **Réflexions sur la métaphysique du Calcul infinitésimal.** In-8, avec planche, 5e édit.; 1881................................. 4 fr.

CATALAN (E.). — **Cours d'Analyse** de l'Université de Liège. *Algèbre, Calcul différentiel, Ire Partie du Calcul intégral.* 2e édition, revue et augmentée. In-8, avec figures dans le texte; 1879.......................... 12 fr.

†**CATALAN (E.).** — **Traité élémentaire des séries.** Grand in-8; 1880. 5 fr.

†**CLAUSIUS (R.).** — **De la fonction potentielle et du potentiel;** traduit de l'allemand sur la 2e édition, par *F. Folie.* In-8; 1870............. 4 fr.

†**CHARVE,** Docteur ès Sciences. — **De la réduction des formes quadratiques ternaires positives,** et de son application aux irrationnelles du troisième degré. (Thèse.) In-4 de 20 feuilles; 1880................... 10 fr.

†**DOSTOR (G.),** Docteur ès Sciences, Professeur à la Faculté des Sciences de l'Université catholique de Paris. — **Éléments de la théorie des déterminants,** avec application à l'Algèbre, la Trigonométrie et la Géométrie analytique dans le plan et dans l'espace. In-8 de XXXII-352 pages; 1877......... 8 fr.

†**DUHAMEL,** Membre de l'Institut. — **Éléments de Calcul infinitésimal.** 3e édition, revue et annotée par M. *J. Bertrand,* Membre de l'Institut. 2 vol. in-8; 1874-1876................................. 15 fr.

†**DUPORT.** — **Sur un mode particulier de représentation des imaginaires** (Thèse). In-4; 1880................................. 3 fr.

FAÀ DE BRUNO (le Chevalier Fr.). — **Théorie des formes binaires.** Un fort volume in-8; 1876................................. 16 fr.

†**FAÀ DE BRUNO (le Chevalier Fr.).** — **Traité élémentaire du Calcul des erreurs,** avec des Tables stéréotypées. In-8; 1869............. 4 fr.

†**FAÀ DE BRUNO (le Chevalier Fr.).** — **Théorie générale de l'élimination.** Grand in-8; 1859................................. 3 fr. 50 c.

†**FAURE (H.),** Chef d'escadron d'Artillerie. — **Théorie des indices.** In-8; 1878.. 5 fr.

†**FRENET.** — **Recueil d'exercices sur le Calcul infinitésimal.** 3e édition (nouveau tirage). In-8, avec figures dans le texte; 1881....... 7 fr. 50 c.

*FREYCINET (Charles de).** — **De l'Analyse infinitésimale,** étude sur la métaphysique du haut calcul. 2e édition. In-8, avec figures; 1881... 6 fr.

GAUSSIN, Ingénieur hydrographe de la Marine. — **Définition du Calcul** quotientiel d'Eugène Gounelle. In-4; 1876.................. 2 fr.

†**GERMAIN (Mlle Sophie).** — **Mémoire sur l'emploi de l'épaisseur dans la** théorie des surfaces élastiques. In-4; 1880 (Mémoire posthume).. 3 fr.

GILBERT (Ph.), Professeur à l'Université catholique de Louvain. — **Cours** d'Analyse infinitésimale. Partie élémentaire. 2e édition. Grand in-8; 1878.. 9 fr. 50 c.

GRAINDORGE, Répétiteur à l'École des Mines de Liège. — **Mémoire sur** l'intégration des équations de la Mécanique. In-8; Bruxelles, 1871. 4 fr.

HALPHEN, Répétiteur à l'École Polytechnique. — **Sur les invariants dif-** férentiels. In-4; 1878................................. 3 fr.

†**HERMITE** (Ch.), Membre de l'Institut, Professeur à l'Ecole Polytechnique et à la Faculté des Sciences. — **Cours d'Analyse de l'École Polytechnique.** Première Partie, contenant le *Calcul différentiel* et les *Premiers principes du Calcul intégral.* Un fort volume in-8, avec gravures dans le texte; 1873. 14 fr.

La Seconde Partie contiendra la fin du *Calcul intégral.*

†**HOÜEL** (J.), Professeur de Mathématiques à la Faculté des Sciences de Bordeaux. — **Cours de Calcul infinitésimal.** Quatre beaux volumes grand in-8, avec figures dans le texte; 1878-1879-1880-1881.

On vend séparément :

Tome I... 15 fr.
Tome II.. 15 fr.
Tome III... 10 fr.
Tome IV... 10 fr.

HOÜEL (J.). — **Théorie élémentaire des quantités complexes.** — Grand in-8, avec figures dans le texte :

Ire Partie : *Algèbre des quantités complexes;* 1867......... (Rare.)
IIe Partie : *Théorie des fonctions uniformes,* 1868......... (Rare.)
IIIe Partie : *Théorie des fonctions multiformes;* 1871...... 3 fr.
IVe Partie : *Théorie des quaternions;* 1874.............. 8 fr.

La IIe Partie se trouve encore dans le Tome VI (prix : 11 fr.) des *Mémoires de la Société des Sciences physiques et naturelles de Bordeaux.* (Voir le Catalogue général.)

JORDAN (Camille), Ingénieur des Mines. — **Traité des substitutions et des équations algébriques.** In-4; 1870 .... 30 fr.

†**JOUBERT** (Le P.), Professeur à l'Ecole Sainte-Geneviève. — **Sur les équations qui se rencontrent dans la théorie des fonctions elliptiques.** In-4; 1876.............. 5 fr.

†**JOURNAL DE L'ÉCOLE POLYTECHNIQUE,** publié par le Conseil d'Instruction de cet Établissement. — 49 Cahiers formant 29 volumes in-4, avec figures et planches.................................... 730 fr.

Le XLIXe Cahier, qui vient de paraître, se vend................ 12 fr.

†**LACROIX** (S.-F.). — **Traité élémentaire de Calcul différentiel et de Calcul intégral.** 8e édition, revue et augmentée de Notes par MM. *Hermite* et *J.-A. Serret,* Membres de l'Institut. 2 vol. In-8, avec pl.; 1874........ 15 fr.

†**LAGRANGE.** — **Œuvres complètes de Lagrange,** publiées par les soins de M. *J.-A. Serret,* Membre de l'Institut, sous les auspices du Ministre de l'Instruction publique. In-4, avec un beau portrait de Lagrange, gravé sur cuivre par M. Ach. Martinet.

La Ire Série comprend tous les *Mémoires* imprimés dans les *Recueils des Académies de Turin, de Berlin et de Paris,* ainsi que les *Pièces diverses* publiées séparément. Cette Série forme 7 Volumes (Tomes I à VII; 1867-1877), qui se vendent séparément................................ 30 fr.

La IIe Série, qui est en cours de publication, se compose de 6 Volumes qui renferment les Ouvrages didactiques, la Correspondance et les Mémoires inédits, savoir :

Tome VIII : *Résolution des équations numériques.* In-4; 1879. 18 fr.
Tome IX : *Théorie des fonctions analytiques.* In-4; 1881... 18 fr.
Tome X : *Leçons sur le calcul des fonctions* .... (Sous presse.)
Tome XI : *Mécanique analytique* (Ire Partie)............ (id.)
Tome XII : *Mécanique analytique* (IIe Partie)........... (id.)
Tome XIII : *Correspondance et Mémoires inédits.*
Ire Partie : *Correspondance avec d'Alembert.* In-4; 1881. 15 fr.

LAISANT (C.-A.), ancien Élève de l'École Polytechnique, Docteur ès Sciences. — **Applications mécaniques du Calcul des quaternions.** — Sur un nouveau mode de transformation des courbes et des surfaces (Thèses). In-4; 1877.. 5 fr.

LAISANT (C.-A.). — **Essai sur les fonctions hyperboliques.** Grand in-8, avec figures dans le texte; 1874 .... 3 fr. 50 c.

***LAISANT** (C.-A.). — **Introduction à la méthode des quaternions.** In-8, avec figures ; 1881 .... 6 fr.

†**LAMÉ** (G.). — **Leçons sur les fonctions inverses des transcendantes et les surfaces isothermes.** In-8, avec figures dans le texte ; 1857......... 5 fr.

†**LAMÉ** (**G.**). — **Leçons sur les coordonnées curvilignes et leurs diverses applications.** In-8, avec figures dans le texte; 1859................. 5 fr.

†**LAMÉ** (**G.**). — **Leçons sur la théorie mathématique de l'élasticité des corps solides.** 2ᵉ édition, In-8, avec planches; 1866........... 6 fr. 50 c.

†**LAPLACE**. — **Œuvres complètes de Laplace**, publiées sous les auspices de l'Académie des Sciences par MM. les *Secrétaires perpétuels*, avec le concours de M. *Puiseux*, Membre de l'Institut, et de M. *J. Hoüel*, Professeur à la Faculté des Sciences de Bordeaux. Nouvelle édition avec un beau portrait de Laplace, gravé sur cuivre par *Tony Goutière*. In-4; 1878-188 .

Les éditions précédentes, qui sont devenues très-rares, ne contenaient que 7 Volumes, savoir: *Traité de Mécanique céleste* (5 Volumes), *Exposition du système du Monde* et *Théorie analytique des probabilités*. La nouvelle édition comprendra de plus 6 Volumes renfermant tous les autres Mémoires de Laplace, dont la dissémination dans de nombreux Recueils académiques et périodiques rendait jusqu'à ce jour l'étude si difficile.

SOUSCRIPTION AUX 5 VOLUMES DE LA *Mécanique céleste*.
(Envoi franco dans toute l'Union postale.)

Le tirage est fait sur 3 papiers différents : 1° sur papier vergé semblable à celui des Œuvres de Fresnel, de Lavoisier et de Lagrange ; 2° sur papier vergé fort, au chiffre de Laplace; 3° sur papier de Hollande, au chiffre de Laplace (à petit nombre).

Le prix pour les 300 premiers souscripteurs aux 5 Volumes du TRAITÉ DE MÉCANIQUE CÉLESTE est fixé ainsi qu'il suit (prix à solder en souscrivant) :

   1° Tirage sur papier vergé; 5 vol. in-4................... 80 fr.
   2° Tirage sur papier vergé fort, au chiffre de Laplace ; 5 vol. in-4 90 fr.
   3° Tirage sur papier de Hollande, au chiffre de Laplace (à petit nombre); 5 vol. in-4°................................... 120 fr.

Le prix de chaque volume du TRAITÉ DE MÉCANIQUE CÉLESTE, acheté séparément, est fixé ainsi qu'il suit :

   1° Tirage sur papier vergé; chaque Volume in-4............20 fr.
   2° Tirage sur papier vergé fort, aux armes de Laplace : chaque Volume in-4................................... 22 fr. 50 c.

Les Volumes tirés sur papier de Hollande ne se vendent pas séparément.
Les Tomes I, II, III et IV (1878-1880), ont paru; le Tome V est sous presse.

†**LAURENT** (**H.**). — **Traité du Calcul des probabilités.** In-8; 1873. 7 fr. 50 c.

†**LEBESGUE.** — **Exercices d'Analyse numérique, relatifs à l'Analyse indéterminée et à la théorie des nombres.** In-8; 1859............. 2 fr. 50 c.

†**LECORNU,** Ingénieur des Mines. — **Sur l'équilibre des surfaces flexibles et inextensibles.** In-4; 1880......................... 4 fr.

†**LEMONNIER,** Professeur au Lycée Henri IV. — **Mémoire sur l'élimination.** In-4; 1879.. 6 fr.

LE PAIGE, chargé du Cours d'Analyse à l'Université de Liège. — **Mémoire sur quelques applications de la théorie des formes algébriques à la Géométrie.** In-4; 1879...................................... 4 fr.

†**LIAGRE** (**J.-B.-J.**), Lieutenant-Général, Secrétaire perpétuel de l'Académie royale de Belgique. — **Calcul des probabilités et théorie des erreurs, avec des applications aux Sciences d'observation en général et à la Géodésie en particulier.** 2ᵉ édition, revue par le capitaine *C. Peny*, professeur à l'École militaire. In-8; 1879...................................... 10 fr.

MANSION (**Paul**), Professeur à l'Université de Gand. — **Théorie des équations aux dérivées partielles du premier ordre.** In-8; 1875.......... 6 fr.

MANSION (**Paul**). — **Éléments de la théorie des déterminants,** *avec de nombreux exercices.* 3ᵉ édition. In-8; 1880................. 2 fr.

MARIE (**Maximilien**), Répétiteur à l'École Polytechnique. — **Théorie des fonctions des variables imaginaires.** 3 vol. grand in-8; 1874-1875-1876. 20 fr.
   Chaque Volume se vend séparément.................. 8 fr.

MOIGNO (**l'Abbé**). — **Leçons de Calcul différentiel et de Calcul intégral,** rédigées d'après les méthodes et les ouvrages publiés ou inédits de *A.-L. Cauchy*. Tome IV, *premier fascicule.* — **Calcul des variations,** rédigé en collaboration avec M. *Lindelof.* In-8; 1861............................... 6 fr.

†**MOUREY** (C.-V.). — **La vraie théorie des quantités négatives et des quantités prétendues imaginaires.** 2ᵉ édition. In-12; 1861.... 2 fr. 50 c.

PICTET (Raoul) et **CELLÉRIER** (G.).— **Méthode générale d'intégration continue d'une fonction numérique quelconque,** à propos de quelques théorèmes fournis par l'Analyse mathématique appliquée au *calcul des courbes d'un nouveau thermographe.* In-8, avec figures dans le texte et 6 planches; 1879...... 6 fr.

RADAU (R.). — **Étude sur les formules d'approximation qui servent à calculer la valeur numérique d'une intégrale définie.** In-4; 1881... 3 fr.

†**SACHSE** (Arnold). — **Essai historique sur la représentation d'une fonction arbitraire d'une seule variable par une série trigonométrique.** Grand in-8; 1880...... 2 fr. 50 c.

†**SERRET** (J.-A.), Membre de l'Institut. — **Cours de Calcul différentiel et intégral.** 2ᵉ édition. 2 forts volumes in-8, avec figures; 1878-1880... 24 fr.

†**STURM**, Membre de l'Institut. — **Cours d'Analyse de l'École Polytechnique,** publié, d'après le vœu de l'auteur, par M. *E. Prouhet,* Répétiteur d'Analyse à l'École Polytechnique. 6ᵉ édition, suivie de la **Théorie élémentaire des fonctions elliptiques,** par M. *H. Laurent.* 2 vol. in-8, avec figures dans le texte; 1880...... 14 fr.

†**TISSERAND**, Correspondant de l'Institut, Directeur de l'Observatoire de Toulouse, ancien Maître de conférences à l'École des Hautes Études de Paris. — **Recueil complémentaire d'exercices sur le Calcul infinitésimal,** à l'usage des candidats à la Licence et à l'Agrégation des Sciences mathématiques. (Cet Ouvrage forme une suite naturelle à l'excellent *Recueil d'exercices de* M. Frenet.) In-8, avec figures dans le texte; 1876............ 7 fr. 50 c.

VALLÈS (F.), Inspecteur général honoraire des Ponts et Chaussées.—**Des formes imaginaires en Algèbre.**
   Iʳᵉ Partie : *Leur interprétation en abstrait et en concret.* In-8; 1869.. 5 fr.
   IIᵉ Partie : *Intervention de ces formes dans les équations des cinq premiers degrés.* Grand in-8, lithographié, avec 3 planches; 1873........ 6 fr.
   †IIIᵉ Partie : *Représentation à l'aide de ces formes des directions dans l'espace.* In-8; 1876:.............. 5 fr.

MÉCANIQUE APPLIQUÉE ET RATIONNELLE.

BOILEAU (P.), Correspondant de l'Institut. — **Notions nouvelles d'Hydraulique** concernant principalement les tuyaux de conduite, les canaux et les rivières, accompagnées d'une *Théorie de l'évaluation du travail intermoléculaire des systèmes matériels.* Grand in-8; nouvelle édition.... (*Sous presse.*)

†**BOUCHARLAT** (J.-L.). — **Éléments de Mécanique.** 4ᵉ édit. 1 vol. in-8, avec planches; 1861................... 8 fr.

†**BOUR** (Edm.), Ingénieur des Mines. — **Cours de Mécanique et Machines,** professé à l'École Polytechnique.
   Cinématique. In-8, avec Atlas de 30 pl. in-4 gravées sur acier; 1865.. 10 fr.
   Statique et travail des forces dans les machines à l'état de mouvement uniforme. In-8, avec Atlas de 8 planches in-4, gravées sur acier; 1868. 6 fr.
   Dynamique et Hydraulique. In-8, avec 125 fig. dans le texte; 1874. 7 fr. 50 c.

BOUSSINESQ (J.), Professeur à la Faculté des Sciences de Lille. — **Essai sur la théorie des eaux courantes.** In-4; 1877................... 20 fr.

BOUSSINESQ (J). — **Essai théorique sur l'équilibre des massifs pulvérulents,** comparé à celui de massifs solides, et sur la poussée des terres sans cohésion. In-4; 1876........................ 10 fr.

BRASSINNE. — **Précis d'un Traité de Statique,** *dans lequel les couples sont remplacés par les leviers de rotation.* Grand in-8; 1879........... 1 fr. 50 c.

†**BRESSE**, Membre de l'Institut, Professeur de Mécanique à l'École des Ponts et Chaussées. — **Cours de Mécanique appliquée,** professé à l'École des Ponts et Chaussées. 3 vol. in-8, et Atlas in-folio de 24 pl.
   Chaque Partie se vend séparément.
   Première Partie : *Résistance des matériaux et Stabilité des constructions.* — 3ᵉ édition. In-8, avec figures dans le texte; 1880.............. 13 fr.

Deuxième Partie : *Hydraulique.* — 3ᵉ édition. In-8, avec figures dans le texte et une planche; 1879.. 10 fr.

Troisième Partie : *Calcul des moments de flexion dans une poutre à plusieurs travées solidaires.* — In-8, avec planche et Atlas in-folio de 24 planches sur cuivre; 1865.. 16 fr.

BROWN (**Henry-T.**), Éditeur de l'*American Artisan.* — **Cinq cent et sept mouvements mécaniques,** renfermant tous ceux qui sont les plus importants dans la Dynamique, l'Hydraulique, la Pneumatique, les machines à vapeur, les moulins et autres machines, les presses, l'horlogerie et les machines diverses, et *contenant beaucoup de mouvements inédits et plusieurs qui sont seulement depuis peu en usage.* Traduit de l'anglais par *Henri Stévart,* Ingénieur. Petit in-4 cartonné en percaline, avec 507 figures dans le texte; 1880....... 3 fr.

†**CALLON** (**Ch.**). — **Cours de construction de machines,** professé à l'Ecole Centrale. Album cartonné, contenant 118 planches in-folio de dessins avec cotes et légendes (*Matériel agricole, Hydraulique*); 1875............. 30 fr.

CONTAMIN, Professeur à l'École Centrale. — **Cours de Résistance appliquée.** Grand in-8, avec 236 figures dans le texte; 1878..................... 16 fr.

DARBOUX (**G.**), Maître de conférences à l'École Normale supérieure. — **Mémoire sur l'équilibre astatique** et sur l'effet que peuvent produire des forces de grandeurs et de directions constantes appliquées en des points déterminés d'un corps solide quand ce corps change de position dans l'espace. Grand in-8; 1877... 3 fr.

†**DARBOUX.** — **Étude géométrique sur les percussions et le choc des corps.** Grand in-8; 1880... 1 fr. 50 c.

DEJEAN (**Numa**), Ingénieur civil. — **Nouvelle théorie de l'écoulement des liquides.** In-8, avec figures; 1868.............................. 3 fr.

†**DENFER,** Chef des travaux graphiques à l'Ecole Centrale.— **Album de serrurerie,** conforme au Cours de constructions civiles professé à l'Ecole Centrale par *E. Muller,* et contenant *l'emploi du fer dans la maçonnerie et dans la charpente en bois, la charpente en fer, les ferrements des menuiseries en bois, la menuiserie en fer, les grosses fontes et articles divers de quincaillerie.* Grand in-4, contenant 100 belles planches lithographiées; 1872................... 13 fr.

†**DULOS** (**Pascal**), Professeur de Mécanique à l'École d'Arts et Métiers et à l'École des Sciences d'Angers. — **Cours de Mécanique,** à l'usage des écoles d'Arts et Métiers et de l'enseignement spécial des Lycées. 4 volumes in-8 avec belles figures gravées sur bois dans le texte; 1875-1876-1877-1879.

On vend séparément chaque Tome :

Tome I : *Composition des forces. — Equilibre des corps solides. — Centre de gravité. — Machines simples. — Ponts suspendus. — Travail des forces. — Principe des forces vives. — Moments d'inertie. — Force centrifuge. — Pendule simple et pendule composé. — Centre de percussion. — Régulateur à force centrifuge. — Pendule balistique.* .... 7 fr. 50 c.

Tome II : *Résistances nuisibles ou passives. — Frottement. — Application aux machines. — Roideur des cordes. — Application du théorème des forces vives à l'établissement des machines. — Théorie des volants. — Résistance des matériaux.* .... 7 fr. 50 c.

Tome III : *Hydraulique. — Ecoulement des fluides. — Jaugeage des cours d'eau. — Etablissement des canaux à régime constant. — Récepteurs hydrauliques. — Travail des pompes. — Bélier hydraulique. — Vis d'Archimède. — Moulins à vent.* .... 7 fr. 50 c.

Tome IV : *Thermodynamique. — Machines à vapeur. — Principaux types de machines à vapeur. — Chaudières à vapeur. — Machines à air chaud et à gaz. — Calcul des volants. — Appareils dynamométriques.* .... 9 fr. 50 c.

†**FAVARO** (**Antonio**), Professeur à l'Université royale de Padoue. — **Leçons de Statique graphique,** traduites de l'italien par PAUL TERRIER, Ingénieur des Arts et Manufactures. 3 beaux volumes grand in-8, se vendant séparément :

Iʳᵉ PARTIE : *Géométrie de position;* 1879.................. 7 fr.

IIᵉ PARTIE : *Calcul graphique*............................ (*Sous presse.*)

IIIᵉ PARTIE : *Statique graphique,* théorie et applications.. (*Sous presse.*)

GILBERT (**Ph.**), Professeur à la Faculté des Sciences de l'Université catholique de Louvain. — **Cours de Mécanique analytique.** Partie élémentaire. Un volume grand in-8; 1877.................................... 9 fr. 50 c.

HABICH, Directeur de l'École des Constructions civiles et des Mines, à Lima.
— Études cinématiques. In-8, avec figures dans le texte; 1879...... 4 fr.

†**HALLAUER** (O.).— Moteurs à vapeur.— Expériences dirigées par M. G.-A. Hirn et exécutées en 1873 et 1875 par MM. Dwelshauvers-Dery, W. Grosseteste et O. Hallauer. Grand in-8, avec 3 planches; 1877........ 2 fr. 50 c.

‡**HALLAUER** (O.).— Expériences sur le rendement des moteurs à vapeur, faites sur les machines Woolf verticales à balancier, sur les machines Woolf horizontales et sur les machines verticales Compound de la Marine française. Grand in-8, avec 4 planches; 1878........................ 3 fr.

†**HALLAUER** (O.).— Étude expérimentale comparée sur les moteurs à un et à deux cylindres. Influence de la détente. Grand in-8; 1879. 2 fr. 50 c.

‡**HALLAUER** (O.). — Analyses expérimentales comparées sur les machines fixes et les machines marines. Grand in-8; 1880...... 2 fr. 50 c.

HALLAUER (O.). — Moteurs à vapeur. Étude critique sur les essais de moteurs à vapeur. Grand in-8; 1881.................... 1 fr. 25 c.

†**HATON DE LA GOUPILLIÈRE** (J.-N.).— Traité des mécanismes, renfermant la théorie géométrique des organes et celle des résistances passives. In-8. avec planches; 1864................................. 10 fr.

†**HIRN** (G.-A.). — Théorie analytique du planimètre Amsler. Grand in-8, avec planche; 1875.................... 2 fr. 50 c.

†**HIRN** (G.-A.). — Étude sur une classe particulière de tourbillons, qui se manifestent, sous de certaines conditions spéciales, dans les liquides. Analogie entre le mécanisme de ces tourbillons et celui des trombes. In-8, avec 3 planches; 1878...... 2 fr. 50 c.

†**HIRN** (G.-A.). — Explication d'un paradoxe d'Hydrodynamique. Grand in-8; 1881........................... 1 fr.

KRETZ (X.). — De l'élasticité dans les machines en mouvement. In-4; 1875..................... 2 fr.

†**KRETZ** (X.). — Matière et éther, indication d'une méthode pour établir les propriétés de l'éther. In-18 jésus; 1875.................... 1 fr. 50 c.

†**LAURENT** (H.). — Traité de Mécanique rationnelle, à l'usage des candidats à l'Agrégation et à la Licence. 2e édition 2 volumes in-8, avec figures; 1878..... 12 fr.

†**LEVY** (Maurice), Ingénieur des Ponts et Chaussées, Docteur ès Sciences. — La Statique graphique et ses applications aux constructions. Un beau volume grand in-8, avec un Atlas même format, comprenant 24 planches doubles; 1874........................... 16 fr. 50 c.

†**LOYAU** (Achille), Ingénieur des Arts et Manufactures. — Album de charpentes en bois, renfermant différents types de planchers, pans de bois, combles, échafaudages, ponts provisoires, etc. Grand in-4, contenant 120 planches de dessins cotés; 1873........................... 25 fr.

*MAHISTRE. — Cours de Mécanique appliquée. In-8, avec 211 figures dans le texte; 1858................................. 8 fr.

‡**MASTAING** (de), Professeur à l'École Centrale des Arts et Manufactures.— Cours de Mécanique appliquée à la résistance des matériaux. Leçons professées à l'École Centrale de 1862 à 1872 par M. de Mastaing et rédigées par M. Courtès-Lapeyrat, Ingénieur, Répétiteur du Cours. Grand in-8, avec nombreuses figures dans le texte et planche; 1874.................... 15 fr.

*MATHIEU (Émile), Professeur à la Faculté des Sciences de Besançon. — Dynamique analytique. In-4; 1878........................... 15 fr.

*MOIGNO (l'Abbé). — Leçons de Mécanique analytique, rédigées principalement d'après les méthodes de Cauchy, et étendues aux travaux les plus récents. Statique. In-8, avec planches; 1868.................... 12 fr.

ORTOLAN (J.-A.), Mécanicien en chef de la Marine. — Mémorial du mécanicien d'usine et de navigation. Calculs d'application; Tables et Tableaux de résultats pour la construction, les essais et la conduite des machines à vapeur. In-18 de 520 pages, avec plus de 200 figures dans le texte; 1878............................... 4 fr. 50 c.
                                          Cartonné.... 5 fr. 50 c.

PERRODIL (GROS de), Ingénieur en chef des Ponts et Chaussées. — **Résistance des matériaux.** — **Résistance des voûtes et arcs métalliques employés dans la construction des ponts.** In-8, avec 2 grandes planches; 1879... 7 fr. 50 c.

†**PHILLIPS**, Membre de l'Institut. — **Cours d'Hydraulique et d'Hydrostatique**, professé à l'Ecole Centrale des Arts et Manufactures. (La rédaction est de M. *Al. Gouilly*, Agrégé des Lycées, Répétiteur du Cours de M. Phillips.) Grand in-8 avec figures dans le texte; 1875...................... 15 fr.

†**PIARRON DE MONDESIR**, Ingénieur des Ponts et Chaussées. — **Dialogues sur la Mécanique**, *Méthode nouvelle* pour l'enseignement de cette science, résultats scientifiques nouveaux. In-8, avec fig. dans le texte; 1870.... 6 fr.

PLATEAU (J.), Correspondant de l'Institut de France, Professeur à l'Université de Gand. — **Statique expérimentale et théorique des liquides soumis aux seules forces moléculaires.** 2 vol. grand in-8, d'environ 950 pages, avec figures dans le texte; 1873.................................... 15 fr.

†**POINSOT (L.)**, Membre de l'Institut. — **Éléments de Statique**, précédés d'une *Notice sur Poinsot*, par M. J. BERTRAND, Membre de l'Institut. (*Ouvrage adopté pour l'Instruction publique.*) 12e édit. In-8, avec pl.; 1877.... 6 fr.

†**POISSON (S.-D.)**, Membre de l'Institut. — **Traité de Mécanique.** 2e édition, considérablement augmentée; 2 forts vol. in-8; 1833. (*Rare.*).. 25 fr.

***PONCELET**, Membre de l'Institut. — **Introduction à la Mécanique industrielle, physique ou expérimentale.** 3e édition, publiée par M. *Kretz*, Ingénieur en chef des Manufactures de l'Etat. In-8 de 757 pages, avec 3 planches; 1870... 12 fr.

***PONCELET**, Membre de l'Institut. — **Cours de Mécanique appliquée aux machines**, publié par M. *Kretz*, Ingénieur en chef des Manufactures de l'Etat. 2 volumes in-8.

  Ire PARTIE : *Machines en mouvement, Régulateurs et transmissions, Résistances passives*, avec 117 figures dans le texte et 2 planches; 1874...... 12 fr.

  IIe PARTIE : *Mouvement des fluides, Moteurs, Ponts-levis*, avec 111 figures; 1876... 12 fr.

†**PRESLE (de)**, ancien Élève de l'Ecole Polytechnique. — **Traité de Mécanique rationnelle.** In-8, avec 95 figures dans le texte; 1869........... 5 fr.

†**RESAL (H.)**, Ingénieur des Mines. — **Traité de Cinématique pure.** In-8, avec figures dans le texte; 1862.................................. 6 fr.

†**RESAL (H.)**. — **Éléments de Mécanique**, rédigés d'après les Leçons de Mécanique physique professées à la Faculté des Sciences de Paris par M. Poncelet. Nouvelle édition, revue et corrigée. In-8, avec planches; 1862... 4 fr. 50 c.

†**RESAL (H.)**, Membre de l'Institut, Ingénieur des Mines, adjoint au Comité d'Artillerie pour les études scientifiques. — **Traité de Mécanique générale,** comprenant les *Leçons professées à l'École Polytechnique et à l'École des Mines.* 6 vol. in-8, se vendant séparément :

MÉCANIQUE RATIONNELLE.

  TOME I : *Cinématique.* — *Théorèmes généraux de la Mécanique.* — *De l'équilibre et du mouvement des corps solides.* In-8, avec 66 figures dans le texte; 1873:.. 9 fr. 50 c.

  TOME II : *Frottement.* — *Équilibre intérieur des corps.* — *Théorie mathématique de la poussée des terres.* — *Équilibre et mouvements vibratoires des corps isotropes.* — *Hydrostatique.* — *Hydrodynamique.* — *Hydraulique.* — *Thermodynamique, suivie de la théorie des armes à feu.* In-8, avec 56 figures dans le texte; 1874:.. 9 fr. 50 c.

MÉCANIQUE APPLIQUÉE (Moteurs et Machines).

  TOME III : *Des machines considérées au point de vue des transformations de mouvement et de la transformation du travail des forces.* — *Application de la Mécanique à l'Horlogerie.* — In-8, avec 213 belles figures dans le texte; 1875... 11 fr.

  TOME IV : *Moteurs animés.* — *De l'eau et du vent considérés comme moteurs.* — *Machines hydrauliques et élévatoires.* — *Machines à vapeur, à air chaud et à gas.* In-8, avec 200 belles figures levées et dessinées d'après les meilleurs types; 1876.. 15 fr.

CONSTRUCTIONS.

  TOME V : *Résistance des matériaux.* — *Constructions en bois.* — *Maçonneries.*

— *Fondations.*—*Murs de soutènement.* —*Réservoirs.* In-8, avec 308 belles figures dans le texte, levées et dessinées d'après les meilleurs types; 1880... 12 fr. 50

TOME VI : *Voûtes droites et biaises, en dôme, etc.* — *Ponts en bois.* — *Planchers et combles en fer.* — *Ponts suspendus.* — *Ponts-levis.* — *Cheminées.* *Fondations de machines industrielles.* — *Amélioration des cours d'eau.* — *Substruction des chemins de fer.* — *Navigation intérieure.* — *Ports de mer.* In-8, avec 519 figures et 5 planches chromolithographiques; 1881............ 15 fr.

†**SAINT-GERMAIN** (de), Professeur de Mécanique à la Faculté des Sciences de Caen. — **Recueil d'exercices sur la Mécanique rationnelle**, à l'usage des candidats à la Licence et à l'Agrégation des Sciences mathématiques. In-8, avec figures dans le texte; 1876 .... 8 fr. 50 c.

†**STURM**, Membre de l'Institut. — **Cours de Mécanique de l'École Polytechnique**, publié, d'après le vœu de l'auteur, par M. *E. Prouhet*, Répétiteur à l'École Polytechnique. 4ᵉ édition, revue et annotée par M. *de Saint-Germain*, Professeur à la Faculté des Sciences de Caen. 2 volumes in-8, avec figures dans le texte; 1881.. 14 fr.

UHLAND, Rédacteur en chef du *Praktischer Maschinen-Constructeur*. — **Les nouvelles machines à vapeur**, notamment celles qui ont figuré à l'Exposition universelle de 1878. Description des *Types Corliss, à soupapes, Compound*, etc. Exposé de l'origine, du développement et des principes de construction de ces systèmes. Traduit de l'allemand et annoté par C. DE LAHARPE, Ingénieur-Constructeur, et MM. BARETTA et DESNOS, Ingénieurs civils. In-4 de 400 pages environ, contenant plus de 250 figures dans le texte et 30 planches in-4, avec un Atlas de 60 planches in-folio .... 100 fr.

†**VIEILLE** (**J.**), Inspecteur général de l'Instruction publique. — **Éléments de Mécanique**, rédigés conformément au Programme du nouveau plan d'études des Lycées. 3ᵉ édition. In-8, avec figures dans le texte; 1875... 4 fr. 50 c.

THÉORIE MÉCANIQUE DE LA CHALEUR.

†**BOURGET**, Directeur des études au Collège Sainte-Barbe. — **Théorie mathématique des machines à air chaud**. In-4, avec fig.; 1871........ 4 fr.

†**CARNOT** (**Sadi**) ancien Élève de l'École Polytechnique. — **Réflexions sur la puissance motrice du feu et sur les machines propres à développer cette puissance**. In-4, suivi d'une *Notice biographique sur Sadi Carnot* par H. CARNOT, Sénateur, et de *Notes inédites de Sadi Carnot sur les Mathématiques, la Physique et autres sujets*. 2ᵉ édition, contenant un beau portrait de Sadi Carnot et un fac-simile; 1878... 6 fr.

COMBES, Membre de l'Institut. — **Exposé des principes de la théorie mécanique de la chaleur et de ses applications principales**. In-8, avec fig.; 1867.. 6 fr.

*****DUPRÉ** (**Ath.**), Doyen de la Faculté des Sciences de Rennes. — **Théorie mécanique de la chaleur** (Partie expérimentale, en commun avec M. *Paul Dupré*). In-8, avec figures dans le texte; 1869.................................. 8 fr.

†**HIRN** (**G.-A.**), Correspondant de l'Institut. — **Théorie mécanique de la chaleur**. Première Partie et seconde Partie :

PREMIÈRE PARTIE. — **Exposition analytique et expérimentale de la théorie mécanique de la chaleur**. 3ᵉ édition, entièrement refondue. 2 vol. in-8 grand raisin, avec figures dans le texte. Tome I; 1875............. 12 fr.
Tome II; 1876............. 12 fr.

SECONDE PARTIE (formant Ouvrage séparé). — **Conséquences philosophiques et métaphysiques de la Thermodynamique**. Analyse élémentaire de l'Univers. In-8 grand raisin; 1868............................... 10 fr.

†**HIRN** (**G.-A.**). — **Mémoire sur la Thermodynamique**. In-8, avec 2 planches. 1867.. 5 fr.

JACQUIER, Professeur de l'Université. — **Exposition élémentaire de la théorie mécanique de la chaleur appliquée aux machines**. In-8, avec fig. dans le texte; 1867.. 2 fr.

†**REECH**. — **Théorie générale des effets dynamiques de la chaleur**. In-4, avec planches; 1854.. 6 fr.

*****TYNDALL** (**J.**). — **La chaleur**, *mode de mouvement*. 2ᵉ édition française, traduite de l'anglais sur la 4ᵉ édition, par M. l'*Abbé Moigno*. Un beau volume in-18 jésus de xxxii-576 pages, avec 110 figures dans le texte; 1874... 8 fr.

†**ZEUNER**, Professeur de Mécanique à l'École polytechnique fédérale de Zurich.
— **Théorie mécanique de la chaleur**, avec ses APPLICATIONS AUX MACHINES. 2ᵉ édit., entièrement refondue, avec fig. dans le texte et nombreux tableaux. Ouvrage traduit de l'allemand et augmenté d'un *Appendice*; par M. M. *Arnthal*, ancien Élève de l'École des Ponts et Chaussées, et M. *Ach. Cazin*, Professeur de Physique au Lycée Bonaparte. Un fort volume in-8; 1869......... 10 fr.

ASTRONOMIE ET COSMOGRAPHIE.

ALLÉGRET, Professeur à la Faculté des Sciences de Lyon. — **Mémoire sur le calendrier**. Grand in-8; 1879.............................. 1 fr. 25 c.

†**ANDRÉ (Ch.)**, Astronome adjoint à l'Observatoire de Paris. — **Étude de la diffraction dans les instruments d'Optique; son influence sur les observations astronomiques**. In-4; 1876............................... 4 fr.

****ANDRÉ et RAYET**, Astronomes adjoints de l'Observatoire de Paris, et **ANGOT**, Professeur de Physique au Lycée de Versailles. — **L'Astronomie pratique et les Observatoires en Europe et en Amérique**, depuis le milieu du xviiᵉ siècle jusqu'à nos jours. In-18 jésus, avec belles figures dans le texte et planches en couleur.

    Iʳᵉ PARTIE : *Angleterre*; 1874.................... 4 fr. 50 c.
    IIᵉ PARTIE : *Écosse, Irlande et colonies anglaises*; 1874.... 4 fr. 50 c.
    IIIᵉ PARTIE : *Amérique du Nord*; 1877............... 4 fr. 50 c.
    IVᵉ PARTIE : *Amérique du Sud*, et Météorologie américaine
      1881..................................... 3 fr.
    Vᵉ PARTIE : *Italie*; 1878....................... 4 fr. 50 c.
    Chaque Partie se vend séparément.

ANNALES DE L'OBSERVATOIRE DE PARIS, publiées par *Le Verrier*. **Partie théorique**, Tomes I à XV. In-4, avec planches; 1855-1880.
    Les Tomes I à X et les Tomes XII, XIII et XV se vendent séparément. 27 fr.
    Le Tome XI (1876) et le Tome XIV (1877) comprennent deux *Parties* qui se vendent séparément....................... 20 fr.
    Le tome XVI est *sous presse*.

ANNALES DE L'OBSERVATOIRE DE PARIS, publiées par *U.-J. Le Verrier*. **Observations**. Tomes I à XXV, années 1800 à 1870; Tomes XXIX à XXXIII, années 1874 à 1878. 30 volumes in-4 (en Tableaux); 1858 à 1881.
    Chaque Volume se vend séparément.................. 40 fr.
    Le Tome XXVI, **Observations** de *1871*, et le Tome XXXIV, **Observations** de *1879*, sont *sous presse*.

ANNALES DE L'OBSERVATOIRE ASTRONOMIQUE, MAGNÉTIQUE ET MÉTÉOROLOGIQUE DE TOULOUSE. Tome I, renfermant les travaux exécutés de 1873 à la fin de 1878, sous la direction de M. F. *Tisserand*, ancien Directeur de l'Observatoire de Toulouse, Membre de l'Institut, etc.; publié par M. *Baillaud*, Directeur de l'Observatoire, Doyen de la Faculté des Sciences de Toulouse. In-4 avec planche; 1881......... 30 fr.

ANNALES DU BUREAU CENTRAL MÉTÉOROLOGIQUE DE FRANCE, publiées par M. *Mascart*, Directeur.

    I. Étude des orages en France et Mémoires divers.
      ANNÉE 1878. Grand in-4, avec 37 pl.; 1879............... 15 fr.
      ANNÉE 1879. Grand in-4, avec 20 pl.; 1880............... 15 fr.
    II. Bulletin des Observations françaises et Revue climatologique.
      ANNÉE 1878. Grand in-4, en Tableaux, avec 40 pl.; 1880... 15 fr.
      ANNÉE 1879. Grand in-4, en Tableaux, avec 41 pl.; 1881... 15 fr.
    III. Pluies en France. Observations publiées avec la coopération du Ministère des Travaux publics et le concours de l'Association scientifique.
      ANNÉE 1877. Grand in-4, avec 5 pl.; 1880............... 15 fr.
      ANNÉE 1878. Grand in-4, avec 5 pl.; 1880............... 15 fr.
      ANNÉE 1879. Grand in-4, avec 7 pl.; 1881............... 15 fr.
    IV. Météorologie générale.
      ANNÉE 1878. In plano, avec 6 pl.; 1879............... 15 fr.

Année 1879. In-4, avec 38 pl.; 1880.................................. 15 fr.

Année 1880. In-plano, avec 15 pl.; 1881.................. (Sous presse.)

Voir Bureau central.

ANNALES DU BUREAU DES LONGITUDES ET DE L'OBSERVA-TOIRE ASTRONOMIQUE DE MONTSOURIS. Tome I. In-4, avec une planche sur acier donnant la vue de l'Observatoire; 1877........ 30 fr.

Le Tome II est *sous presse*.

†**ANNUAIRE pour l'an 1881**, publié par le **Bureau des Longitudes**; contenant les Notices suivantes : *Comparaison de la Lune et de la Terre au point de vue géologique*, avec belles figures ombrées dans le texte; par M. *Faye*, Membre de l'Institut. — *Notice sur les Observatoires français vers la fin du siècle dernier*; par M. *Tisserand*, Membre de l'Institut. In-18 de 799 pages, avec la Carte des courbes d'égale déclinaison magnétique en France............ 1 fr. 50 c.

*Pour recevoir l'*Annuaire *franco par la poste en France, ajouter* 35 c.

†**ANNUAIRE DE L'OBSERVATOIRE DE MONTSOURIS**, pour l'an **1881**. Météorologie, Agriculture, Hygiène. 10e année, contenant le résumé des travaux de l'année 1880 : *Magnétisme terrestre, Électricité atmosphérique, Hauteurs barométriques, Températures de l'air et du sol, Actinométrie, État du ciel et des vents, Analyse chimique de l'air et du sol, Météorologie agricole, Climatologie appliquée à l'hygiène, Poussières organiques de l'air et des eaux, Carte magnétique de la France, Déclinaison et inclinaison de l'aiguille aimantée*. In-18 de plus de 500 pages, avec des figures représentant les divers organismes microscopiques rencontrés dans l'air, le sol et leurs eaux..... 2 fr.

La Météorologie est envisagée, à Montsouris, spécialement au double point de vue de l'Agriculture et de l'Hygiène.

Au point de vue de l'Agriculture, l'Annuaire contient une série de Tableaux à l'usage des agriculteurs; le relevé des observations météorologiques anciennes faites à Paris depuis 1735, et permettant d'apprécier les variations annuelles du climat du nord de la France depuis cette époque; des Notices comprenant l'examen des divers éléments climatériques qui influent sur la marche des cultures, l'époque des récoltes et leur rendement, et l'indication des instruments simples qu'il importe d'observer pour arriver à la prévision des dates et de la valeur de ces récoltes; l'application à des cultures spéciales; les Tableaux résumés des observations météorologiques de 1880, comparés aux résultats économiques de l'année agricole écoulée; enfin, le résultat des études continuées depuis plusieurs années dans le but de mesurer la somme des éléments de fertilité que l'atmosphère et ses pluies fournissent aux cultures, et le volume d'eau que ces dernières peuvent consommer utilement.

Au point de vue de l'Hygiène, l'Annuaire contient le résumé des résultats des recherches poursuivies à Montsouris par la Chimie et par le microscope : sur les produits accidentels, gazeux, minéraux ou de nature organique que l'on rencontre habituellement dans l'air, dans le sol et dans les eaux qui découlent de l'un et de l'autre; sur ceux que les agglomérations urbaines y développent; et, notamment, sur l'influence que les irrigations à l'eau d'égout exercent sur l'atmosphère, sur le sol et les eaux, comme sur les produits de la terre.

ARAGO (F.). — Œuvres complètes. (*Voir* COLLECTIONS DIVERSES, p. 12.)

ATLAS DES ANNALES DE L'OBSERVATOIRE DE PARIS. Ire, IIe, IIIe, IVe, V^e, VIe, VIIe et VIIIe LIVRAISONS, comprenant **42 Cartes écliptiques.** Chaque livraison, composée de 6 Cartes, se vend séparément........ 12 fr.

Les Cartes des LIVRAISONS I à VI ont été construites par *Chacornac*, et celles des LIVRAISONS VII et VIII par MM. *Paul* et *Prosper Henri*, *Wolf*, *André*, *Baillaud*, Astronomes de l'Observatoire de Paris, et par MM. *Stephan*, *Borrelly* et *Coggia*, de l'Observatoire de Marseille.

ATLAS MÉTÉOROLOGIQUE DE L'OBSERVATOIRE DE PARIS, publié avec le concours de l'*Association Scientifique de France*. Tome VIII, année 1876. 1 volume in-folio oblong de texte, et un Atlas même format contenant 56 cartes; 1877............................. 20 fr.

Pour les *Atlas* des années précédentes, *voir* le CATALOGUE GÉNÉRAL.

†**BABINET** (de l'Institut). — Études et lectures sur les Sciences d'observation et leurs applications pratiques. 8 vol. in-12 sur papier fin; 1855-1868. Chaque volume se vend séparément.................... 2 fr. 50 c.

BERRY (C.), Lieutenant de vaisseau. — **Théorie complète des occultations**, à l'usage spécial des officiers de marine et des astronomes. — Publication approuvée par le Bureau des Longitudes et autorisée par M. le Ministre de la Marine et des Colonies. In-4, avec figures; 1880..................... 6 fr.

†**BERTRAND (J.)**, Membre de l'Institut. — **La théorie de la Lune d'Aboul-Wefâ**. In-4; 1873...................................... 1 fr. 5o c.

†**BIOT**, Membre de l'Académie des Sciences. — **Traité élémentaire d'Astronomie physique**. 3ᵉ édition, corrigée et augmentée. 5 vol. in-8, avec 94 planches; 1857... 40 fr.

BOUCHET (U.), Calculateur principal du Bureau des Longitudes. — **Hémérologie ou Traité pratique complet des calendriers julien, grégorien, israélite et musulman**, avec les règles de l'ancien calendrier égyptien. *Ouvrage approuvé par l'Académie des Sciences.* In-8; 1868.................. 7 fr. 5o c.

BRETON (Philippe), Ingénieur en chef des Ponts et Chaussées. — **Études sur les orbites hyperboliques et sur l'existence probable d'une réfraction stellaire**. Grand in-8; 1880...................................... 3 fr.

*__**BRÜNNOW (F.)**, Directeur de l'Observatoire de Dublin. — **Traité d'Astronomie sphérique et d'Astronomie pratique**. Edition française, publiée par *C. André* et *E. Lucas*; avec une *Préface* de M. *C. Wolf*. 2 vol. in-8, av. fig.

On vend séparément :

Iʳᵉ Partie : *Astronomie sphérique*; 1869........................ (*Rare.*)
IIᵉ Partie : *Astronomie pratique*; 1872. (*Rare.*)............... 20 fr.

BUREAU CENTRAL MÉTÉOROLOGIQUE DE FRANCE. — Instructions météorologiques, suivies de *Tables diverses pour la réduction des observations.* 2ᵉ édition. In-8, avec belles figures dans le texte; 1881.. 2 fr. 5o c.

Voir Annales du Bureau central.

†**CONNAISSANCE DES TEMPS ou DES MOUVEMENTS CÉLESTES**, à l'usage des **Astronomes** et des **Navigateurs**, publiée par le Bureau des Longitudes, **pour l'an 1882**. Grand in-8 de plus de 800 pages avec Cartes; 1880.

Prix : broché.................... 4 fr.
      cartonné.................. 4 fr. 75 c.

Pour recevoir l'Ouvrage franco par la poste, ajouter 1 fr.

Depuis le Volume pour l'année 1879, le prix de la Connaissance des Temps a été abaissé à 4 francs, malgré les augmentations considérables introduites dans ce Recueil. — Les Mémoires qui composaient autrefois les *Additions* sont publiés dans les Annales du Bureau des Longitudes et de l'Observatoire astronomique de Montsouris (*voir* p. 27).

La *Connaissance des Temps pour l'an 1883* est *sous presse.*

†**DELAMBRE**, Membre de l'Institut. — **Traité complet d'Astronomie théorique et pratique**. 3 vol. in-4, avec planches; 1814................... 40 fr.
— **Histoire de l'Astronomie ancienne**. 2 vol. in-4, avec pl.; 1817. 25 fr.
— **Histoire de l'Astronomie du moyen âge**. 1 vol. in-4, avec pl.; 1819. 20 fr.
— **Histoire de l'Astronomie moderne**. 2 vol. in-4, avec pl.; 1821. 3o fr.
— **Histoire de l'Astronomie au XVIIIᵉ siècle**; publiée par *M. Mathieu*, Membre de l'Institut. In-4, avec planches; 1827................ 20 fr.

†**D'ESTIENNE (Jean)**. — **Comment s'est formé l'Univers**. Exégèse scientifique de l'hexaméron. Grand in-8; 1878...................... 2 fr. 5o c.

†**DIEN (Ch.)** et **FLAMMARION (C.)**. — **Atlas céleste**, comprenant toutes les Cartes de l'ancien *Atlas* de Ch. Dien; rectifié, augmenté et enrichi de 5 Cartes nouvelles relatives aux principaux objets d'études astronomiques, par **C. Flammarion**; avec une *Instruction* détaillée pour les diverses Cartes de l'Atlas. In-folio, cartonné avec luxe, de 31 planches gravées sur cuivre, dont 5 doubles. 3ᵉ édition.

Prix (¹) : { En feuilles, dans une couverture imprimée.. 40 fr.
            { Cartonné avec luxe, toile pleine........... 45 fr.

(¹) Pour recevoir franco, par poste, dans tous les pays de l'Union postale, l'Atlas *en feuilles*, soigneusement enroulé et enveloppé, ajouter...... 2 fr.
Les dimensions, 0ᵐ,50 sur 0ᵐ,35, de l'Atlas *cartonné* ne permettent pas de l'envoyer par la poste. Cet Atlas *cartonné*, dont le poids est de 2ᵏˢ,9, sera envoyé, aux frais du destinataire, soit par messageries grande vitesse, soit par toute autre voie indiquée.

On vend séparément :

Fascicule contenant les 5 Cartes nouvelles..................... **15 fr.**
Ces Cartes sont assemblées dans une couverture imprimée avec l'*Instruction* composée pour la nouvelle édition de l'Atlas. — I. Mouvements propres séculaires des Etoiles (Carte double); — II. Carte générale des Etoiles multiples, montrant leur distribution dans le Ciel (Carte double); — III. Etoiles multiples en mouvement relatif certain; — IV. Orbites d'Étoiles doubles, et groupes d'Etoiles les plus curieux du Ciel; — V. Les plus belles nébuleuses du Ciel.

†**DUBOIS** (Edm.), Examinateur-Hydrographe de la Marine. — Les passages de **Vénus** sur le disque solaire, considérés au point de vue de la détermination de la distance du Soleil à la Terre; *Passage de 1874*; *Notions historiques sur les passages de 1761 et 1769*. In-18 jésus, avec fig.; 1873.... **3 fr. 50 c**

FAYE (H.), Membre de l'Institut et du Bureau des Longitudes. — **Cours d'Astronomie nautique.** In-8, avec figures dans le texte; 1880...... **10 fr.**

†**FLAMMARION** (Camille), Astronome. — **Études et lectures sur l'Astronomie.** In-12; Tomes I à IX, avec Cartes; 1867-1880.
    Chaque Volume se vend séparément................. **2 fr. 50 c.**

†**FLAMMARION** (Camille). — **Le dernier passage de Vénus.** *Exposé des observations et des résultats obtenus.* In-12, avec 32 figures; 1877. (Tome VIII des *Études et lectures sur l'Astronomie*)............... **2 fr. 50 c.**

†**FLAMMARION** (Camille), Astronome. — **Catalogue des étoiles doubles et multiples en mouvement relatif certain,** comprenant *toutes les observations* faites sur chaque couple depuis sa découverte et les *résultats conclus* de l'étude des mouvements. Grand in-8; 1878.................. **8 fr.**

†**FONVIELLE** (W. de). — **La prévision du temps.** In-18 jésus; 1878.
                                              1 fr. 50 c.

†**FRANCOEUR** (L.-B.). **Traité de Géodésie.** (*Voir* p. 39.)

†**FRANCOEUR** (L.-B.). — **Uranographie, ou Traité élémentaire d'Astronomie,** à l'usage des personnes peu versées dans les Mathématiques, des géographes, des marins, des ingénieurs, accompagné de planisphères. 6ᵉ édition. In-8, avec planches et figures dans le texte; 1853............... **10 fr.**

†**GAZAN,** ancien Elève de l'Ecole Polytechnique, Colonel d'Artillerie en retraite. — **Constitution physique du Soleil,** explication de la formation et de la disparition des taches. In-8, avec 3 pl. et fig. dans le texte; 1873. **1 fr. 75 c.**

†**GINOT-DESROIS** (Mˡˡᵉ). — **Description et usages du calendrier astronomique perpétuel.** In-8, avec le **CALENDRIER**; 1861.......... **5 fr.**

†**GINOT-DESROIS** (Mˡˡᵉ). — **Planisphère mobile,** au moyen duquel on peut apprendre l'Astronomie seul et sans le concours des Mathématiques. 7ᵉ édition. 1847, sur carton...................................... **4 fr.**

†**HIRN** (G.-A.). — **Mémoire sur les conditions d'équilibre et sur la nature probable des anneaux de Saturne.** In-4, avec planche; 1872........ **4 fr.**

†**HOUEL** (J.). — **Sur le développement de la fonction perturbatrice,** suivant la forme adoptée par Hansen dans la théorie des petites planètes. In-8; 1875.. **3 fr.**

†**IMBARD.** — **De la mesure du temps,** et description de la méridienne verticale portative du temps vrai et du temps moyen pour régler les pendules et les montres, etc. 2ᵉ édition. In-18, avec pl.; 1857...... **1 fr.**

†**LACROIX** (S.-F.). — **Introduction à la connaissance de la sphère.** 4ᵉ édit. In-18, avec pl.; 1872.................................... **1 fr. 25 c.**

†**LAPLACE.** — **Exposition du Système du Monde.** 6ᵉ édition, précédée de l'Éloge de l'Auteur, par *Fourier*; 1835. In-4, avec portrait....... (*Rare.*)

†**LAPLACE.** — **Précis de l'Histoire de l'Astronomie.** 2ᵉ édit. In-8; 1863. **3 fr.**

†**LAPLACE.** — **OEuvres complètes de Laplace.** (*Voir* p. 20.)

LOOMIS (Élias), Professeur de Philosophie naturelle à l'Yale College (Etats-Unis). — **Mémoires de Météorologie dynamique;** Exposé des résultats de la discussion des Cartes du Temps des Etats-Unis, ainsi que d'autres documents; traduit de l'anglais par M. *H. Brocard*, capitaine du Génie. Grand in-8, avec figures et 18 planches; 1880.............................. **3 fr.**

†**MARTIN** (Adolphe), Docteur ès Sciences. — **Sur une méthode d'autocol-**

limation directe des objectifs astronomiques, et *son application à la mesure des indices de réfraction des verres qui les composent*; **Remarques sur l'emploi du sphéromètre.** In-4; 1881............................... 1 fr. 25 c.

†**MOUREAUX (Th.)**, Météorologiste au Bureau central. — **La Météorologie appliquée à la prévision du temps**, Leçon faite à l'École supérieure de Télégraphie par M. *E. Mascart*, Directeur du Bureau central météorologique de France, recueillie par M. *Th. Moureaux*. In-18 jésus, avec 16 planches en couleur; 1881... 2 fr.

PERROTIN, Directeur de l'Observatoire de Nice. — **Visite à divers Observatoires de l'Europe.** In-8; 1881............................... 2 fr. 50 c.

*PETIT (F.), Directeur de l'Observatoire de Toulouse. — **Traité d'Astronomie pour les gens du monde**, avec des *Notes complémentaires* pour les candidats au Baccalauréat et aux Écoles spéciales. 2 volumes in-18 jésus, avec 268 figures dans le texte et une Carte céleste; 1866.................... 7 fr.

†**POËY (André)**, Fondateur de l'Observatoire physique et météorologique de la Havane. — **Comment on observe les nuages pour prévoir le temps.** 3e édition, revue et augmentée. Petit in-8 contenant 17 planches chromolithographiques; 1879... 4 fr. 50 c.

PONTÉCOULANT (G. de), ancien Élève de l'École Polytechnique, Colonel au corps d'État-Major. — **Théorie analytique du Système du Monde.** 2e éd., considérablement augmentée. 4 volumes in-8 et supplément.............. *(Rare.)* *On vend séparément* les Tomes I et II, qui forment un **Traité complet d'Astronomie théorique**... 18 fr.

†**PUISEUX (V.)**, Membre de l'Institut. — **Mémoire sur l'accélération séculaire du mouvement de la Lune.** In-4; 1873......................... 5 fr.

†**RESAL (H.)**, Ingénieur des Mines, Docteur ès Sciences. — **Traité élémentaire de Mécanique céleste.** In-8, avec planche; 1865.................... 8 fr.

†**SCOTT (Robert)**, Secrétaire du Bureau météorologique de Londres. — **Cartes du temps et avertissements de tempêtes.** Petit in-8, avec 2 planches en couleur et 52 figures dans le texte. Traduit de l'anglais par MM. *Zurcher* et *Margollé*; 1879...*................................ 4 fr. 50 c.

†**SECCHI (le P. A.)** — **Le Soleil.** *Voir* p. 34.

SÉCRETAN. — **Calendrier météorologique pour 1881.** In-4, avec Tableaux et figures dans le texte; 1881. (2e année.)......................... 2 fr.

†**VIDAL (l'abbé).** — **L'art de tracer les cadrans solaires par le calcul, et le mètre à la main**, mis à la portée des ouvriers et de ceux qui ne savent faire que l'addition et la soustraction. In-8, avec 2 planches; 1875..... 2 fr. 50 c.

†**VILLARCEAU (Yvon)**, Membre de l'Institut, et **AVED DE MAGNAC**, Lieutenant de vaisseau. — **Nouvelle navigation astronomique.** (L'heure du premier méridien est déterminée par l'emploi seul des chronomètres.) **Théorie et Pratique.** Un beau volume in-4, avec planche; 1877............... 20 fr.

On vend séparément : { **Théorie**, par M. *Yvon Villarceau*............ 10 fr. { **Pratique**, par M. *Aved de Magnac*............ 12 fr.

PHYSIQUE. — TÉLÉGRAPHIE.

BERNARD (A.), Agrégé de l'Université, Professeur de Physique et de Chimie à Cognac. — **Alcoométrie.** Grand in-8, avec 6 planches; 1875....... 5 fr.

BERTHELOT, Membre de l'Institut, **COULIER**, Pharmacien principal de l'armée, et **D'ALMEIDA**, Professeur de Physique au Lycée Henri IV. — **Vérification de l'aréomètre de Baumé.** In-8; 1873...................... 2 fr.

†**BILLET**, Professeur de Physique à la Faculté des Sciences de Dijon. — **Traité d'Optique physique.** 2 forts volumes in-8, avec 14 planches renfermant 332 figures; 1858-1859.. 15 fr.

†**BOUTY**, Professeur de Physique au Lycée Saint-Louis. — **Théorie des phénomènes électriques** (*Théorie du potentiel*). In-8, avec figures dans le texte et une planche; 1878....................................... 2 fr. 50 c.

BUREAU INTERNATIONAL DES POIDS ET MESURES. — **Procès-verbaux des séances.** Années 1875-1876. In-8; 1876.............................. 2 fr.

Année 1877. In-8; 1877.. 5 fr.
Année 1878. In-8; 1879.. 5 fr.
Année 1879. In-8; 1880.. 5 fr.
Année 1880. In-8; 1881.. 5 fr.
— **Travaux et Mémoires** du Bureau international des Poids et Mesures, publiés par le *Directeur* du Bureau. Tome I. Grand in-4, avec figures dans le texte et 2 pl.; 1881.. 30 fr.

†**CAZIN (A.).** — **La Spectroscopie.** In-18 jésus, avec nombreuses figures dans le texte; 1878.. 2 fr. 75 c.

†**CAZIN,** Docteur ès Sciences, ancien Professeur au Lycée Fontanes, et **ANGOT,** Agrégé de l'Université, Docteur ès Sciences. — **Traité théorique et pratique des piles électriques.** *Mesure des constantes des piles. Unités électriques. Description et usage des différentes espèces de piles.* In-8, avec 105 belles figures dans le texte; 1881............................ 7 fr. 50 c.

†**CHEVALLIER et MÜNTZ.** — **Problèmes de Physique,** avec leurs solutions développées, à l'usage des candidats au Baccalauréat ès Sciences et aux Écoles du Gouvernement. In-8, lithographié; 1872............ 2 fr. 75 c.

†**CORNU (A.),** Membre de l'Institut, Professeur à l'Ecole Polytechnique. — **Sur le spectre normal du Soleil, partie ultra-violette.** In-4, avec 2 pl.; 1881. 5 fr.

CROVA, Professeur à la Faculté des Sciences de Montpellier. — **Mesure de l'intensité calorifique des radiations solaires** et de leur absorption par l'atmosphère terrestre. In-4, avec 3 planches; 1876............ 4 fr.

†**DECHARME.** — **Formes vibratoires des bulles de liquide glycérique.** In-8, avec figures dans le texte; 1880........................... 1 fr. 50 c.

DES CLOIZEAUX, Membre de l'Institut. — **Mémoire sur le microcline,** suivi de remarques sur l'examen microscopique de l'orthose et des divers feldspaths tricliniques. In-8, avec 12 figures photoglyptiques; 1876..... 5 fr.

†**DU MONCEL (Th.),** Ingénieur électricien de l'Administration des Lignes télégraphiques. — **Exposé des applications de l'Electricité.** *Technologie électrique.* 3e édition, entièrement refondue. 5 volumes grand in-8 cartonnés.. 72 fr.

On vend séparément :
Tome V, 672 pages, 3 planches et 169 figures; 1878, cartonné...... 16 fr.
Broché........ 14 fr.

DU MONCEL (Th.), Ingénieur électricien de l'Administration des Lignes télégraphiques. — **Traité théorique et pratique de Télégraphie électrique,** à l'usage des employés télégraphistes, des ingénieurs, des constructeurs et des inventeurs. Vol. in-8 de 642 pages, avec 156 figures dans le texte et 3 planches. Imprimé sur carré fin satiné; 1864............................. 10 fr.

FOUCAULT (Léon), Membre de l'Institut. — **Recueil des travaux scientifiques de Léon Foucault,** publié par Mme Vᵉ Foucault, sa mère, mis en ordre par M. Gariel, Ingénieur des Ponts et Chaussées, Professeur agrégé à la Faculté de Médecine de Paris, et précédé d'une Notice sur les OEuvres de L. Foucault, par M. J. Bertrand, Secrétaire perpétuel de l'Académie des Sciences. Un beau volume in-4, avec un Atlas de même format contenant 19 planches gravées sur cuivre; 1878............................. 30 fr.

†**HIRN (G.-A.).** — **La Musique et l'Acoustique.** *Aperçu général sur leur rapport et sur leurs dissemblances.* (Extrait de la *Revue d'Alsace.*) Grand in-8; 1878.. 2 fr. 50 c.

†**INSTRUCTION SUR LES PARATONNERRES,** adoptée par l'Académie des Sciences. In-18 jésus, avec 58 figures dans le texte et 1 planche; 1874.. 2 fr. 50 c.

†**JAMIN (J.),** Membre de l'Institut, Professeur à l'Ecole Polytechnique, et **BOUTY,** Professeur au Lycée Saint-Louis. — **Cours de Physique de l'Ecole Polytechnique.** 3ᵉ édition, augmentée et entièrement refondue. 4 forts vol. in-8, avec 1200 figures environ dans le texte et 12 planches sur acier, dont 2 en couleur; 1878-1880-1881. (*Autorisé par décision ministérielle.*)

On vend séparément :
Tome I.
1ᵉʳ fascicule. — *Instruments de mesure, Hydrostatique* (Cours de Mathématiques spéciales); avec 148 figures dans le texte et 1 planche; 1880....... 5 fr.

2ᵉ FASCICULE. — *Actions moléculaires*; avec 91 fig. dans le texte; 1881.. 4 fr.
3ᵉ FASCICULE. — *Electricité statique*........................ (*Sous presse.*)

TOME II. — CHALEUR.

1ᵉʳ FASCICULE.—*Thermométrie, Dilatations* (Cours de Mathématiques spéciales); avec 84 figures dans le texte; 1878.................................... 5 fr.
2ᵉ FASCICULE. — *Calorimétrie, Théorie mécanique de la chaleur, Conductibilité*; avec 89 figures dans le texte et 2 planches; 1878.................... 7 fr.

TOME III. — ACOUSTIQUE; OPTIQUE.

1ᵉʳ FASCICULE. — *Acoustique*; avec 122 figures dans le texte; 1879...... 4 fr.
2ᵉ FASCICULE. — *Optique géométrique* (Cours de Mathématiques spéciales); avec 139 figures dans le texte et 3 planches; 1879..................... 4 fr.
3ᵉ FASCICULE.—*Etude des radiations lumineuses, chimiques et calorifiques; Optique physique*; avec 226 figures dans le texte et 5 planches, dont 2 planches de spectres en couleur; 1881... 12 fr.

TOME IV. — ELECTRICITÉ DYNAMIQUE; MAGNÉTISME.

1ᵉʳ FASCICULE. — *Electricité dynamique*.................... (*Sous presse.*)
2ᵉ FASCICULE. — *Magnétisme*............................ (*Sous presse.*)

Le 1ᵉʳ fascicule du Tome I, le 1ᵉʳ fascicule du Tome II et le 2ᵉ fascicule du Tome III comprennent les MATIÈRES EXIGÉES POUR L'ADMISSION A L'ÉCOLE POLYTECHNIQUE. Les Elèves de Mathématiques spéciales qui posséderont ces trois fascicules auront ainsi entre les mains le commencement d'un grand Traité qu'ils pourront compléter ultérieurement, si, poursuivant l'étude de la Physique, ils se préparent à la Licence ou entrent dans une des grandes Écoles du Gouvernement.

†JAMIN (J.). — **Appendice au Cours de Physique de l'École Polytechnique**: *Thermométrie, Dilatations, Optique géométrique, Problèmes et Solutions*; rédigé conformément au nouveau programme d'admission à l'École Polytechnique In-8 de VIII-214 pages, avec 132 belles figures dans le texte; 1875. 3 fr. 50 c.

†JAMIN (J.). — **Petit Traité de Physique**, à l'usage des Établissements d'instruction, des aspirants aux Baccalauréats et des candidats aux Ecoles du Gouvernement. Nouveau tirage, augmenté de *Notes sur les progrès récents de la Physique*, par M. E. Bouty. In-8, avec 746 figures dans le texte et un spectre; 1881... 9 fr.

Ce Livre élémentaire est conçu dans un esprit nouveau. Dès les premiers mots, l'Auteur démontre que la chaleur est un mouvement moléculaire, et cette idée guide ensuite le lecteur dans toutes les expériences, et les explique. La Terre et les aimants n'étant que des solénoïdes, on fait dépendre le magnétisme de l'électricité. L'Acoustique montre dans leurs détails les vibrations longitudinales, transversales, circulaires et elliptiques, elle prépare à l'Optique. Cette dernière Partie enfin est l'étude des vibrations de toute sorte qui se produisent dans l'éther; les interférences et la polarisation sont expliquées de la manière la plus élémentaire, et la Théorie vibratoire est rendue accessible à tous. L'Auteur espère que les modifications qu'il propose dans l'enseignement de la Physique seront approuvées par ses collègues, et qu'elles seront profitables aux élèves en les délivrant de ce que les savants ont abandonné, en élevant leur esprit jusqu'à de plus hautes conceptions, en leur montrant l'ensemble philosophique d'une science déjà très-avancée, et qui semble toucher à son terme.

†JOUBERT (J.), Professeur de Physique au Collège Rollin. — **Étude sur les machines magnéto-électriques.** In-4; 1881................. 2 fr. 50 c.

†LAMÉ (G.), Membre de l'Institut. — **Leçons sur la théorie analytique de la Chaleur.** In-8, avec figures dans le texte; 1861................. 6 fr. 50 c.

*LECOQ DE BOISBAUDRAN. — **Spectres lumineux**; *spectres prismatiques et en longueurs d'onde*, destinés aux recherches de Chimie minérale. Un volume de texte grand in-8 et un Atlas, même format, de 29 belles planches gravées sur acier, contenant 56 spectres; 1874... 20 fr.

*MATHIEU (Émile), Professeur à la Faculté des Sciences de Besançon.— **Cours de Physique mathématique.** In-4; 1873.......................... 15 fr.

†PIERRE (J.-I.), Correspondant de l'Institut (Académie des Sciences), Professeur à la Faculté des Sciences de Caen. — **Exercices sur la Physique, ou Recueil de questions susceptibles de faire l'objet de compositions écrites soit dans les classes supérieures des Lycées, soit aux examens du Baccalau-

réat ès Sciences, soit aux examens d'admission aux principales Écoles, avec l'indication des solutions. 2ᵉ édit. In-8, avec 4 planches ; 1862.   4 fr.

ROUIS, Médecin principal d'armée. — **Recherches sur la transmission du son dans l'oreille humaine.** In-4, avec figures ; 1877 .... 8 fr.

*__SAINT-EDME__, Préparateur de Physique au Conservatoire des Arts et Métiers. — **L'Électricité appliquée aux Arts mécaniques, à la Marine, au Théâtre.** In-8, avec belles figures gravées sur bois, dans le texte ; 1871.   4 fr.

†**SECCHI** (le P. A.), Directeur de l'Observatoire du Collège Romain, Correspondant de l'Institut de France. — **Le Soleil.** 2ᵉ édition. PREMIÈRE et SECONDE PARTIE. Deux beaux volumes grand in-8 avec Atlas ; 1875-1877.   30 fr.

On vend séparément :

Iʳᵉ PARTIE. Un volume grand in-8 avec 150 figures dans le texte, et un Atlas comprenant 6 grandes planches gravées sur acier (I. *Spectre ordinaire du Soleil* et *Spectre d'absorption atmosphérique.* — II. *Spectre de diffraction* d'après la photographie de M. HENRY DRAPER. — III, IV, V et VI. *Spectre normal du Soleil,* d'après ANGSTRÖM, et *Spectre normal du Soleil, portion ultra-violette,* par M. A. CORNU) ; 1875 .... 18 fr.

IIᵉ PARTIE. Un volume grand in-8, avec nombreuses figures dans le texte, et 13 planches, dont 12 en couleur (I à VIII. *Protubérances solaires.*—IX. *Type de tache du Soleil.* — X et XI. *Nébuleuses,* etc. — XII et XIII. *Spectres stellaires*) ; 1877 .... 18 fr.

†**SÉNARMONT** (de). — **Traité de Cristallographie** ; traduit de l'anglais de *Miller.* In-8, avec 12 planches ; 1842 .... 5 fr.

†**TRUCHOT**, Professeur à la Faculté des Sciences de Clermont-Ferrand. — **Les instruments de Lavoisier.** *Relation d'une visite à la Canière (Puy-de-Dôme), où se trouvent réunis les instruments ayant servi à Lavoisier.* In-8, avec belles figures dans le texte ; 1879 .... 1 fr. 50.

*__TYNDALL__ (John). — **Le Son,** traduit de l'anglais et augmenté d'un Appendice par M. l'Abbé *Moigno.* Un beau volume in-8, orné de 171 figures dans le texte ; 1869 .... 7 fr.

*__TYNDALL__ (John). — **La lumière** ; *six Lectures faites en Amérique en 1872-1873* ; Ouvrage traduit de l'anglais par M. l'abbé *Moigno.* In-8, avec portrait de l'Auteur et nombreuses figures dans le texte ; 1875 .... 7 fr.

†**TYNDALL** (John). — **Leçons sur l'électricité,** professées en 1875-1876 à l'Institution royale de la Grande-Bretagne ; Ouvrage traduit de l'anglais par *R. Francisque-Michel.* In-18, avec 58 figures dans le texte ; 1878 ... 2 fr. 75 c.

VALÉRIUS (H.), Professeur à l'Université de Gand. — **Les applications de la Chaleur,** avec un exposé des meilleurs systèmes de chauffage et de ventilation. 3ᵉ édition. Grand in-8, avec 122 figures dans le texte et 14 planches ; 1879 .... 18 fr.

†**VILLIERS** (A.). — **De l'éthérification des acides minéraux.** In-4 ; 1880 (Thèse) .... 3 fr.

†**VIOLLE**, Professeur à la Faculté des Sciences de Lyon. — **Sur la radiation solaire.** In-8 ; 1879 .... 2 fr.

CHIMIE.

†**BASSET**, Professeur de Chimie appliquée. — **Précis de Chimie pratique, ou Éléments de Chimie vulgarisée.** In-18 jésus de 642 pages, avec figures dans le texte ; 1861 .... 5 fr.

†**BERTH**, Préparateur de 1ʳᵉ classe de Chimie analytique à l'Université de Gand, Chimiste-Analyste à la Station agricole de Gand. — **Traité d'analyse chimique complète des potasses brutes et des potasses raffinées.** In-18 ; 1880.   1 fr. 50 c.

†**BERTHELOT** (M.), Professeur au Collège de France, Membre de l'Institut. — **Sur la force de la poudre et des matières explosives.** In-18 jésus ; 1872.   3 fr. 50 c.

†**BERTHELOT** (M.). — **Leçons sur les méthodes générales de Synthèse en Chimie organique.** In-8 ; 1864 .... 8 fr.

†**BOUSSINGAULT**, Membre de l'Institut. — **Agronomie, Chimie agricole et Physiologie.** 2ᵉ édition. Tomes I, II, III, IV, V et VI. In-8, avec planches sur cuivre et figures dans le texte ; 1860-1861-1864-1868-1874-1878 ..... 32 fr.

Chacun des Tomes I à IV se vend séparément.................... 5 fr.
Chacun des Tomes V et VI se vend séparément..................... 6 fr.

†**BOUSSINGAULT.** — **Études sur la transformation du fer en acier par la cémentation,** précédées de la description des procédés adoptés pour doser le fer, le manganèse, le silicium, le soufre, le phosphore et de recherches sur le maximum de carburation du fer. In-8; 1875......... 4 fr.

BRODIE, F. R. S., Professeur de Chimie à l'Université d'Oxford. — **Le calcul des opérations chimiques,** soit une méthode pour la recherche, par le moyen de symboles, des *lois de la distribution du poids dans les transformations chimiques.* Traduit de l'anglais par le Dr A. NAQUET. Grand in-8; 1879....... 7 fr. 50 c.

†**CAHOURS** (Auguste), Membre de l'Académie des Sciences. — **Traité de Chimie générale élémentaire.**

CHIMIE INORGANIQUE, *Leçons professées à l'École Centrale des Arts et Manufactures.* 4e édition. 3 volumes in-18 jésus avec figures et planches; 1878. (*Autorisé par décision ministérielle.*)..................... 15 fr.
Chaque Volume se vend séparément........................ 6 fr.

CHIMIE ORGANIQUE, *Leçons professées à l'École Polytechnique.* 3e édition. 3 volumes in-18 jésus, avec figures; 1874-1875................ 15 fr.
Chaque volume se vend séparément........................ 6 fr.

†**CALLAUD** (**A.**). — **Essai sur les piles.** Ouvrage couronné par la Société des Sciences, de l'Agriculture et des Arts de Lille. 2e édition in-18 jésus, avec 2 planches; 1875... 2 fr. 50 c.

DUBRUNFAUT, Membre des Sociétés d'Agriculture de Paris, Munich, Bruxelles, etc. — **L'osmose et ses applications industrielles,** ou Méthodes d'analyse nouvelle appliquée à *l'épuration des sucres et des sirops.* In-8, avec une planche; 1873............... .... 20 fr.

DUBRUNFAUT. — **Le Sucre** dans ses rapports avec la Science, l'Agriculture, l'Industrie, le Commerce, l'Économie publique et administrative, ou *Études faites depuis 1866 sur la question des sucres.* 2 volumes in-8..... 20 fr.

On vend séparément :

TOME I; 1873.................... 10 fr.
TOME II; 1878.. 10 fr.

DUBRUNFAUT. — **Sucrage des vendanges** avec les sucres purs de cannes ou de betteraves, ou *Méthode rationnelle de régulariser la qualité des vins et d'en accroître au besoin la quantité.* In-8; 1880.................. 2 fr.

†**DUMAS,** Secrétaire perpétuel de l'Académie des Sciences. — **Leçons sur la Philosophie chimique** professées au Collège de France en 1836, recueillies par M. *Bineau.* 2e édition. In-8; 1878 .... 7 fr.

DUMAS. — **Études sur le Phylloxera et sur les sulfocarbonates.** In-8; 1876.................. 3 fr.

†**DUPLAIS** (aîné). — **Traité de la fabrication des liqueurs et de la distillation des alcools.** 4e édition, revue et augmentée par *Duplais jeune.* 2 volumes in-8, avec 14 planches; 1877... 16 fr.

FAVRE (**P.-A.**). — **Mémoire sur la transformation et l'équivalence des forces chimiques.** In-4; 1875................................. 8 fr.

***GAUDIN** (**M.-A.**), Calculateur du Bureau des Longitudes, Lauréat de l'Académie des Sciences. — **L'Architecture du Monde des Atomes,** dévoilant la construction des composés chimiques et leur cristallogénie (*Actualités scientifiques*). In-18 jésus, avec 100 figures dans le texte; 1873........ 5 fr.

†**GRANDEAU** (**L.**), Docteur ès Sciences, et **TROOST** (**L.**), Professeur de Physique et de Chimie au Lycée Bonaparte. — **Traité pratique d'Analyse chimique,** par F. **VOEHLER,** Associé étranger de l'Institut de France. — **Édition française.** In-18 jésus, avec 76 figures et une planche; 1866.
4 fr. 50 c.

PASTEUR (**L.**). — **Études sur le vinaigre;** *sa fabrication, ses maladies, moyens de les prévenir.* Nouvelles observations sur la CONSERVATION DES VINS PAR LA CHALEUR. Grand in-8, avec figures; 1868.................. 4 fr.

PASTEUR (**L.**). — **Études sur la bière;** *ses maladies, causes qui les provoquent, procédé pour la rendre inaltérable,* avec une THÉORIE NOUVELLE DE LA

FERMENTATION. Grand in-8, avec 85 figures dans le texte et 12 planches gravées; 1876.. 20 fr.

Pour recevoir franco, dans tous les pays faisant partie de l'Union postale, l'Ouvrage soigneusement emballé entre cartons, ajouter 1 fr.

PASTEUR (L.). — Examen critique d'un écrit posthume de Claude Bernard sur la fermentation. In-8; 1879............................ 5 fr.

PICTET (Raoul). — Synthèse de la chaleur, suivie de considérations sur la *Possibilité expérimentale de la dissociation de quelques métalloïdes.* In-8, avec une planche; 1879.. 3 fr.

SAINTE-CLAIRE DEVILLE (H.). — De l'aluminium. Ses propriétés, sa fabrication et ses applications. In-8, avec planches; 1859.. 3 fr. 50 c.

†**SALVÉTAT (A.),** Chef des travaux chimiques à la Manufacture de Sèvres. — Leçons de Céramique professées à l'Ecole centrale des Arts et Manufactures, ou **Technologie céramique,** comprenant les **Notions de Chimie, de Technologie et de Pyrotechnie** applicables à la fabrication, à la synthèse, à l'analyse, à la décoration des poteries. 2 vol. in-18, avec 479 figures dans le texte; 1857.................................... 12 fr.

†**SALVÉTAT (A.).**— Album du Cours de Technologie chimique professé à l'Ecole Centrale. Portefeuille in-4 cartonné, contenant 70 planches doubles; 1874.. 25 fr.

Ire PARTIE, 24 planches : Céramique. — IIe PARTIE, 26 planches : Couleurs, Blanchiment, Teinture et Impressions. — IIIe PARTIE, 20 planches : Métallurgie (Métaux autres que le fer).

Les planches de la première Partie de cet Album se rapportent à l'Ouvrage de M. Salvétat, LEÇONS DE CÉRAMIQUE, annoncé ci-dessus.

VALÉRIUS (B.), Docteur ès sciences. — Traité théorique et pratique de la fabrication du fer et de l'acier, accompagné d'un *Exposé des améliorations dont elle est susceptible,* principalement en Belgique. — 2e édition originale française, publiée d'après le manuscrit de l'Auteur, et augmentée de plusieurs articles par H. VALÉRIUS, Professeur à l'Université de Gand. Un volume grand in-8 de 880 pages, texte compacte, avec un Atlas in-folio de 45 planches (dont deux doubles) gravées; 1875.................. 75 fr.

†**VIDAL** (Léon). — Traité pratique de Photographie au charbon, complété par la description de divers *Procédés d'impressions inaltérables* (*Photochromie et tirages photomécaniques*). 3e édition. In-18 jésus, avec une planche spécimen de Photochromie et 2 planches spécimens d'impression à l'encre grasse; 1877. 4 fr. 50 c.

†**VIDAL** (Léon). — Traité pratique de Phototypie, ou *Impression à l'encre grasse sur couche de gélatine.* In-18 jésus, avec belles figures sur bois dans le texte et spécimens; 1879.................................. 8 fr.

*****VINCENT (C.),** Ingénieur, Répétiteur de Chimie industrielle à l'École Centrale. — Carbonisation des bois en vases clos et utilisation des produits dérivés. Grand in-8, avec belles fig. gravées sur bois; 1873............. 5 fr.

PHOTOGRAPHIE.

†**ABNEY** (le capitaine), Professeur de Chimie et de Photographie à l'Ecole militaire de Chatham. — *Cours de Photographie.* Traduit de l'anglais par Léonce ROMMELAER. 3e édit. Grand in-8, avec une planche photoglyptique; 1877. 5 fr.

†**ANNUAIRE PHOTOGRAPHIQUE,** par *A. Davanne.* 2 vol. in-18, années 1867 et 1868.

On vend séparément chaque volume : Broché............... 1 fr. 75.
                      Cartonné............. 2 fr. 25.

†**AUBERT.** — Traité élémentaire et pratique de Photographie au charbon. In-18 jésus; 1878.. 1 fr. 50 c.

*****BARRESWIL et DAVANNE.** — Chimie photographique, contenant les éléments de Chimie expliqués par des exemples empruntés à la Photographie, les procédés de Photographie sur glace (collodion humide, sec ou albuminé), sur papiers, sur plaques; la manière de préparer soi-même, d'essayer, d'employer tous les réactifs, d'utiliser les résidus, etc. 4e édition, revue, augmentée, et ornée de figures dans le texte. In-8; 1864.................. 8 fr. 50 c.

†**BLANQUART-EVRARD.** — **Intervention de l'Art dans la Photographie.** In-12, avec une photographie............................ 1 fr. 50 c.

†**BOIVIN.** — **Procédé au collodion sec.** 2ᵉ édition augmentée du *Formulaire de Th. Sutton,* des procédés de *tirage aux poudres colorantes inertes* (procédé au charbon), ainsi que de notions pratiques sur la photolithographie, l'électrogravure et l'impression à l'encre grasse. In-18 jésus; 1876.... 1 fr. 50 c.

†**CHARDON** (Alfred). — **Photographie par émulsion sèche au bromure d'argent pur** (Ouvrage couronné par le Ministre de l'Instruction publique et par la Société française de Photographie). Gr. in-8, avec fig.; 1877. 4 fr. 50 c.

†**CHARDON** (Alfred). — **Photographie par émulsion sensible, au bromure d'argent et à la gélatine.** Grand in-8, avec figures; 1880....... 3 fr. 50 c.

†**CLÉMENT** (R.). — **Méthode pratique pour déterminer exactement le temps de pose en Photographie,** applicable à tous les procédés et à tous les objectifs, indispensable pour l'usage des nouveaux procédés rapides. In-18; 1880................................ 1 fr. 50 c.

†**CORDIER** (V.). — **Les insuccès en Photographie; Causes et remèdes,** suivis de la *Retouche des clichés* et du *Gélatinage des épreuves.* 3ᵉ édition refondue et augmentée; nouveau tirage. In-18 jésus; 1880........ 1 fr. 75 c.

†**DAVANNE.** — **Les Progrès de la Photographie.** Résumé comprenant les perfectionnements apportés aux divers procédés photographiques pour les épreuves négatives et les épreuves positives, les nouveaux modes de tirage des épreuves positives par les impressions aux poudres colorées et par les impressions aux encres grasses. In-8; 1877................ 6 fr. 50 c.

†**DAVANNE.** — **La Photographie, ses origines et ses applications.** Grand in-8, avec figures; 1879.......................... 1 fr. 25 c.

†**DAVANNE.** — **La Photographie appliquée aux sciences.** Grand in-8; 1881................................ 1 fr. 25 c.

†**DUCOS DU HAURON** (A. et L.). — **Traité pratique de la Photographie des couleurs** (*Héliochromie*). Description détaillée des moyens d'exécution récemment découverts. In-8; 1878.................... 3 fr.

†**DUMOULIN.**—**Manuel élémentaire de Photographie au collodion humide.** In-18 jésus, avec figures dans le texte; 1874............ 1 fr. 50 c.

†**DUMOULIN.** — **Les Couleurs reproduites en Photographie;** Historique, théorie et pratique. In-18 jésus; 1876................ 1 fr. 50 c.

†**FABRE** (C.). — **Aide-Mémoire de Photographie,** publié sous les auspices de la Société photographique de Toulouse, années 1876 à 1881. 6 vol. in-18, avec figures et spécimens.

Prix : Broché............................ 1 fr. 75 c.
Cartonné........................ 2 fr. 25 c.

Les volumes des années 1879 et 1880 ne se vendent qu'avec la collection des 6 volumes.

L'*Annuaire* paraît au commencement de chaque année.

†**FABRE** (C.). — **La Photographie sur plaque sèche.** — *Emulsion au coton-poudre avec bain d'argent.* In-18 jésus; 1880............ 1 fr. 75 c.

†**FORTIER** (G.). — **La Photolithographie,** *son origine, ses procédés, ses applications.* Petit in-8 orné de planches, fleurons, culs-de-lampe, etc., obtenus au moyen de la Photolithographie; 1876.................. 3 fr. 50 c.

†**GODARD** (Émile), Photographe. — **Encyclopédie des virages** ou réunion, expérimentation et description des meilleurs procédés; contenant tous les renseignements nécessaires pour obtenir photographiquement des épreuves positives sur papier avec une grande variété et une grande richesse de tons. 2ᵉ édition, revue et augmentée, contenant la *préparation des sels d'or et d'argent.* In-8; 1871................................ 2 fr.

†**HANNOT** (le capitaine), Chef du service de la Photographie à l'Institut cartographique militaire de Belgique. — **Exposé complet du procédé photographique à l'émulsion** de M. WARNERCKE, lauréat du Concours international pour le meilleur procédé au collodion sec rapide, institué par l'Association belge de Photographie en 1876. In-18 jésus; 1879............ 1 fr. 50 c.

†**HANNOT** (le capitaine). — **Les Éléments de la Photographie.** I. Aperçu

historique et exposition des opérations de la Photographie. — II. Propriété des sels d'argent. — III. Optique photographique. In-8............ 1 fr. 50 c.

†**HUBERSON.** — **Formulaire pratique de la Photographie aux sels d'argent.** In-18 jésus; 1878................ 1 fr. 50 c.

†**HUBERSON.** — **Précis de Microphotographie.** In-18 jésus, avec figures dans le texte et une planche en photogravure; 1879................ 2 fr.

KLARY. — **Retouche photographique,** par *un Spécialiste.* Grand in-8 de 48 pages, orné de deux belles études de retouche d'après un cliché de M. *Fritz Luckhardt,* de Vienne, 1875................ 5 fr.

†**LA BLANCHÈRE (H. de).** — **Monographie du stéréoscope et des épreuves stéréoscopiques.** In-8, avec figures..................... 5 fr.

†**LALLEMAND.** — **Nouveaux procédés d'impression autographique et de photolithographie.** In-12...................... 1 fr.

LIESEGANG. — **Notes photographiques.** Collodion humide, émulsion au collodion, à la gélatine, papier albuminé, procédé au charbon, agrandissements, photomicrographie, ferrotypie, construction des galeries vitrées. Petit in-8, avec gravures dans le texte et une phototypie. 3ᵉ édit.... (*Sous presse.*)

MONCKHOVEN (Van). — **Traité général de Photographie,** suivi d'un Chapitre spécial sur le *gélatino-bromure d'argent.* 7ᵉ édition. Grand in-8, avec planches et figures dans le texte; 1880................ 16 fr.

†**MOOCK (L.).** — **Traité pratique complet d'impressions photographiques aux encres grasses, et de phototypographie et photogravure.** 2ᵉ édition, beaucoup augmentée. In-18 jésus; 1877................ 3 fr.

†**ODAGIR (H.).** — **Le Procédé au gélatino-bromure,** suivi d'une Note de M. MILSOM sur les clichés portatifs et de la traduction des Notices de M. Kennett et Rév. G. PALMER. In-18 jésus, avec figures; 1877. 1 fr. 50 c.

†**PÉLEGRY,** Peintre amateur, Membre de la Société photographique de Toulouse. — **La Photographie des peintres, des voyageurs et des touristes.** *Nouveau procédé sur papier huilé,* simplifiant le bagage et facilitant toutes les opérations, avec indication de la manière de construire soi-même la plupart des instruments nécessaires. In-18 jésus, avec deux spécimens; 1879.... 1 fr. 75 c.

†**PERROT DE CHAUMEUX (L.).** — **Premières Leçons de Photographie.** 2ᵉ édit., revue et augmentée. 2ᵉ tirage. In-18 jésus, avec fig. dans le texte; 1878................ 1 fr. 50 c.

†**PHIPSON (le Dʳ).** — **Le préparateur photographe,** ou *Traité de Chimie à l'usage des photographes et des fabricants de produits photographiques.* In-12, avec figures; 1864................ 3 fr.

†**PIQUEPÉ.** — **Traité pratique de la retouche des clichés photographiques,** suivi d'une méthode très détaillée *d'émaillage* et de *formules et procédés divers.* In-18 jésus, avec 2 photoglypties; 1881................ 4 fr. 50 c.

†**RADAU (R.).** — **La Lumière et les climats.** In-18 jésus; 1877. 1 fr. 75 c.

†**RADAU (R.).** — **Les radiations chimiques du Soleil.** In-18 jésus; 1877................ 2 fr.

†**RADAU (R.).** — **Actinométrie.** In-18 jésus; 1877.................. 2 fr.

†**RADAU (R.).** — **La Photographie et ses applications scientifiques.** In-18 jésus; 1878................ 1 fr. 75 c.

†**RODRIGUES (J.),** Chef de la Section photographique du Gouvernement portugais. — **Procédés photographiques et Méthodes diverses d'impression aux encres grasses,** employés à la Section photographique et artistique. Grand in-8; 1879................ 2 fr. 50 c.

†**ROUX (V.),** Opérateur au Ministère de la Guerre. — **Manuel opératoire pour l'emploi du procédé au gélatinobromure d'argent.** Revu et annoté par M. Stéphane Geoffroy. In-18; 1881................ 1 fr. 75 c.

†**ROUX (V.).** — **Traité pratique de la transformation des négatifs en positifs servant à l'héliogravure et aux agrandissements.** In-18; 1881... 1 fr.

*★**RUSSELL (C.).** — **Le Procédé au Tannin,** traduit de l'anglais par M. *Aimé Girard;* 2ᵉ édit. entièrement refondue. In-18 jésus, avec fig.; 1864. 2 fr. 50 c.

SAUVEL (Édouard), Avocat au Conseil d'État et à la Cour de cassation. —

Des œuvres photographiques et de la protection à laquelle elles ont droit. In-8; 1880... 1 fr. 50 c.

†**TRUTAT (E.)**, Conservateur du Musée d'Histoire naturelle de Toulouse, etc. — **La Photographie appliquée à l'Archéologie**; Reproduction des *Monuments, Œuvres d'art, Mobilier, Inscriptions, Manuscrits*. In-18 jésus, avec cinq photoglypties; 1879.. 3 fr.

†**VIDAL (Léon)**. — **Traité pratique de Photographie au charbon**, complété par la description de divers *Procédés d'impressions inaltérables (Photochromie et tirages photomécaniques)*. 3e édition. In-18 jésus, avec 1 planche spécimen de Photochromie et 2 planches spécimens d'impression à l'encre grasse; 1877.
4 fr. 50 c.

†**VIDAL (Léon)**. — **Traité pratique de Phototypie**, ou *Impression à l'encre grasse sur une couche de gélatine*. In-18 jésus, avec belles figures sur bois dans le texte et spécimens; 1879.. 8 fr.

†**VIDAL (Léon)**. — **La Photographie appliquée aux arts industriels de re-production**. In-18 jésus, avec figures; 1880....................... 1 fr. 50 c.

†**VIDAL (Léon)**. — **Traité pratique de Photoglyptie** *avec et sans presse hydraulique*. In-18 jésus, contenant 2 planches photoglyptiques hors texte et de nombreuses gravures dans le texte; 1881........................ 7 fr.

†**VIDAL (Léon)**. — **Calcul des temps de pose**. 2e édition, complètement revue et modifiée. Obturateurs instantanés, Matériel du touriste, Procédés secs rapides, etc., avec gravures dans le texte.................... (*Sous presse.*)

TOPOGRAPHIE, GÉODÉSIE ET ARPENTAGE.

BONNEVIE, ancien Géomètre de première classe du cadastre, Géomètre expert.—**Application de la Tétragonométrie au lever des plans parcellaires.** In-8, avec 3 planches; 1878.. 3 fr.

BRETON DE CHAMP. — **Traité du lever des plans et de l'arpentage.** Vol. in-8, avec 9 planches gravées sur cuivre; 1865........... 7 fr. 50 c.

BRETON DE CHAMP.—**Traité du nivellement**. 3e éd. In-8; 1873. 6 fr.

D'ABBADIE (A.), Membre de l'Institut. — **Géodésie d'Éthiopie**, ou Triangulation d'une partie de la haute Éthiopie, exécutée selon des méthodes nouvelles, par *A. d'Abbadie*; vérifiée et rédigée par *R. Radau*. Grand in-4 de xxxii-504 pages, avec 11 cartes et 10 planches; 1873........ 30 fr.

†**FRANCŒUR (L.-B.)**. — **Traité de Géodésie**, comprenant la Topographie, l'Arpentage, le Nivellement, la Géomorphie terrestre et astronomique, la Construction des Cartes, la Navigation, augmenté de **Notes sur la mesure des bases**, par M. *Hossard*, et d'une **Note** sur la méthode et les instruments d'observation employés dans les grandes opérations géodésiques ayant pour but la mesure des arcs de méridien et de **parallèle terrestres**, par M. le colonel *Perrier*, Membre de l'Institut et du Bureau des Longitudes. 6e édition. In-8, avec figures dans le texte et 11 planches; 1879...... 12 fr.

*****LAUSSEDAT (A.)**, Capitaine du Génie. — **Leçons sur l'art de lever les plans**, comprenant les levers de terrain et de bâtiment, la pratique du nivellement ordinaire et le lever des courbes horizontales à l'aide des instruments les plus simples. In-4, avec 10 pl.; 1861................ 5 fr.

†**LEFÈVRE**. — **Abrégé du nouveau traité de l'Arpentage**, ou **Guide pratique et mémoratif de l'Arpenteur**, à l'usage des personnes qui n'ont point étudié la Géométrie. In-12, avec 18 planches, dont une coloriée...... 7 fr.

†**LEHAGRE**, Chef de bataillon du Génie. — **Cours de Topographie**, professé à l'Ecole d'application de l'Artillerie et du Génie. Grand in-8 jésus :

Ire PARTIE : *Instruments et procédés de Lever (Planimétrie, Altimétrie, Dessin topographique)*. Avec plus de 300 figures dans le texte; 1881..... 15 fr.

IIe PARTIE : *Méthodes de Levers (Levers à grande échelle; Levers de grande étendue; Levers de reconnaissance)*. Avec figures dans le texte et planches.

IIIe PARTIE : *Opérations trigonométriques; Lever de la triangulation; Nivellement*. Avec 12 modèles de carnets pour l'enregistrement des observations, 8 types des divers calculs qui peuvent se présenter dans une triangulation et 12 grandes planches; 1880.......................... 12 fr.

†**MARIE.**—**Principes du Dessin et du Lavis de la Carte topographique**, pré-

sentés d'une manière élémentaire et méthodique, et accompagnés de 9 modèles, dont 8 sont coloriés avec soin. 1 vol. in-4 oblong; 1825............. 15 fr.

†**PUISSANT**. — **Traité de Géodésie**, ou Exposition des méthodes trigonométriques et astronomiques, applicables, soit à la mesure de la Terre, soit à la confection du canevas des cartes et des plans topographiques. 3e édition, corrigée et augmentée. 2 vol. in-4, avec planches; 1842. (*Rare*)....... 80 fr.

†**REGNAULT (J.-J.)**. — **Traité de Géométrie pratique et d'Arpentage**, comprenant les **Opérations** graphiques et de nombreuses **Applications aux Travaux de toute nature**, à l'usage des Écoles professionnelles, des Écoles normales primaires, des Employés des Ponts et Chaussées, des Agents voyers, etc. 2e édition, revue et augmentée. In-8, avec 14 pl.; 1860.............. 5 fr.

***REGNAULT (J.-J.)**. — **Cours pratique d'Arpentage**, à l'usage des Instituteurs, des Élèves des Écoles primaires, des Propriétaires et des Cultivateurs. In-18, sur jésus, avec figures dans le texte. 2e édit.; 1870. 1 fr. 50 c.
    Ouvrage choisi en 1862 par le Ministre de l'Instruction publique pour les bibliothèques scolaires.

†**THOREL**, Géomètre de première classe du Cadastre du département de l'Oise. — **Arpentage et Géodésie pratique**, Ouvrage dans lequel on peut apprendre le Système métrique, l'Arpentage, la Division des terres, la Trigonométrie rectiligne, le Levé des plans, la Gnomonique, etc. In-4, avec pl.; 1843. 4 fr.

TRAVAUX PUBLICS. — PONTS ET CHAUSSÉES.

BAUDUSSON. — **Le Rapporteur exact**, ou **Tables des cordes de chaque angle**, depuis une minute jusqu'à cent quatre-vingts degrés, pour un rayon de mille parties égales. In-18; 4e édition; 1861............. 2 fr.

†**BENOIT (P.-M.-N.)**, l'un des cinq fondateurs de l'École Centrale des Arts et Manufactures. — **Guide du Meunier et du Constructeur de Moulins**. Ire Partie : **Construction des Moulins**. IIe Partie : **Meunerie**. 2 volumes in-8 de 900 pages, avec 22 planches contenant 638 figures; 1863...... 12 fr.

***CHORON (H.)**, Ingénieur des Ponts et Chaussées. — **Étude sur le régime général des chemins de fer**. Grand in-8; 1881................... 3 fr.

†**COMOY**, Inspecteur général des Ponts et Chaussées en retraite, Commandeur de la Légion d'honneur. — **Étude pratique sur les marées fluviales et notamment sur le mascaret**. *Application aux travaux de la partie maritime des fleuves*. Grand in-8, avec figures dans le texte et 10 planches; 1881. 15 fr.

†**DARCY**. — **Recherches expérimentales relatives aux mouvements des eaux dans les tuyaux**, avec Tables relatives au débit des tuyaux de conduite. In-4, avec 12 planches; 1857.................... 15 fr.

†**ENDRÈS (E.)**, ancien Élève de l'École Polytechnique, Inspecteur général honoraire des Ponts et Chaussées. — **Manuel du Conducteur des Ponts et Chaussées**. Ouvrage indispensable aux Conducteurs et Employés secondaires des Ponts et Chaussées et des Compagnies de Chemins de fer, aux Gardes-mines, aux Gardes et Sous-Officiers de l'Artillerie et du Génie, aux Agents voyers et aux Candidats à ces emplois. 6e édition, conforme au *Programme du 7 septembre* 1880. 3 volumes in-8..................... 27 fr.

On vend séparément :

    Tome I, Partie théorique, avec 386 fig. dans le texte; et Tome II, Partie pratique, avec 301 fig. dans le texte et 4 planches. 2 vol. in-8; 1879-1880. 18 fr.

    Tome III, Applications. Ce dernier Volume est consacré à l'exposition des doctrines spéciales qui se rattachent à l'*Art de l'Ingénieur* en général et au service des Ponts et Chaussées en particulier. In-8, avec nombreuses figures dans le texte, se vendant séparément. 1881.................. 9 fr.

†**ENDRÈS (E.)**. — **Vade-mecum administratif de l'Entrepreneur des Ponts et Chaussées**. In-12; 1859.................... 3 fr. 50 c.

***FREYCINET (Ch. de)**. — **Des pentes économiques en chemins de fer**. *Recherches sur les dépenses des rampes*. In-8; 1861.................. 6 fr.

†**GÉRARDIN (H.)**, Ingénieur en chef des Ponts et Chaussées. — **Théorie des moteurs hydrauliques**. Applications et travaux exécutés pour l'alimentation du canal de l'Aisne à la Marne par les machines. In-8, avec Atlas contenant 25 belles planches in-plano raisin; 1872.................. 20 fr.

†**GIRARD** (**L.-D.**), Ingénieur civil, prix de Mécanique de l'Institut de France. — **Hydraulique. Utilisation de la force vive de l'eau appliquée à l'industrie.** In-4, avec Atlas de 13 planches in-folio; 1863.... .... 8 fr.
Le prospectus détaillé des Ouvrages de L.-D. GIRARD est envoyé franco, sur demande.

†**ISSALÈNE**, Capitaine d'Infanterie. — **Manuel pratique militaire des chemins de fer.** In-18 jésus, avec 43 figures dans le texte, gravées sur bois par Dulos; 1873................................... 2 fr. 50 c.

†**LA GOURNERIE** (de), Membre de l'Institut. — **Études économiques sur l'exploitation des chemins de fer.** In-8; 1880 .... 4 fr. 50 c.

†**LALANNE** (Léon). — **Note sur l'emploi des méthodes de calcul graphique,** *pour la rédaction des projets que comporte le développement du réseau des chemins de fer français.* In-4; 1880 .... 60 c.

†**LEFORT** (**F.**), Ingénieur en chef des Ponts et Chaussées. — **Tables des surfaces de déblai et de remblai, des largeurs d'emprise et des longueurs des talus,** relatives à un *chemin de fer à deux voies* ou à une *route de 10 mètres* de largeur entre fossés, pour des cotes sur l'axe de 0m à 15m, et pour des déclivités sur le profil transversal de 0m à 0m,25. Grand in-8, sur jésus; 1861.... 3 fr.
— Tables pour une *route de 8 mètres;* 1863...................... 3 fr.
— Tables pour un *chemin de fer à une voie* ou une *route de 6 mètres,* etc. 3 fr.

†**LEFORT** (**F.**), Inspecteur général des Ponts et Chaussées. — **Sur les bases des calculs de stabilité des ponts à tabliers métalliques.** Examen critique des bases de calculs habituellement en usage pour apprécier la stabilité des ponts à tabliers métalliques soutenus par des poutres droites prismatiques, et *propositions pour l'adoption de bases nouvelles.* Ouvrage approuvé par l'Académie des Sciences, sur le Rapport de M. de Saint-Venant. In-4, avec 4 grandes planches; 1876............................ 4 fr.

†**MEISSAS** (**N.**), ancien Ingénieur du chemin de fer de Paris à Cherbourg. — **Tables pour servir aux études et à l'exécution des Chemins de fer,** ainsi que dans tous les travaux où l'on fait usage du **Cercle et de la Mesure des Angles.** 2e éd. In-12 de 428 pages en tableaux, avec fig. dans le texte; 1867. 8 fr.
Cartonné....................... 9 fr.

NAUDIER, Docteur en droit, Conseiller de préfecture de l'Aube. — **Traité théorique et pratique de la législation et de la jurisprudence des mines, des minières et des carrières.** Un fort volume in-8; 1877 .... 10 fr.

†**NOURY**. — **Tarifs d'après le système métrique décimal pour cuber les bois carrés en grume ou ronds, et tous les corps solides quelconques, ainsi que les colis ou ballots, caisses,** etc. 3e édition. In-8; 1877. (*Approuvé par les Ministres de l'Intérieur et de la Marine.*)................... 4 fr.

ORTOLAN (**J.-A.**) — **Manuel du Mécanicien.** (*Voir* p. 24.)

†**PEAUCELLIER**, Lieutenant-Colonel du Génie.— **Mémoire sur les conditions de stabilité des voûtes en berceau.** In-8 avec figures; 1875........ 2 fr.

PERRODIL (**Gros de**), Ingénieur en chef des Ponts et Chaussées. — **Résistance des voûtes et arcs métalliques,** employés dans la construction des ponts. In-8, avec 2 grandes planches; 1879.................... 7 fr. 50 c.

†**PRÉFECTURE DE LA SEINE.**— **Assainissement de la Seine.**—**Épuration et utilisation des eaux d'égout.** — 4 beaux volumes in-8 jésus; avec 17 planches, dont 10 en chromolithographie; 1876-1877............ 26 fr.
On vend séparément:
Les 3 premiers Volumes (*Documents administratifs.—Enquête.—Annexes*). 20 fr.
Le 4e Volume (*Documents anglais*)................................. 6 fr.

†**PRÉFECTURE DE LA SEINE.** — **Assainissement de la Seine.** — **Épuration et utilisation des eaux d'égout.** — Rapport de M. H. VILMORIN au nom de la Commission d'études chargée d'étudier les *procédés de culture horticole à l'aide des eaux d'égout.* In-8 jésus, avec pl.; 1878 .... 1 fr. 50

†**PRÉFECTURE DE LA SEINE.** — **Assainissement de la Seine.** — **Épuration et utilisation des eaux d'égout.** — Rapport de M. ORSAT au nom de la Commission d'études chargée d'étudier l'*influence exercée dans la presqu'île de Gennevilliers par l'irrigation en eau d'égout sur la valeur vénale et locative des terres de culture.* In-18 jésus avec 3 planches en chromolithographie; 1878. 3 fr.

†**WITH** (**Émile**), Ingénieur civil. — **Manuel aide-mémoire du Constructeur**

de travaux publics et de machines, comprenant le **Formulaire et les Données d'expérience de la construction**. 2e éd. In-12; 1861.   2 fr. 50 c.
(*Voir* précédemment, sous le titre *Mécanique appliquée et rationnelle*, les Ouvrages de MM. Bresse, Callon, Denfer, Ermel, Loyau, de Mastaing et Résal.)

GUERRE ET MARINE.

BELLANGER (C.-A.), Professeur d'Hydrographie. — **Petit Catéchisme de machine à vapeur**, à l'usage des candidats aux grades de la marine de commerce et de toutes les personnes qui veulent acquérir sur ce sujet des notions élémentaires. 3e éd. Petit in-8, avec Atlas de 6 planches; 1872....... 3 fr.

BERRY (C.), Lieutenant de vaisseau. — **Théorie complète des occultations**. (*voir* p. 26.) In-4; 1880.. 6 fr.

BYRNE (Oliver). — **Treatise on Navigation and nautical Astronomy.** This Treatise supplies requirements long sought for, Namely, Tables in which each Number can be instantly tested, of easily and independently calculated. In-4, avec figures et nombreuses Tables; 1875.............. 52 fr. 50 c.

CONSOLIN (B.), Professeur du Cours de Voilerie à Brest. — **Manuel du Voilier**, publié par ordre du Ministre de la Marine. Ouvrage approuvé pour l'instruction des Elèves de l'École Navale et pour celle des Voiliers des arsenaux. Grand in-8 sur jésus, de 528 pages et 11 planches; 1859.... 12 fr.

*__CONSOLIN (B.).__ — **Méthode pratique de la coupe des voiles des navires et embarcations**, suivie de Tables graphiques facilitant les diverses opérations de la coupe, avec ou sans calcul. In-12, avec 3 planches; 1863......... 3 fr.

*__CONSOLIN (B.).__ — **L'art de voiler les embarcations**, suivi d'un Aide-Mémoire de Voilerie. In-12 avec une grande planche; 1866................... 2 fr.

*__D'ÉTROYAT (Ad.).__ — **De la carène du navire et de l'échelle de solidité**. In-4, avec 5 planches; 1856... 4 fr.

*__DISLÈRE (P.).__ — **La guerre d'escadre et la guerre de côtes.** (*Les nouveaux navires de combat.*) Un beau volume grand in-8, avec nombreuses figures gravées sur bois, dans le texte; 1876............................. 7 fr.

DISLÈRE (P.). — **Les budgets maritimes de la France et de l'Angleterre** (*Études de Statistique*). Grand in-8°; 1878......................... 3 fr.

†**DUCOM.** — **Cours complet d'observations nautiques**, avec les notions nécessaires au Pilotage et au Cabotage, augmenté de la puissance des effets des ouragans, typhons, tornados des régions tropicales. 3e éd.; 1859.1 vol. in-8.   12 fr.

FAYE (H.), Membre de l'Institut et du Bureau des Longitudes. — **Cours d'Astronomie nautique.** In-8, avec figures dans le texte; 1880....... 10 fr.

†**FOURNIER (F.-E.)**, Lieutenant de vaisseau. — **Détermination immédiate de la déviation du compas par la nouvelle méthode des compas conjugués.** Grand in-8, avec figures; 1878.................................. 3 fr.

HOMMEY, Capitaine de frégate en retraite. — **Tables d'Angles horaires**. 2 vol. grand in-8, en tableaux; 1862.............................. 15 fr.

†**MARINE A L'EXPOSITION UNIVERSELLE DE 1878 (La).** — Ouvrage publié par ordre de M. le Ministre de la Marine et des Colonies. 2 beaux volumes grand in-8, avec 102 figures dans le texte, et 2 Atlas in-plano contenant 161 planches; 1879...................................... 80 fr.

MAYEVSKI (le Général), Membre du Comité de l'Artillerie russe. — **Traité de Balistique extérieure.** Grand in-8, avec planches et tableaux; 1872.   18 fr.

†**MÉMORIAL DE L'ARTILLERIE ou Recueil de Mémoires, expériences, observations et procédés relatifs au service de l'Artillerie**, *rédigé par les soins du* Comité d'Artillerie (n° VIII). In-8, avec Atlas cart. de 24 pl.; 1867.   12 fr.

MÉMORIAL DE L'OFFICIER DU GÉNIE, ou Recueil de Mémoires, Expériences, Observations et Procédés généraux propres à perfectionner la fortification et les constructions militaires, rédigé par les soins du Comité des Fortifications, avec nombreuses figures dans le texte et planches. Chaque volume à partir du **N° 21** se vend séparément.................. 7 fr. 50 c.
   Les N°s **21** (1873), **22** (1874), **23** (1874), **24** (1875), **25** (1876) sont en vente. Pour recevoir franco, ajouter **70 c.** par volume.

ORTOLAN (J.-A.), Mécanicien en chef de la marine. — **Mémorial du mécanicien d'usine et de navigation.** Calculs d'application; Tables et tableaux de résultats pour la construction, les essais et la conduite des machines à vapeur. In-18 de 520 pages, avec plus de 200 figures dans le texte; 1878 4 fr. 50 c.
                         Cartonné..... 5 fr. 50 c.

†**PICARDAT** (**A.**), Capitaine du Génie. — **Les mines dans la guerre de campagne.** — *Exposé des divers procédés d'inflammation des Mines et des Pétards de rupture.* — *Emploi de préparations pyrotechniques et de l'Électricité.* In-18 jésus, avec 51 figures dans le texte; 1874 .... 2 fr. 50 c.

VILLARCEAU (**Yvon**) et **AVED DE MAGNAC.** — **Nouvelle navigation astronomique.** (*Voir* p. 31.)

GÉOGRAPHIE ET HISTOIRE.

†**OGER** (**F.**), Professeur d'Histoire et de Géographie, Maître de Conférences au Collège Sainte-Barbe. — **Géographie de la France et Géographie générale, physique, militaire, historique, politique, administrative et statistique,** *rédigée conformément au Programme officiel,* à l'usage des candidats aux Écoles du Gouvernement et aux aspirants aux Baccalauréats ès Lettres et ès Sciences. 7ᵉ édit., mise au courant des derniers changements politiques et des plus récentes découvertes géographiques. In-8; 1880 .... 3 fr.
Cet Ouvrage correspond à l'Atlas de Géographie générale du même auteur.

†**OGER** (**F.**). — **Atlas de Géographie générale** à l'usage des Lycées, des Collèges, des Institutions préparatoires aux Écoles du Gouvernement et de tous les Établissements d'instruction publique. 10ᵉ édit. in-plano, cartonné, contenant 33 Cartes coloriées; 1879 .... 14 fr.
    Atlas Géographique et Historique à l'usage de la classe de **Quatrième.** 2ᵉ édition. Seize cartes coloriées .... 8 fr. 50 c.
    Atlas Géographique et Historique à l'usage de la **Classe de Cinquième.** Dix-huit cartes coloriées .... 8 fr. 50 c.
    Atlas Géographique et Historique à l'usage de la **Classe de Sixième.** Dix cartes coloriées .... 6 fr.
    Atlas Géographique et Historique à l'usage des **Classes Élémentaires** (9ᵉ, 8ᵉ et 7ᵉ). Treize cartes coloriées .... 6 fr.

†**OGER** (**F.**). — **Cours d'Histoire Générale** à l'usage des Lycées, des Établissements d'Instruction publique, des Candidats aux écoles du Gouvernement et aux Baccalauréats, rédigé conformément aux programmes officiels.
    I. — *Histoire de l'Europe depuis l'invasion des Barbares jusqu'au* XIVᵉ *siècle.* 2ᵉ édition; 1875 .... 3 fr. 50 c.
    II. — *Histoire de l'Europe depuis le* XIVᵉ *jusqu'au milieu du* XVIIᵉ *siècle.* 2ᵉ édition .... 3 fr. 50 c.
    III. — *Histoire de l'Europe de* 1610 *à* 1848. 3ᵉ édition; 1875 .. 6 fr. 50 c.
    APPENDICE au tome III. — *Histoire de l'Europe de* 1848 *à* 1875. In-8; 1881.
    IV. — *Histoire de l'Europe de* 1610 *à* 1815. (Cours de Rhétorique). 2ᵉ édit., 1875 .... 7 fr. 50 c.

TISSOT (**A.**), Examinateur d'admission à l'École Polytechnique. — **Mémoire sur la représentation des surfaces et les projections des cartes géographiques,** suivi d'un *Complément* et de *Tableaux numériques* relatifs à la déformation produite par les divers systèmes de projection. In-8; 1881 .. 9 fr.

OUVRAGES DIVERS.

†**BABINET**, de l'Institut, et **HOUSEL.** — **Calculs pratiques appliqués aux Sciences d'observation.** In-8, avec 75 figures dans le texte; 1857 .... 6 fr.

BORDAS-DEMOULIN. — **Le Cartésianisme, ou la véritable rénovation des Sciences,** Ouvrage couronné par l'Institut; suivi de la *Théorie de la substance* et de celle *de l'infini.* 2ᵉ édition. In-8; 1874 .... 8 fr.

BOUSSINESQ (**J.**). — **Conciliation du véritable déterminisme mécanique avec l'existence de la vie et de la liberté morale.** Mémoire physico-mathématique sur une importante question de Philosophie naturelle, précédé d'un Rapport à l'Académie des Sciences morales et politiques par M. PAUL JANET, Membre de l'Institut. Un volume grand in-8 de 256 pages .... 5 fr.

BOUSSINESQ (**J.**). — **Étude sur divers points de la philosophie des Sciences.** Grand in-8; 1879 .... 3 fr.

*****CAUCHY** (le Baron Aug.), Membre de l'Académie des Sciences, **sa vie et ses travaux,** par C.-A. VALSON, Professeur à la Faculté des Sciences de Grenoble, avec une Préface de M. HERMITE. 2 vol. in-8; 1868 .... 8 fr.

CHATIN (Joannès), Professeur agrégé à l'École supérieure de Pharmacie. — **Contributions expérimentales à l'étude de la chromatopsie chez les Batraciens, les Crustacés et les Insectes.** Grand in-8; 1881. . . . . . 3 fr. 50 c.

†**COMBÉROUSSE** (Ch. de), Ingénieur civil, Professeur de Mécanique à l'École Centrale, Ancien Élève et Membre du Conseil de l'École. — **Histoire de l'École Centrale des Arts et Manufactures,** depuis sa fondation jusqu'à ce jour. Un beau volume grand in-8, orné de 4 planches à l'eau-forte, tirées sur chine; 1879. . . . . 12 fr.

DURUTTE (le comte C.), Compositeur, ancien Élève de l'École Polytechnique. — **Esthétique musicale. Résumé élémentaire de la Technie harmonique et Complément** de cette Technie, suivi de l'*Exposé de la loi de l'enchaînement dans la mélodie, dans l'harmonie et dans leur concours,* et précédé d'une *Lettre de M. Ch. Gounod, Membre de l'Institut.* Un beau volume in-8; 1876. . . . . 10 fr.

*****LE TELLIER** (le Dr Ed.). — **Nouveau système de Sténographie.** In-8 raisin, avec 37 planches; 1869. . . . . 2 fr. 50 c.

†**MILNE EDWARDS,** Membre de l'Institut, doyen de la Faculté des Sciences, Président de l'Association scientifique de France. — **Nouvelles Causeries scientifiques,** ou *Notes adressées aux Membres de l'Association à l'occasion de l'Exposition internationale de 1878.* In-8; 1880. (Se vend au profit de l'Association.). . . . . 6 fr.

MOIGNO (l'Abbé). — **Le Progrès pour tous. Annuaire du ΚΟΣΜΟΣ-LES-MONDES pour 1881.** Revue du progrès scientifique en 1879-1880; avec la collaboration de M. l'Abbé H. Valette. In-18 jésus; avec figures dans le texte; 1881. . . . . 3 fr. 50 c.

MOUCHOT, Professeur au Lycée de Tours. — **La réforme cartésienne** étendue aux diverses branches des **Mathématiques.** Grand in-8; 1876. 5 fr.

PASTEUR (L.), Membre de l'Institut. — **Études sur la maladie des vers à soie,** *moyen pratique assuré de la combattre et d'en prévenir le retour.* 2 beaux volumes grand in-8, avec figures dans le texte et 37 planches; 1870. 20 fr.
Pour recevoir franco, dans tous les pays faisant partie de l'Union postale, les 2 volumes soigneusement emballés entre cartons, ajouter 1 fr.

PASTEUR (L.), Membre de l'Institut. — *Voir* p. 35.

†**ROMAN** (L.). — **Manuel du magnanier,** précédé d'une dédicace à M. *Pasteur.* Un beau volume in-18 jésus, avec nombreuses figures ombrées dans le texte e. 6 planches en couleurs; 1877. . . . . 4 fr. 50 c.

ROUIS, Médecin principal d'armée. — **Recherches sur la transmission du** son dans l'oreille humaine. In-4, avec figures; 1877. . . . . 8 fr.

SELLE (Albert de), Professeur à l'École Centrale. — **Cours de Minéralogie et de Géologie** (T. 1: *Phénomènes actuels, Minéralogie*). Grand in-8, avec un Atlas de 147 planches lithographiées; 1878. . . . . 25 fr.

OUVRAGES NOUVEAUX.

CREMONA ET BELTRAMI. — **Collectanea mathematica,** nunc primum edita cura et studio *L. Cremona* et *E. Beltrami,* in memoriam Dominici Chelini. Un beau volume in-8, avec un portrait de Chelini et un fac-simile du testament inédit de Nicolo Tartaglia; 1881. . . . . 25 fr.

FAYE (H.). — **Cours d'Astronomie de l'École Polytechnique.** 2 beaux volumes grand in-8, avec nombreuses figures et cartes dans le texte; 1881.
On vend séparément.
Ire Partie. — *Astronomie sphérique. — Géodésie et géographie mathématique.* . . . . 12 fr. 50 c.
IIe Partie. — *Astronomie solaire. — Théorie de la Lune. — Navigation.* (*Sous presse.*)

MAINDRON (E.) — **Les fondations de prix à l'Académie des Sciences.** *Les Lauréats de l'Académie,* 1714-1880. In-4; 1881. . . . . 8 fr.

LIBRAIRIE DE GAUTHIER-VILLARS,

QUAI DES GRANDS-AUGUSTINS, 55, A PARIS.

Envoi franco dans toute l'Union postale contre mandat de poste ou valeur sur Paris.

COURS

DE

CALCUL INFINITÉSIMAL,

Par J. HOUËL,

Professeur de Mathématiques pures à la Faculté des Sciences de Bordeaux.

QUATRE BEAUX VOLUMES GRAND IN-8, AVEC FIGURES DANS LE TEXTE.
PRIX : **50 FRANCS.**

On vend séparément :

Tome I, 1878 . . . . 15 fr.
Tome II, 1879 . . . . 15 fr.
Tome III, 1880 . . . . 10 fr.
Tome IV, 1881 . . . . 10 fr.

Cet Ouvrage est principalement destiné à l'usage des candidats à la Licence et à l'Agrégation pour les Sciences mathématiques. L'auteur s'est attaché à développer son sujet avec clarté et à suivre constamment les méthodes rigoureuses, conformes aux exigences de la Science moderne. Sans dépasser les limites d'un Cours élémentaire, il a particulièrement insisté sur les théories qui préparent aux applications plus élevées des Mathématiques, et que sa longue expérience de l'enseignement lui a fait reconnaître comme les plus propres à intéresser les élèves et à élargir leurs idées.

Le Cours de Calcul infinitésimal de M. Houël est divisé en six Livres, précédés d'une Introduction dans laquelle l'auteur expose les premières notions sur la théorie générale des opérations, théorie dont l'importance va chaque jour s'accroissant, depuis les travaux de Carmichael, de Boole, de Hankel, de Grassmann et d'autres géomètres contemporains, et dont on peut dire qu'elle comprend les Mathématiques pures tout entières. Des principes les plus simples de cette théorie on déduit la signification et les propriétés des signes d'opération nommés, dans l'ordre de leur généralité, *quantités arithmétiques, quantités algébriques positives* ou *négatives, réelles* ou *imaginaires.* Tel est l'objet des deux premiers Chapitres de l'Introduction, qui comprennent un résumé substantiel de l'Algèbre des quantités complexes, exposée à l'aide de la représentation géométrique, qui est ici le mode de notation le plus clair.

Le Chapitre III contient un Traité élémentaire des déterminants, où l'auteur se borne à établir les propositions de cette théorie qui seront invoquées dans le corps de l'Ouvrage.

Livre I : *Principes fondamentaux du Calcul infinitésimal.* — Le Chapitre I de ce Livre traite de la notion de l'infiniment petit et de l'infiniment grand. Après avoir exposé divers théorèmes fondamentaux sur la continuité des fonctions, et défini les infiniment petits des divers ordres, l'auteur, à l'exemple de son ancien maître, Duhamel, établit les deux théorèmes sur la substitution des infiniment petits dans la recherche des limites de rapports ou de sommes, théorèmes qui forment la base de tout le Calcul infinitésimal.

Le Chapitre II renferme les applications des principes précédents : définition de la dérivée, introduite soit par la considération du problème des tangentes, soit par celle de la vitesse; notation des différentielles. L'auteur a conservé la définition de la différentielle comme représentant soit l'accroissement infiniment petit de la variable, indépendante ou non, soit ce même accroissement altéré d'une fraction infiniment petite de lui-même, ce qui ne change en rien les limites de rapports ou de sommes. Cette définition, adoptée d'abord, puis abandonnée par Duhamel, a l'immense avantage d'habituer les commençants à raisonner directement sur les quantités infiniment petites, sans se relâcher d'une complète rigueur; elle permet ainsi d'employer en toute sûreté les démonstrations synthé-tiques dans les questions de Géométrie et de Mécanique, et de traduire immé-diatement en constructions géométriques les expressions différentielles que l'on veut étudier. D'ailleurs, les critiques qui ont pu être adressées à cette définition n'ont pas autant d'importance qu'on pourrait le croire; il ne s'agit pas ici des principes, qui sont toujours les mêmes, mais de la convenance qu'il peut y avoir à désigner par le mot *différentielle* toute une catégorie de quantités pouvant se remplacer mutuellement, ou une seule de ces quantités.

M. Hoüel, suivant l'exemple donné par Cournot et auquel les auteurs modernes tendent de plus en plus à se conformer, a supprimé la division absolue du Calcul infinitésimal en *Calcul différentiel* et *Calcul intégral*, les deux opérations, inverses l'une de l'autre, de la différentiation et de l'intégration pouvant dès le début se porter un secours mutuel, parfois indispensable.

Dans ce Chapitre sont traitées les questions suivantes : propriétés des dérivées; théorème fondamental sur la valeur moyenne de la dérivée; différentielle totale d'une fonction d'un nombre quelconque de variables; intégrales définies et indé-finies; différentiation et intégration des fonctions élémentaires; dérivées d'ordre quelconque; leur calcul direct; leur expression au moyen des différentielles des divers ordres; changement de variables; différentielles et dérivées partielles d'ordre quelconque; déterminants fonctionnels.

LIVRE II : *Applications analytiques du Calcul infinitésimal.* — Le Chapitre I contient les développements en séries au moyen des théorèmes de Taylor et de Maclaurin. Un paragraphe est consacré à la définition des fonctions exponen-tielles et circulaires d'une variable complexe et de leurs fonctions inverses.

Le Chapitre suivant donne les applications de la différentiation à la recherche des vraies valeurs des expressions indéterminées, à la théorie des maxima et minima, et à la décomposition des fonctions rationnelles en fractions simples.

Le dernier Chapitre traite des méthodes pour l'intégration des fonctions expli-cites : remarques sur le passage des intégrales indéfinies aux intégrales définies; différentiation sous le signe ∫; intégrales multiples; changement de variables dans ces intégrales; calcul des intégrales définies; intégrales eulériennes; calcul approché des intégrales définies, d'après une méthode fondée sur l'étude des fonctions de Bernoulli.

Telles sont les matières contenues dans le Tome I. Le Tome II comprend le Livre III et les quatre premiers Chapitres du Livre IV.

LIVRE III : *Applications géométriques du Calcul infinitésimal.*

Chapitre I : Applications du Calcul différentiel aux courbes planes. — Le dernier paragraphe contient une exposition des principes du Calcul des équi-pollences de Bellavitis, avec de nombreux exemples.

Chapitre II : Applications du Calcul différentiel aux courbes non planes et aux surfaces.

Chapitre III : Applications de l'intégration au calcul des aires, des volumes, des centres de gravité, etc.

Livre IV : *Théorie des équations différentielles à une seule variable indépendante.*

Chapitre I : Considérations préliminaires sur la formation des équations différentielles par l'élimination des constantes arbitraires. Démonstration du théorème de Cauchy, qu'*une équation différentielle d'ordre quelconque n entre deux variables admet une intégrale générale contenant n constantes arbitraires distinctes.*

Chapitre II : Intégration des équations différentielles du premier ordre. Solutions singulières; méthode inédite de P.-H. Blanchet pour distinguer les solutions singulières des intégrales particulières.

Chapitre III : Cas où une équation différentielle d'ordre quelconque peut s'intégrer complètement par les quadratures, ou du moins se ramener à une équation différentielle d'ordre inférieur.

Dans le *Chapitre IV*, la théorie générale des équations différentielles linéaires est traitée avec tout le développement que peut comporter un Cours élémentaire. Si l'auteur s'est abstenu d'aborder les nouvelles théories, fondées sur des parties de l'Analyse plus élevées que celles qui rentrent dans son programme, il a du moins exposé les questions du domaine des éléments avec tous les détails nécessaires, en simplifiant considérablement les calculs par l'introduction des symboles d'opérations, dont les géomètres anglais ont tiré si grand parti.

La fin du Chapitre présente un aperçu de la méthode de Laplace pour l'intégration des équations linéaires au moyen des intégrales définies.

Le *Chapitre V*, avec lequel commence le Tome III, est consacré à l'étude des systèmes d'équations différentielles simultanées, et particulièrement des systèmes d'équations linéaires, où l'usage des symboles d'opérations est encore du plus grand secours.

Le *Chapitre VI* contient les premiers éléments du Calcul des variations, restreints au cas d'une seule variable indépendante.

Livre V : *Équations différentielles à plusieurs variables indépendantes.*

Le *Chapitre I* traite des équations aux différentielles totales du premier ordre et du premier degré à deux variables indépendantes.

Le *Chapitre II* a pour objet la théorie des équations aux dérivées partielles. Après avoir étudié la formation des équations linéaires aux dérivées partielles par l'élimination des fonctions arbitraires, en prenant pour exemples les équations des principales familles de surfaces, l'auteur indique la formation des équations non linéaires comme une extension de la recherche des surfaces enveloppes. Il expose ensuite les procédés d'intégration pour les équations linéaires du premier ordre en général, pour les équations non linéaires à deux variables indépendantes et pour certaines équations linéaires d'ordres supérieurs.

Chacun de ces cinq premiers Livres est suivi d'un recueil d'énoncés d'exercices sur les matières traitées dans ce Livre. C'est à dessein que l'auteur n'a pas ajouté les solutions aux énoncés, malgré les avantages que peut avoir cette addition. D'abord, outre les excellents Recueils de MM. Frenet et Tisserand, il existe, en Allemagne et en Angleterre, de nombreuses collections de problèmes sur la haute Analyse, où les solutions sont plus ou moins développées, et que l'on peut consulter au besoin. D'autre part, la présence de la solution sous les yeux de l'étudiant détruit souvent tout l'intérêt du problème et favorise une certaine paresse involontaire. Dans la plupart des cas, on peut suppléer avantageusement à l'indication de la solution par une vérification au moyen d'un calcul inverse, ce qui constitue un second exercice, souvent aussi fructueux que le premier.

Le Livre VI, qui termine l'Ouvrage, contient les *Éléments de la théorie des fonctions de variables complexes*, avec des applications à la *Théorie des fonctions elliptiques*.

Le *Chapitre I* traite de la théorie des fonctions uniformes, fondée par Cauchy et exposée, sous une forme simplifiée, dans les Ouvrages de Riemann, de Durège, de Neumann, de Hankel : caractères des fonctions synectiques; leur représentation sur la sphère et sur le plan antipode; intégrales le long d'un contour; intégrales autour d'un [point (résidus]); généralisations du théorème de Taylor par Cauchy et par P. Laurent; étude d'une fonction uniforme autour d'un zéro ou d'un infini; développement d'une fonction qui a un nombre limité d'infinis dans une aire donnée.

Dans le *Chapitre II*, l'auteur donne les principales applications des théories précédentes : extension du théorème de Sturm aux racines complexes des équations algébriques; développement des fonctions synectiques en séries périodiques; série de Fourier (son étude est placée ici pour faire bien ressortir la différence de nature de cette question et de la précédente, malgré la ressemblance de forme des deux développements); séries de Bürmann et de Lagrange; développements en séries de fractions simples et en produits infinis; calcul des intégrales définies.

Le *Chapitre III* donne la théorie des fonctions multiformes et des intégrales multiformes, et en particulier des intégrales à périodes, en prenant pour exemples les intégrales logarithmiques, circulaires et elliptiques.

Le quatrième et dernier *Chapitre* constitue un Traité élémentaire des fonctions elliptiques. Dans les deux premiers paragraphes, l'auteur explique comment on réduit aux formes normales de Legendre toute intégrale portant sur une fonction rationnelle d'une variable x et de la racine carrée d'un polynôme du troisième ou du quatrième degré en x, et il établit les principales propriétés des fonctions elliptiques qui se déduisent du théorème d'addition d'Euler. Il expose ensuite, d'après les méthodes de MM. Briot et Bouquet (*Théorie des fonctions doublement périodiques*, 1859); les divers modes de développement des fonctions elliptiques, en séries de fractions simples, en produits infinis, en séries périodiques, et fait connaître les principales propriétés des fonctions ϑ. Après avoir démontré la transformation de Landen, il en indique l'usage pour le calcul numérique des intégrales elliptiques.

Les deux paragraphes suivants contiennent les propriétés les plus simples des intégrales de deuxième et de troisième espèce, et l'Ouvrage est terminé par des Tables abrégées des valeurs des fonctions elliptiques, avec une instruction sur leur usage.

D'après cet aperçu, nécessairement incomplet, on peut aisément reconnaître que toutes les matières exigées par les programmes de la Licence et de l'Agrégation pour les Sciences mathématiques s'y trouvent traitées avec détail, en tenant compte de tous les perfectionnements apportés dans ces derniers temps aux méthodes d'enseignement. Grâce à des explications claires et détaillées, aux nombreux exemples développés, au choix scrupuleux des notations les plus simples et les plus expressives, grâce surtout aux soins apportés à la rigueur des raisonnements, les lecteurs trouveront dans cet Ouvrage un guide commode et sûr pour l'étude des éléments de l'Analyse et une excellente préparation pour aborder les théories plus élevées des Mathématiques.

Paris. — Imprimerie de GAUTHIER-VILLARS, quai des Augustins, 55.

www.ingramcontent.com/pod-product-compliance
Lightning Source LLC
Chambersburg PA
CBHW070249200326
41518CB00010B/1742